Ben Stacy Jerrik (Ed.)

# Wólka Gruszczyńska

Ben Stacy Jerrik (Ed.)

# Wólka Gruszczyńska

## Village, Gmina Łobżenica, Piła County, Łobżenica, Greater Poland Voivodeship

Part Press

**Imprint**



Publisher:
Part Press is a trademark of
International Book Market Service Ltd., 17 Rue Meldrum, Beau Bassin, 1713-01 Mauritius
Email: info@bookmarketservice.com
Website: www.bookmarketservice.com

Published in 2013

Printed in: U.S.A., U.K., Germany. This book was not produced in Mauritius.

**ISBN: 978-613-7-86706-8**

# Andy_Hope_1930

**Andy Hope 1930**, seit 2010 Künstlername von **Andreas Hofer**, (* 1963 in München) ist ein deutscher Maler, Bildhauer und Installationskünstler.

## Leben und Werk

Von 1991 bis 1997 studierte Andreas Hofer an der Akademie der Bildenden Künste München und am Chelsea College of Art and Design in London. 2010 nahm er den Künstlernamen *Andy Hope 1930* an, den er seitdem ausschließlich verwendet.

Andy Hope 1930 ist mit Werken in wichtigen Sammlungen vertreten, unter anderem in der Sammlung Lenbachhaus München, im Museum Abteiberg Mönchengladbach, im Centre Pompidou Paris sowie in international bedeutenden Privatsammlungen. Die Städtische Galerie im Lenbachhaus, München, zeigte 2005 zahlreiche Werke in der ersten Museumsausstellung von Andreas Hofer. Im Frühjahr 2006 war er mit der viel beachteten und umfangreichen Einzelausstellung *This Island Earth* in London zu sehen.

Seit dem Jahr 2000 lebt der Künstler in Berlin.

## Einzelausstellungen (bis 2010 als Andreas Hofer)

- 1996: c/o Puschmann, Ausstellungsraum Balenstrasse, München
- 2004: Batman Gallery, Galerie Christine Mayer, München
- 2005: Neverworld Technik, Kunstverein Ulm (Kat.)
- 2005: Welt ohne Ende, Städtische Galerie im Lenbachhaus, München (Kat.)
- 2007: *The Long Tomorrow*, MARTa Herford (Kat.)
- 2009: Andreas Hofer - Andy Hope 1930, Sammlung Goetz, München (Kat.)
- 2009: air tsu dni oui sélavy, Hauser & Wirth, London, England
- 2009: White Space Black, Oldenburger Kunstverein, Oldenburg
- 2010: Andy Hope 1930 at the Freud, Freud Museum, London, England
- 2010: ON TIME, Metro Pictures, New York NY
- 2010: Charles Riva Collection, Brüssel, Belgien
- 2011: 0,10 and a half by Andy Hope 1930, Galerie Guido W. Baudach, Berlin
- 2011: Robin Dostoyevsky by Andy Hope 1930, Centro de Arte Contemporáneo, Malaga, Spanien (Kat.)

## Literatur (bis 2010 als Andreas Hofer)

- *Only gods could survive*, Metro Pictures, New York, 2007
- *This Island Earth*, London: Verlag Steidl Hauser & Wirth, 2006
- *Andreas Hofer - Welt ohne Ende*, Walther König, Köln, 2005
- *Neverworld Technik*, Heckler & Koch, 2005 (Katalog zur gemeinsamen Ausstellung mit André Butzer im Kunstverein Ulm)
- *Andreas Hofer - Peiner Block*, Heckler & Koch, Berlin, 2005, (artist book)
- *Andreas Hofer - Galassia che vai*, Galerie Bleich-Rossi, 2005, Graz
- *Andreas Hofer - Two Bad*, Bernd Kugler, Innsbruck, 2005
- *München – Bruckmühl und zurück*, Heckler & Koch, Berlin 2004 (Künstlerbuch)
- *Forever People*, Possible Press, Berlin, 2002 (Künstlerbuch)

## Weblinks

- Literatur von und über Andy Hope 1930 [1] im Katalog der Deutschen Nationalbibliothek
- Ausstellungen von Andy Hope 1930 [2] auf kunstaspekte.de
- Andy Hope 1930 bei Hauser & Wirth [3]
- Andy Hope 1930: Phantom Gallery / Hauser & Wirth, Zürich, Switzerland [4] Video auf VernissageTV

**Normdaten (Person) :** PND: 14008214X [5] | LCCN: nr2004023023 [6] | VIAF: 78802876 [7]

## References


[1] https://portal.d-nb.de/opac.htm?query=Woe%3D14008214X&method=simpleSearch
[2] http://www.kunstaspekte.de/index.php?action=webpages&k=1931
[3] http://www.hauserwirth.com/artists/portrait.php?findexisting=1&artist_id=95
[4] http://vernissage.tv/blog/2008/02/06/andreas-hofer-phantom-gallery-hauser-wirth-zurich-switzerland/
[5] http://d-nb.info/gnd/14008214X
[6] http://lccn.loc.gov/nr2004023023
[7] http://viaf.org/viaf/78802876/


# Berlin

**Berlin**

Landesflagge

Landeswappen

**Basisdaten**

| | |
|---|---|
| ıtssprache: | Deutsch |
| tleitzahlen: | 10115–14199 |
| ·wahl: | 030 |
| ·-Kennzeichen: | B |
| ttoinlandsprodukt: | 101,4 Mrd. € (2011)[1] |
| ıfkraftindex: | 91,0 % (Deutschland = 100 %)[2] |

| | |
|---|---|
| den: | 60,894 Mrd. € (30. Juni 2012)[3] |
| 166-2: | DE-BE |
| )CODE: | DE BER |
| ndeschlüssel: | 11 0 00 000 |
| te: | www.berlin.de [4] |
| **Geographie** | |
| aphische Lage: | [//toolserver.org/~geohack/geohack.php?pagename=Berlin&language=de&params=52.5186111111_N_13.4080555556_E_region:DE-BE_type:city(3520 52° 31′ N, 13° 24′ O]Koordinaten: [//toolserver.org/~geohack/geohack.php?pagename=Berlin&language=de&params=52.5186111111_N_13.4080555556_E_region:DE-BE_type:city(3520 52° 31′ N, 13° 24′ O] |
| e: | 891,85 km² (14.) |
| | 34–115 m ü. NN |
| gliederung: | 12 Bezirke, 96 Ortsteile |
| **Bevölkerung** | |
| hner: | 3.520.061 (31. Juli 2012)[5] |
| n Ausländer: | 502.181 (31. Juli 2012)[5] |
| n mit Migrationshintergrund: | ca. 862.000 (2011)[6] |
| deranteil: | 14,3 % (31. Mai 2012)[5] |
| tionshintergrundanteil: | 24,8 % (2011)[6] |
| slose: | 205.527 (31. Oktober 2012)[7] |
| slosenquote: | 11,4 % (November 2012)[8] |
| kerungsdichte: | 3947 Einw. je km² (2. als Gemeinde, 1. als Bundesland) |
| **Politik** | |
| ender Bürgermeister: | Klaus Wowereit (SPD) |
| ende Parteien: | SPD und CDU |
| teilung (149) im Abgeordnetenhaus seit | SPD 47<br>CDU 39<br>GRÜNE 29<br>LINKE 19<br>PIRATEN 15 |
| Wahl: | 18. September 2011 |
| e Wahl: | 2016 |
| ratsstimmgewicht: | 4 |

Berliner Skyline (2012)

**Berlin** ([bɛɐ̯'liːn]) ist Hauptstadt und Regierungssitz der Bundesrepublik Deutschland. Als eigenes Land bildet es das Zentrum der Metropolregion Berlin/Brandenburg. Der Stadtstaat unterteilt sich in zwölf Bezirke und ist mit über 3,5 Millionen Einwohnern die bevölkerungsreichste und mit rund 892 Quadratkilometern die flächengrößte Stadt Deutschlands und Mitteleuropas sowie nach Einwohnern die zweitgrößte der Europäischen Union. Im Stadtgebiet befinden sich neben den Flüssen Spree und Havel kleinere Fließgewässer sowie zahlreiche Seen und Wälder.

Erstmals 1237 urkundlich erwähnt, war Berlin im Verlauf der Geschichte und in verschiedenen Staatsformen Hauptstadt Brandenburgs, Preußens und des Deutschen Reichs. Faktisch war der Ostteil der Stadt Hauptstadt der Deutschen Demokratischen Republik. Seit der Wiedervereinigung im Jahr 1990 ist Berlin gesamtdeutsche Hauptstadt mit Sitz des Bundespräsidenten seit 1994, des Deutschen Bundestags seit 1999 sowie des Bundesrats seit 2000.

Die Metropole Berlin gilt als Weltstadt der Kultur, Politik, Medien und Wissenschaften.[9] [10] Sie ist ein wichtiger europäischer Verkehrsknotenpunkt und eine der meistbesuchten Städte des Kontinents. Die Sportereignisse, Universitäten, Forschungseinrichtungen und Museen Berlins genießen internationalen Ruf.[11] In der Stadt leben Firmengründer, Diplomaten, Künstler und Einwanderer aus aller Welt.[12] Berlins Geschichte, Nachtleben, Architektur und vielfältige Lebensbedingungen sind weltbekannt.[13]

# Geografie

Lage Berlins in Deutschland und der Europäischen Union

Die geografische Lage des Berliner Rathauses ist 52° 31′ 6″ nördlicher Breite und 13° 24′ 30″ östlicher Länge. Die größte Ausdehnung des Stadtgebiets in Ost-West-Richtung beträgt rund 45 km, in Nord-Süd-Richtung etwa 38 km. Es hat eine Fläche von 892 km². Berlin ist gänzlich vom Land Brandenburg umgeben und liegt im Osten Deutschlands, etwa 70 km westlich der Grenze zu Polen. Die Metropolregion Berlin/Brandenburg ist eines der Verdichtungsgebiete Deutschlands.

Berlin befindet sich in einer glazial geprägten Landschaft. Das historische Zentrum liegt an der schmalsten und damit verkehrsgünstigsten Stelle des Warschau-Berliner Urstromtals, das Berlin vom Südosten zum Nordwesten hin durchquert und von der

Spree in Ost-West-Richtung durchflossen wird. Der nordöstliche Teil Berlins liegt auf der Hochebene des Barnim, knapp die Hälfte der Stadtfläche im südwestlichen Bereich liegt auf der Hochebene des Teltow. Der westlichste Bezirk, Spandau, liegt sowohl innerhalb des Berliner Urstromtals als auch auf der vor allem westlich von Berlin gelegenen Nauener Platte. Die Landschaft Berlins entstand im Eiszeitalter während der jüngsten Vereisungsphase, der Weichseleiszeit. Vor etwa 20.000 Jahren war das Gebiet Berlins noch vom mehrere 100 Meter mächtigen skandinavischen Eisschild bedeckt. Beim Rückschmelzen des Gletschers entstand vor etwa 18.000 Jahren das Berliner Urstromtal.

Berlin ist geprägt durch viele Fließgewässer und Seen. Im Bezirk Spandau mündet die Spree in die Havel, die den Westen Berlins in Nord-Süd-Richtung durchfließt. Berliner Nebenflüsse der Spree sind die Panke, die Dahme, die Wuhle und die Erpe. Der Flusslauf der Havel, eigentlich eine Glaziale Rinne, ähnelt dabei oft einer Seenlandschaft; die größten Ausbuchtungen bilden der Tegeler See und der Große Wannsee. Jeweils zum Teil in Berlin liegen die der Havel zufließenden Bäche Tegeler Fließ und Bäke.

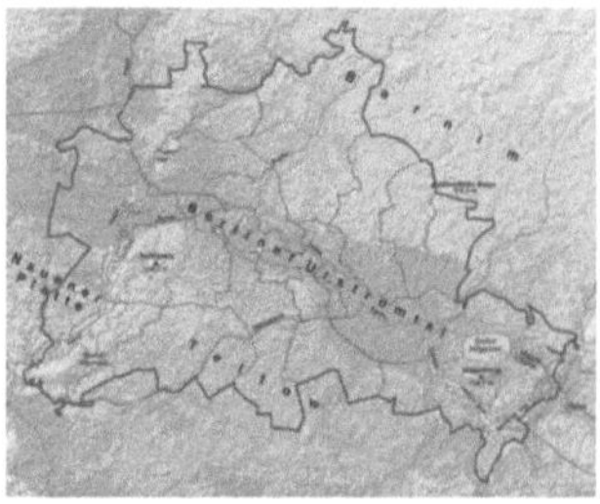

Reliefkarte von Berlin

Die höchsten Erhebungen Berlins sind als höchste natürliche Bodenerhebung der Große Müggelberg (114.7 m ü. NHN) im Bezirk Treptow-Köpenick, der aus Trümmerschutt des Zweiten Weltkriegs aufgeschüttete Teufelsberg (114.7 m ü. NN) im Bezirk Charlottenburg-Wilmersdorf und die Ahrensfelder Berge (114.5 m ü. NN) im Landschaftspark Wuhletal im Bezirk Marzahn-Hellersdorf. Die tiefsten Bereiche Berlins sind die Havelseen im Südwesten. Sie liegen 32 m ü. NN.

## Klima

Die Stadt befindet sich in der gemäßigten Klimazone am Übergang vom maritimen zum kontinentalen Klima. Die durchschnittliche Jahrestemperatur in Berlin-Dahlem beträgt 8,9 °C und die mittlere jährliche Niederschlagsmenge 581 mm. Die wärmsten Monate sind Juli und August mit durchschnittlich 18,5 beziehungsweise 17,7 °C und die kältesten Januar und Februar mit –0,6 beziehungsweise –0,3 °C im Mittel. Der meiste Niederschlag fällt im Juni mit durchschnittlich 70 mm, der geringste im März mit durchschnittlich 31 mm. Hinsichtlich der Windgeschwindigkeiten und der Windrichtungsverteilung ist ein zweigeteiltes Maximum zu verzeichnen. Demnach wird in Berlin am häufigsten Nordwest- und Südwestwind beobachtet, der besonders im Winter mit höheren Geschwindigkeiten verbunden ist und meist maritime, gut durchmischte und saubere Meeresluft herantransportiert.

Berlin befindet sich in einer gemäßigten Klimazone (Großer Tiergarten im Oktober)

Das zweite Maximum aus Südost und Ost ist oft kennzeichnend für Hochdruckwetterlagen kontinentaler Luftmassen, was je nach Jahreszeit zu sehr heißen bzw. sehr kalten Tagen führen kann. Letztere Wetterlagen waren bis in die 1980er Jahre kennzeichnend für Smog-Situationen, da sich die in der Stadt produzierten Schadstoffe (vor allem aus dem Ofenbrand und den Autoabgasen) aufgrund der austauscharmen Witterung nicht verflüchtigen konnten. Der starke Rückgang der Ofenheizung und das Aufkommen der Abgasfilter und Fahrzeugkatalysatoren haben dieses Problem in den letzten 20 Jahren deutlich abgemildert.

Die geringen Höhenunterschiede innerhalb der Stadt bewirken an sich ein eher homogenes Stadtklima, allerdings führt die dichte Bebauung in der City und den Bezirkszentren zu teilweise deutlichen Temperaturunterschieden im Vergleich zu großen innerstädtischen Freiflächen, insbesondere aber zu den ausgedehnten Landwirtschaftsflächen im

Umland. Vor allem in Sommernächten werden Temperaturunterschiede von bis zu 10 °C gemessen.[14] Insgesamt jedoch profitiert Berlin auch in diesem Zusammenhang von seinem großen Grünflächenanteil, mehr als 40 Prozent des Stadtgebietes sind Grünbestand;[15] gut 400.000 Bäume säumen die Straßen.[16] Die große Anzahl kleinerer Freiflächen, besonders aber auch die großen innerstädtischen Grünflächen wie der Große Tiergarten, der Grunewald und der ehemalige Flughafen Tempelhof mit der Hasenheide, die von Klimatologen auch als „Kälteinseln" bezeichnet werden, bewirken zumindest in ihrer Umgebung ein zumeist als weitgehend angenehm empfundenes Klima.

**Berlin**

**Klimadiagramm**

| J | F | M | A | M | J | J | A | S | O | N | D |
|---|---|---|---|---|---|---|---|---|---|---|---|
| unknown operator: u'\u2212'unknown operator: u'\u2212' bis 3 42 | unknown operator: u'\u2212'unknown operator: u'\u2212' bis 4 33 | 1 bis 9 41 | 4 bis 13 37 | 9 bis 19 54 | 12 bis 22 69 | 14 bis 24 56 | 14 bis 24 58 | 11 bis 19 45 | 6 bis 13 37 | 2 bis 7 44 | unknown operator: u'\u2212'unknown operator: u'\u2212' bis 4 55 |

Temperatur in °C, Niederschlag in mm

**Quelle:** DWD, Daten: 1971-2000[17]

**Monatliche Durchschnittstemperaturen und -niederschläge für Berlin**

| | Jan | Feb | Mär | Apr | Mai | Jun | Jul | Aug | Sep | Okt | Nov | Dez | | |
|---|---|---|---|---|---|---|---|---|---|---|---|---|---|---|
| Max. Temperatur (°C) | 2.9 | 4.2 | 8.5 | 13.2 | 18.9 | 21.6 | 23.7 | 23.6 | 18.8 | 13.4 | 7.1 | 4.4 | Ø | **13.4** |
| Min. Temperatur (°C) | −1.9 | −1.5 | 1.3 | 4.2 | 9.0 | 12.3 | 14.3 | 14.1 | 10.6 | 6.4 | 2.2 | −0.4 | Ø | **unknown operator: u'strong'** |
| Niederschlag (mm) | 42.3 | 33.3 | 40.5 | 37.1 | 53.8 | 68.7 | 55.5 | 58.2 | 45.1 | 37.3 | 43.6 | 55.3 | Σ | **570.7** |
| Regentage (d) | 10.0 | 8.0 | 9.1 | 7.8 | 8.9 | 9.8 | 8.4 | 7.9 | 7.8 | 7.6 | 9.6 | 11.4 | Σ | **106.3** |

**Quelle:** DWD, Daten: 1971-2000[18]

## Gliederung

Berlin gliedert sich in zwölf Bezirke und diese ihrerseits in insgesamt 96 Ortsteile. Die Ortsteile stellen zwar keine Verwaltungseinheiten dar, bilden aber die Grundlage amtlicher Ortsangaben und haben deshalb administrative Grenzen. Eine dritte Ebene bilden *Ortslagen* genannte, nicht genau abgegrenzte und nur umgangssprachlich bekannte geografische Gebiete. Ortsteile und Ortslagen spielen im alltäglichen Sprachgebrauch eine größere Rolle, da sie im Gegensatz zu den Bezirken, die lediglich technische Verwaltungseinheiten darstellen, historisch gewachsene Gebilde sind.

Mit dem Groß-Berlin-Gesetz[19] wurden 1920 acht Städte sowie 59 Landgemeinden und 27 Gutsbezirke zusammengefasst. Das neue *Groß-Berlin* umfasste ursprünglich 20 Bezirke mit damals 94 Ortsteilen, die mit unveränderten Grenzverläufen den vorherigen Gliederungen entsprachen. Von diesen 20 Bezirken lagen nach der Teilung der Stadt 12 in West- und 8 in Ost-Berlin. Anlässlich der Schaffung von Neubaugebieten am östlichen Stadtrand wurde – ohne Eingemeindungen – durch Ausgründung weiterer Bezirke aus einigen bisherigen, deren Zahl im Ostteil zwischen 1979 und 1986 auf 11 erhöht, während deren Aufteilung in West-Berlin, bis auf einen Gebietsaustausch von West-Staaken gegen den Ostteil Groß Glienickes – dem 95. Ortsteil insgesamt, unverändert blieb. Das wiedervereinte Berlin zählte 1990 somit zunächst 23 Bezirke. Im Gebietsreformgesetz vom 10. Juni 1998 wurde deren Zahl dann zum 1. Januar 2001 durch Bezirksfusionen schließlich auf 12 reduziert. Zahl und Zuschnitt der Ortsteile wurden während der letzten Jahrzehnte ebenfalls mehrfach geändert.

Als Teile des Landes Berlin tragen die Bezirke ihre Namen ohne den vorangestellten Zusatz „Berlin-". Dieser Sprachgebrauch wird auch auf nach den Bezirken benannte Landeseinrichtungen wie Gerichte und Finanzämter ausgedehnt, sodass Bezeichnungen wie *Amtsgericht Tiergarten* oder *Finanzamt Charlottenburg* bundesweit verwendet werden, ohne dass die Zugehörigkeit zur Stadt Berlin im Eigennamen erkennbar würde.[20] [21]

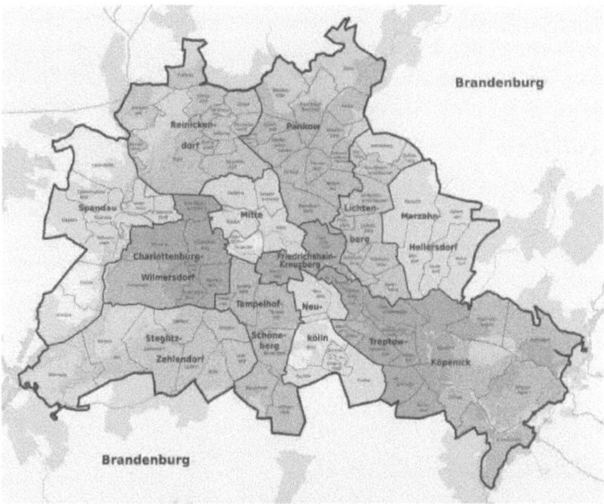


Die 12 Bezirke und 96 Ortsteile Berlins

## Eckdaten der Bezirke von Berlin am 31. Juli 2012[5]

| Nr. | Bezirk von Berlin | Einwohner | Fläche in km² | Einwohner pro km² | Ausländer-anteil |
|---|---|---|---|---|---|
| 1. | Mitte | 342.764 | 39,47 | 8.456 | 28,3 % |
| 2. | Friedrichshain-Kreuzberg | 276.304 | 20,16 | 13.357 | 21,7 % |
| 3. | Pankow | 378.691 | 103,01 | 3.542 | 7,6 % |
| 4. | Charlottenburg-Wilmersdorf | 325.622 | 64,72 | 4.944 | 18,9 % |
| 5. | Spandau | 230.034 | 91,91 | 2.435 | 13,2 % |
| 6. | Steglitz-Zehlendorf | 298.483 | 102,50 | 2.867 | 10,7 % |
| 7. | Tempelhof-Schöneberg | 334.965 | 53,09 | 6.304 | 15,4 % |

| 8. | Neukölln | 320.667 | 44,93 | 6.969 | 22,4 % |
|---|---|---|---|---|---|
| 9. | Treptow-Köpenick | 245.742 | 168,42 | 1.430 | 3,7 % |
| 10. | Marzahn-Hellersdorf | 254.381 | 61,74 | 4.013 | 4,7 % |
| 11. | Lichtenberg | 266.703 | 52,29 | 4.961 | 8,7 % |
| 12. | Reinickendorf | 245.705 | 89,46 | 2.697 | 11,2 % |
| | Berlin (gesamt) | 3.520.061 | 891,85 | 3.947 | 14,3 % |

## Nachbarstädte und -gemeinden

Berlin ist vollständig vom Land Brandenburg umschlossen und grenzt dabei an acht Landkreise und eine kreisfreie Stadt mit den folgenden sieben Städten und 20 ländlichen Gemeinden (im Uhrzeigersinn, im Nordosten beginnend):

Das Umland Berlins ist geprägt durch die Brandenburger Fluss- und Seenlandschaft; das Foto zeigt Schmöckwitz

- Landkreis Barnim: Wandlitz, Panketal, Ahrensfelde
- Landkreis Märkisch-Oderland: Hoppegarten, Neuenhagen bei Berlin
- Landkreis Oder-Spree: Schöneiche bei Berlin, Woltersdorf, Erkner *(Stadt)*, Gosen-Neu Zittau
- Landkreis Dahme-Spreewald: Königs Wusterhausen *(Stadt)*, Zeuthen, Eichwalde, Schulzendorf, Schönefeld
- Landkreis Teltow-Fläming: Blankenfelde-Mahlow, Großbeeren
- Landkreis Potsdam-Mittelmark: Teltow *(Stadt)*, Kleinmachnow, Stahnsdorf
- Potsdam *(kreisfreie Stadt)*
- Landkreis Havelland: Dallgow-Döberitz, Falkensee *(Stadt)*, Schönwalde-Glien
- Landkreis Oberhavel: Hennigsdorf *(Stadt)*, Hohen Neuendorf *(Stadt)*, Mühlenbecker Land, Glienicke/Nordbahn

# Geschichte

## Name der Stadt

Der Name *Berlin* hat nichts mit dem Bären im heutigen Stadtwappen zu tun, vielmehr leitet er sich vermutlich von dem slawischen Wort *brlo/berlo* ab, was zusammen mit der Endung *in* ‚Sumpf' oder ‚trockene Stelle in einem Feuchtgebiet' bedeutet. Dafür spricht, dass der Name in Urkunden auch immer wieder mit Artikel auftaucht („der Berlin").[22] Zwar hatte Berlin keine slawische Vorgängersiedlung, doch bestanden die heutigen Ortsteile Spandau und Köpenick als slawische Siedlungen bereits vor der Gründung der Mark Brandenburg, die 1157 durch den Askanier Albrecht den Bären erfolgte.

## Gründung während der Markgrafschaft

Die auf der Spreeinsel gelegene Stadt Cölln wurde 1237 erstmals urkundlich erwähnt.[23] 1244 folgte dann die Erwähnung Berlins, das sich am nördlichen Ufer der Spree befand. Neuere archäologische Funde belegen, dass es bereits in der zweiten Hälfte des 12. Jahrhunderts vorstädtische Siedlungen beiderseits der Spree gegeben hat.[24] 1280 fand der erste nachweisbare märkische Landtag in Berlin statt. Dies deutet auf eine frühe Spitzenstellung, wie sie auch aus dem Landbuch Karls IV. (1375) erkennbar wird, als Berlin mit Stendal, Prenzlau und Frankfurt/Oder als die Städte mit dem höchsten Steueraufkommen nachgewiesen werden. Die beiden Städte bekamen 1307 ein gemeinsames Rathaus.

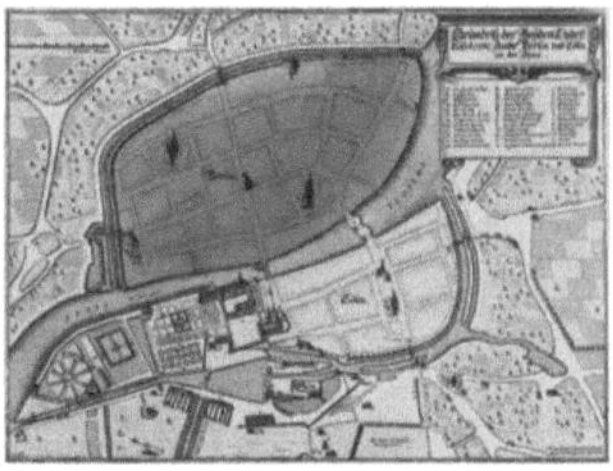

Ältester Stadtplan von Berlin und Cölln von Johann Gregor Memhardt (1652)

## Kurfürstentum im Spätmittelalter

Berlin teilte das Schicksal Brandenburgs unter den Askaniern (1157–1320), Wittelsbachern (1323–1373) und Luxemburgern (1373–1415). 1415 wurde Friedrich I. Kurfürst der Mark Brandenburg. Mitglieder der Familie Hohenzollern regierten bis 1918 in Berlin, erst als Markgrafen von Brandenburg und dann als Kurfürsten und Könige in bzw. von Preußen. Im Jahr 1257 zählte die Markgrafschaft zum ersten Mal zum einzig zur Königswahl berechtigten Wahlkollegium. Die genauen Regeln wurden 1356 mit der Goldenen Bulle festgelegt; seitdem galt Brandenburg als Kurfürstentum. 1448 revoltierten Einwohner von Berlin im „Berliner Unwillen" gegen den Schlossneubau des Kurfürsten Friedrich II. („Eisenzahn"). Dieser Protest war jedoch nicht von Erfolg gekrönt, und die Bevölkerung büßte viele ihrer politischen und ökonomischen Freiheiten ein. Berlin wurde 1486 durch Kurfürst Johann Cicero zur Hauptresidenzstadt der brandenburgischen Markgrafen und Kurfürsten erklärt.

Bereits seit 1280 gab es Handelsbeziehungen zur Hanse, insbesondere zu Hamburg. Ab dem 14. Jahrhundert war Berlin Mitglied der Hanse, ohne dass Beginn und Intensität der Mitgliedschaft deutlicher zu erkennen wären. Als Folge des „Berliner Unwillens" hatte der Kurfürst der Doppelstadt verboten, Mitglied von Städtebünden zu sein. Dennoch sind weiterhin Beziehungen zur Hanse nachweisbar. Erst 1518 trat Berlin formal aus der Hanse aus bzw. wurde von ihr ausgeschlossen.[25]

Die Reformation wurde 1539 unter Kurfürst Joachim II. in Berlin und Cölln eingeführt, ohne dass es zu großen Auseinandersetzungen kam.

## Kurfürstentum in der Frühen Neuzeit

Der Dreißigjährige Krieg zwischen 1618 und 1648 hatte für Berlin verheerende Folgen: Ein Drittel der Häuser wurde beschädigt, die Bevölkerungszahl halbierte sich. Friedrich Wilhelm, bekannt als der *Große Kurfürst,* übernahm 1640 die Regierungsgeschäfte von seinem Vater. Er begann eine Politik der Immigration und der religiösen Toleranz. Vom darauf folgenden Jahr an kam es zur Gründung der Vorstädte Friedrichswerder, Dorotheenstadt und Friedrichstadt.

Im Jahr 1671 wurde 50 jüdischen Familien aus Österreich ein Zuhause in Berlin gegeben. Mit dem Edikt von Potsdam 1685 lud Friedrich Wilhelm die französischen Hugenotten nach Brandenburg ein. Über 15.000 Franzosen kamen, von denen sich 6.000 in Berlin niederließen. Um 1700 waren 20 Prozent der Berliner Einwohner Franzosen, und ihr kultureller Einfluss war groß. Viele Einwanderer kamen außerdem aus Böhmen, Polen und Salzburg.

## Preußisches Königreich

1701 erlangte Berlin durch die Krönung Friedrichs I. zum König in Preußen die Stellung der preußischen Hauptstadt, was durch das Edikt zur Bildung der *Königlichen Residenz Berlin* durch Zusammenlegung der Städte Berlin, Cölln, Friedrichswerder, Dorotheenstadt und Friedrichstadt am 17. Januar 1709 amtlich wurde.[26] Bald darauf entstanden neue Vorstädte, die Berlin vergrößerten.

Das Berliner Stadtschloss, die Hauptresidenz des preußischen Königs, um 1900

Nach der Niederlage Preußens 1806 verließ der König Berlin Richtung Königsberg. Behörden und wohlhabende Familien zogen aus Berlin fort. Französische Truppen besetzten die Stadt von 1806 bis 1808. Unter dem Reformer Freiherr vom und zum Stein wurde am 19. November 1808 die neue Berliner Städteordnung beschlossen und in einem Festakt am 6. Juli 1809 in der Nikolaikirche proklamiert, was zur ersten frei gewählten Stadtverordnetenversammlung führte. An die Spitze der neuen Verwaltung wurde ein Oberbürgermeister gewählt. Die Vereidigung der neuen Stadtverwaltung, nun Magistrat genannt, erfolgte am 8. Juli des Jahres im Berliner Rathaus.[27]

Bei den Reformen der Schulen und wissenschaftlichen Einrichtungen spielte die von Wilhelm von Humboldt vorgeschlagene Bildung einer Berliner Universität eine bedeutende Rolle. Die neue Universität (1810) entwickelte sich rasch zum geistigen Mittelpunkt von Berlin und wurde bald weithin berühmt.[27]

Weitere Reformen wie die Einführung einer Gewerbesteuer, das Gewerbe-Polizeigesetz (mit der Abschaffung der Zunftordnung), unter Staatskanzler Carl August von Hardenberg verabschiedet, die bürgerliche Gleichstellung der Juden und die Erneuerung des Heereswesens führten zu einem neuen Wachstumsschub in Berlin. Vor allem legten sie die Grundlage für die spätere Industrieentwicklung in der Stadt. Der König kehrte Ende 1809 nach Berlin zurück.[27]

In den folgenden Jahrzehnten bis um 1850 siedelten sich außerhalb der Stadtmauern neue Fabriken an, in denen die Zuwanderer als Arbeiter oder Tagelöhner Beschäftigung fanden. Dadurch verdoppelte sich die Zahl der Einwohner durch Zuzug aus den östlichen Landesteilen.[27] Bedeutende Unternehmen wie Borsig, Siemens oder die AEG entstanden und führten dazu, dass Berlin bald als Industriestadt galt.

Im Ergebnis der Märzrevolution machte der König zahlreiche Zugeständnisse. Ende 1848 wurde ein neuer Magistrat gewählt. Nach einer kurzen Pause wurde im März 1850 eine neue Stadtverfassung und Gemeindeordnung beschlossen, wonach die Presse- und Versammlungsfreiheit wieder aufgehoben, ein neues Dreiklassen-Wahlrecht eingeführt und die Befugnisse der Stadtverordneten stark eingeschränkt wurden. Die Rechte des Polizeipräsidenten Hinckeldey wurden dagegen gestärkt. In seiner Amtszeit bis 1856 sorgte er für den Aufbau der städtischen Infrastruktur (vor allem Stadtreinigung, Wasserwerke, Wasserleitungen, Errichtung von Bade- und Waschanlagen).[27]

1861 wurden Moabit und der Wedding sowie die Tempelhofer, Schöneberger, Spandauer und weiterer Vorstädte eingemeindet.

## Kaiserreich

Mit der Einigung zum kleindeutschen Nationalstaat durch den preußischen Ministerpräsidenten Otto von Bismarck, die am 18. Januar 1871 vollzogen wurde, kam Berlin auch in die Stellung der Hauptstadt des deutschen Nationalstaats, zunächst mit dessen staatsrechtlicher Bezeichnung Deutsches Reich (bis 1945).[28] Mit Gründung des Kaiserreichs lässt sich der Beginn der Gründerzeit, in dessen Folge Deutschland zur Weltmacht und Berlin zur Weltstadt aufstieg, für Deutschland sehr genau auf das Jahr 1871 datieren. Im mehr als vier Jahrzehnte währenden Frieden, der im August 1914 mit Beginn des Ersten Weltkriegs endete, wurde Berlin im Jahre 1877 zunächst Millionenstadt und überstieg die Zweimillionen-Einwohner-Grenze erstmals im Jahre 1905.

Nach seiner Abdankung am 9./10. November 1918 in Spa kehrte der Kaiser nie mehr nach Berlin zurück.

## Weimarer Republik

Nach dem Ende des Ersten Weltkriegs wurde am 9. November 1918 in Berlin *die Republik* ausgerufen. In den Monaten nach der Novemberrevolution kam es mehrfach zu teils blutigen Auseinandersetzungen zwischen der Regierung und ihren Freikorps sowie revolutionären Arbeitern. Anfang 1919 erschütterte der Spartakusaufstand die Stadt, zwei Monate später ein Generalstreik. Am 13. Januar 1920 kam es zu einem Blutbad vor dem Reichstag und im März 1920 wurde Berlin zum Schauplatz des Kapp-Putsches.

Im gleichen Jahr folgte mit dem Groß-Berlin-Gesetz eine umfassende Eingemeindung mehrerer umliegender Städte und Landgemeinden sowie zahlreicher Gutsbezirke. Die Reichs- und Landeshauptstadt hatte damit rund vier Millionen Einwohner und war in den 1920er Jahren die größte Stadt Kontinentaleuropas und die nach London und New York drittgrößte Stadt der Welt.

Die Stadt erlebte in den 1920er Jahren eine Blütezeit der Kunst, Wissenschaft und Kultur, die später als die „Goldenen Zwanziger" bezeichnet wurden. Während dieser Zeit, die zeitweise durch wirtschaftliche Erholung geprägt war, war Berlin, auch aufgrund der nunmehr ungewöhnlich weit ausgedehnten Stadtfläche, die größte Industriestadt Europas.

## Drittes Reich

Nach der Machtübernahme der Nationalsozialisten im Jahr 1933, gewann Berlin als Hauptstadt des zentralistischen Dritten Reichs an politischer Bedeutung. Berlin war Schauplatz der 1936 von den Nationalsozialisten zu Propagandazwecken genutzten Olympischen Spiele. Adolf Hitler und Generalbauinspektor Albert Speer entwickelten gigantomanische architektonische Konzepte für den Umbau Berlins nach römischem Vorbild zur „Welthauptstadt Germania".[29]

Potsdamer Platz, 1945

Nationalsozialisten bzw. das NS-Regime zerstörten Berlins jüdische Gemeinde, die vor 1933 rund 160.000 Mitglieder zählte. Nach den Novemberpogromen von 1938 wurden tausende Berliner Juden ins nahe gelegene KZ Sachsenhausen deportiert. Rund 50.000 der noch in Berlin wohnhaften 66.000 Juden wurden vom Oktober 1941 an zunächst in Ghettos und Arbeitslager nach Litzmannstadt, Minsk, Kowno, Riga, Piaski oder Theresienstadt deportiert. Viele starben dort unter den widrigen Lebensbedingungen, andere wurden von dort in Vernichtungslager verschleppt und ermordet; nur wenige überlebten. Ab November 1942 fuhren Deportationszüge auch direkt nach Auschwitz. Mit der Fabrikaktion endeten im März 1943 die Massendeportationen.

Während des Zweiten Weltkriegs wurden ab 1940, massiv ab 1943, große Teile Berlins durch Luftangriffe der Alliierten und 1945 durch Häuserkämpfe in der Schlacht um Berlin zerstört. Der Anteil der zerstörten Häuser zum Kriegsende wurde mit etwa 31 Prozent angegeben.

## Geteilte Stadt

Nach der Einnahme der Stadt durch die Rote Armee und der bedingungslosen Kapitulation der Wehrmacht am 8. Mai 1945 wurde Berlin gemäß der Londoner Protokolle – der Gliederung ganz Deutschlands in Besatzungszonen entsprechend – in vier Sektoren aufgeteilt, nämlich die Sektoren der Vereinigten Staaten von Amerika, des Vereinigten Königreichs Großbritannien und Irland, Frankreichs und der Sowjetunion: amerikanischer, britischer, französischer und russischer Sektor. Weder in der Konferenz von Jalta noch im Potsdamer Abkommen war eine förmliche Teilung in Westsektoren und Ostsektor (West-Berlin und Ost-Berlin) vorgesehen. Diese Gruppierung ergab sich 1945/1946 durch das Zusammengehörigkeitsgefühl der West-Alliierten einerseits und das Gefühl der Mehrzahl der Berliner andererseits, die die West-Alliierten als Befreier „von den Russen“ empfanden.

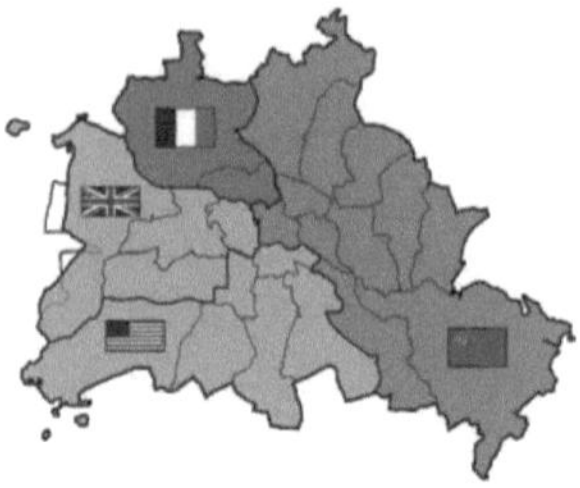

Karte der geteilten Stadt

Die Sowjetische Militäradministration in Deutschland schuf schon am 19. Mai 1945 einen *Magistrat für Berlin*. Er bestand aus einem parteilosen Oberbürgermeister, 4 Stellvertretern und 16 Stadträten. Als erster Stadtrat für das Gesundheitswesen wurde Ferdinand Sauerbruch bestimmt. Aufgrund des Befehls Nr. 165 entließ ihn der Alliierte Kontrollrat am 12. Oktober 1945 wegen seiner Einstellung zur Zeit des Nationalsozialismus.[30]

Für Groß-Berlin blieb allerdings eine Gesamtverantwortung aller vier Siegermächte bestehen. Die zunehmenden politischen Differenzen zwischen den Westalliierten und der Sowjetunion führten nach einer Währungsreform in den West-Sektoren 1948/1949 zu einer wirtschaftlichen Blockade West-Berlins, die die Westalliierten mit der „Berliner Luftbrücke“ überwanden.

Berliner Mauer, 1986

Mit der Gründung der Bundesrepublik Deutschland im Westen Deutschlands und der Deutschen Demokratischen Republik (DDR) im Osten Deutschlands im Jahr 1949 verfestigte sich der Kalte Krieg auch in Berlin. Während die Bundesrepublik ihren Regierungssitz in Bonn hatte, was zunächst als Provisorium gedacht war, proklamierte die DDR *Berlin* als Hauptstadt. Der Ost-West-Konflikt gipfelte in der Berlin-Krise und führte zum Bau der Berliner Mauer durch die DDR am 13. August 1961.

West-Berlin war seit 1949 de facto ein Land der Bundesrepublik Deutschland – allerdings mit rechtlicher Sonderstellung – und Ost-Berlin de facto ein Teil der DDR. Berlins Osten und Westen waren ab 1961 völlig voneinander getrennt; der Übergang war nur noch an bestimmten Kontrollpunkten möglich, allerdings nicht mehr für die Bewohner der DDR und Ost-Berlins, Rentnerinnen und Rentner ausgenommen, und bis 1972 auch nur in Ausnahmefällen für Bewohner West-Berlins.

10. November 1989, Bornholmer Straße im westlichen Teil Berlins. Am Tag nach der Öffnung der Mauer bereitet ein Spalier den Besuchern aus der DDR einen ersten Empfang

Im Jahr 1971 wurde das Viermächteabkommen über Berlin unterzeichnet und trat 1972 in Kraft. Während die Sowjetunion den

Viermächte-Status nur auf West-Berlin bezog, unterstrichen die Westmächte 1975 in einer Note an die Vereinten Nationen ihre Auffassung vom Viermächte-Status über Gesamt-Berlin. Die Problematik des umstrittenen Status Berlins wird auch als Berlin-Frage bezeichnet.

## Berliner Republik

1989 kam es in der DDR zur Wende, die Mauer wurde geöffnet. 1990 wurden die beiden deutschen Staaten als Bundesrepublik Deutschland wiedervereinigt und Berlin per Einigungsvertrag deutsche Hauptstadt. Es entstand die Berliner Republik.

Am 20. Juni 1991 beschloss der Bundestag mit dem Hauptstadtbeschluss nach kontroverser öffentlicher Diskussion, dass die Stadt Sitz der deutschen Bundesregierung und des Bundestages sein solle. 1994 wurde das Schloss Bellevue auf Initiative Richard von Weizsäckers zum ersten Amtssitz des Bundespräsidenten. In der Folgezeit wurde das Bundespräsidialamt in unmittelbarer Nähe errichtet.

Richard von Weizsäcker verlegte den ersten Amtssitz des Bundespräsidenten 1994 nach Berlin. 1981–1984 war er Regierender Bürgermeister der Stadt.

1999 nahmen Regierung und Parlament ihre Arbeit in Berlin auf. Im Jahr 2001 wurde das neue Bundeskanzleramt eingeweiht und von Bundeskanzler Gerhard Schröder bezogen. Die überwiegende Zahl der Auslandsvertretungen in Deutschland verlegten in den folgenden Jahren ihren Sitz von Bonn nach Berlin.

Zum 1. Januar 2001 wurde die Anzahl der Bezirke, in die Berlin untergliedert ist, von zuvor 23 auf 12 reduziert.

# Bevölkerung

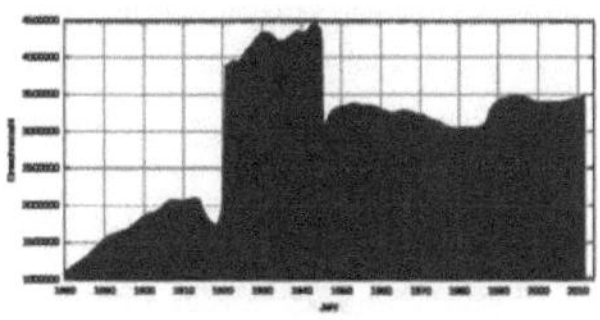

Einwohnerentwicklung Berlins seit 1880

Berlin hat rund 3,5 Millionen Einwohner und ist damit die mit Abstand bevölkerungsreichste Stadt Deutschlands; sie hat mehr Einwohner als die beiden nächstgrößten, Hamburg und München, zusammen. Die Agglomeration Berlin hat mit 4,3 Millionen etwa so viele Einwohner wie das Ruhrgebiet, die Metropolregion Berlin/Brandenburg, die beide Bundesländer komplett umfasst, knapp 6,0 Millionen Einwohner.

Bis Mitte des 17. Jahrhunderts war die Berliner Gegend nur spärlich bevölkert, der Dreißigjährige Krieg hatte die Bevölkerung Berlins noch einmal etwa halbiert. Doch nachdem Kurfürst Friedrich Wilhelm 1640 die Regierungsgeschäfte von seinem Vater übernommen hatte, holte er unter anderem viele Hugenotten aus Frankreich in die Region. So stieg die Bevölkerung von rund 6.000 um 1648 auf rund 57.000 im Jahr 1709. Die Einwohnerzahl wuchs nun stetig, sodass Berlin 1747 zur Großstadt und 1877 zur Millionenstadt wurde.

Der Bevölkerungsanstieg im Berliner Raum hatte infolge der nach den Preußischen Reformen einsetzenden Industrialisierung eine Beschleunigung erfahren. Die Berliner im letzten Viertel des 19. Jahrhunderts waren nur noch zu gut 40 % in Berlin geboren. Im Jahre 1900 stammten von den 1,9 Millionen Berlinern aus den preußischen Provinzen Brandenburg über 20 %, Ost- und Westpreußen 9 %, Schlesien 7 %, Pommern 6 %, Posen 5 % und Sachsen 4 %. Eher gering war mit 3–4 % die Zuwanderung aus anderen Regionen Deutschlands und mit gut 1,5 % aus dem Ausland. Der Anteil der Berliner mit deutscher Muttersprache lag 1895 bei über 98 %.[31] Mit dem

Groß-Berlin-Gesetz von 1920 stieg die Bevölkerungszahl durch Eingemeindung bisher unabhängiger Städte und Dörfer auf fast vier Millionen an. Berlin war damit in den 1920er und 1930er Jahren die größte Stadt Kontinentaleuropas und die nach London und New York City drittgrößte Stadt der Welt. Die Einwohnerzahl überschritt in der 1920er Jahren die Vier-Millionengrenze und erreichte 1942 mit 4,48 Millionen ihren Höchststand (damals allerdings nur noch ein theoretischer Wert, *siehe →hier).*

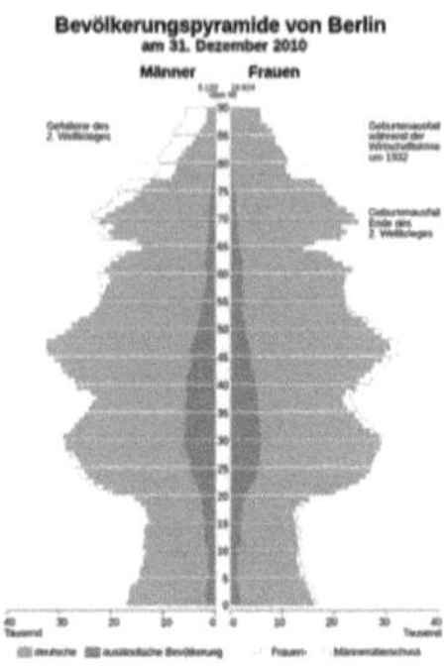

Bevölkerungspyramide von Berlin 2010

Durch den Zweiten Weltkrieg fiel die Zahl wieder und liegt seitdem relativ konstant zwischen 3,0 und 3,5 Millionen Einwohnern.[32] Jungen Männern aus dem Bundesgebiet bot zwischen 1957 und 1990 eine Übersiedlung nach West-Berlin die Möglichkeit, sich der Wehrpflicht zur Bundeswehr zu entziehen, weil dort die Wehrgesetzgebung der Bundesrepublik nicht galt. Die Zahl der Zuzüge wie der Fortzüge liegt seit 1991 jährlich zwischen 100.000 und 145.000.[33] Die oft zitierte Behauptung aus dem Jahr 2007, 1,7 Millionen Berliner hätten die Stadt nach der Wiedervereinigung (seit 1991) verlassen, 1,8 Millionen Menschen seien zugezogen und hätten damit für einen umfangreichen Bevölkerungsaustausch gesorgt,[34] beruht also auf einer bloßen Addition sämtlicher Zuzüge und sämtlicher Fortzüge und überzeichnet die wirkliche Bevölkerungsfluktuation. Auch heute noch hat Berlin eine in Deutschland weit überdurchschnittliche räumliche Bevölkerungsbewegung. Allein im Jahr 2009 zogen 143.852 Menschen nach Berlin, darunter 56.028 Ausländer. Gleichzeitig verließen 133.335 Einwohner die Stadt, davon 59.083 Ausländer.[35]

In den Jahrzehnten nach dem Zweiten Weltkrieg kamen viele Gastarbeiter aus Südeuropa und der Türkei nach West- und Vertragsarbeiter vor allem aus Vietnam nach Ost-Berlin. Seit den 1980er Jahren machten sich viele russlanddeutsche Spätaussiedler und seit der Wiedervereinigung schließlich Juden aus der Ukraine und Russland hierher auf den Weg. Heute leben in der Stadt Bürger von rund 190 Staaten.[36] [37] Außerdem war und ist Berlin aufgrund der politischen und kulturellen Bedeutung ein Zuzugsgebiet für viele Deutsche aus anderen Regionen, so betrug der Wanderungsgewinn gegenüber dem übrigen Bundesgebiet im Jahr 2009 über 18.000 Personen;[38] Kreuzberg bildet aufgrund der dichten Besiedlung und niedrigen Mieten einen Schwerpunkt sowohl der türkischen als auch der alternativen Kultur. Die türkische Gemeinde Berlins mit etwa 180.000 türkischen und türkischstämmigen Bürgern[39] gilt als eine der größten türkischen Gemeinden außerhalb der Türkei. Zusätzlich leben rund 70.000 Afrodeutsche in Berlin.[40] Die zunehmende Internationalität Berlins spiegelt sich auch in der Zusammensetzung der Migrantengruppen wider. So gibt es mehr als 25 nicht-einheimische ethnische Gruppen oder Nationalitäten mit jeweils mehr als 10.000 Menschen. Diese sind:[41] [42]

Türken: ~180.000-210.000, Polen: ~100.000, Russen: ~50.000, Palästinenser: ~30.000, Serben: ~26.000, Libanesen: ~25.000, Italiener: ~22.000, Vietnamesen: ~21.000, US-Amerikaner: ~20.000, Franzosen: ~20.000, Kasachen: ~20.000, Bulgaren: ~16.000, Ukrainer: ~16.000, Briten: ~15.000, Bosnier: ~14.000, Griechen: ~13.000, Österreicher: ~13.000, Spanier: ~13.000, Kroaten: ~12.000, Chinesen: ~12.000, Iraner: ~11.000, Thailänder: ~11.000, Syrer: ~11.000, Rumänen: ~11.000, Ägypter: ~10.000, Ghanaer: ~10.000, Israelis: ~10.000, Brasilianer: ~10.000, Inder: ~10.000, Koreaner: ~10.000.

| Bevölkerung mit Migrationshintergrund[43] | Anteile |
|---|---|
| **Deutsche ohne Migrationshintergrund** | **~ 73 % (~ 2.500.000)** |
| **Deutsche mit Migrationshintergrund und Ausländer** | **~ 27 % (~ 900.000)** |
| Nahöstlicher Migrationshintergrund (Türkei, Arabische Liga, Iran etc.) | ~ 9,0 % (~ 300.000) |
| Europäischer Migrationshintergrund (Russland, Polen, Großbritannien, Griechenland, Serbien, Spanien, Frankreich etc.) | ~ 9,0 % (~ 300.000) |
| Andere (Ostasiaten, Afrodeutsche, Amerikaner, Israelis, Schwarzafrikaner, Lateinamerikaner etc.) | ~ 9,0 % (~ 300.000) |

Wegen der Schwierigkeiten, den Migrationshintergrund einheitlich zu definieren und in Befragungen zu erfassen, könnte der tatsächliche Anteil von Menschen mit Migrationshintergrund in relevantem Maße von den genannten Zahlen abweichen.

Zusätzlich gibt es in Berlin zwischen 100.000 und 250.000 illegale Immigranten, hauptsächlich aus Afrika, Asien, vom Balkan oder Lateinamerika.[44]

Aufgrund des EU-Beitritts von Rumänien und Bulgarien gab es einen Zustrom von Roma. Die Schätzungen schwanken, allerdings könnten sich bis zu 200.000 nicht-sesshafte Roma in den letzten Jahren in Berlin aufgehalten haben.[45]

## Mundart

Berlinisch oder Berlinerisch wird im Allgemeinen als eine Variante des mitteldeutschen Berlin-Brandenburgischen gesehen, die in Berlin und im Berliner Umland gesprochen wird und auch nur in Berlin übliche (Sprich-)Worte oder dort geprägte Redewendungen – den sogenannten „Berolinismus" – enthält. Sprachwissenschaftlich handelt es sich bei dem Dialekt tatsächlich um einen Metrolekt, eine städtische Sprachmischung, die nicht regionalen Ursprungs ist, sondern durch Mischung von Dialekten unterschiedlicher Herkunft entstanden ist. Tatsächlich ist das heutige Brandenburgische eine Varianz des Berliner Metrolekts.

Seit der Entstehung Berlins im letzten Viertel des 12. Jahrhunderts wurde dort aufgrund der Herkunft der Siedler niederdeutsch gesprochen. Das Berlinerische nahm durch den Zuzug vieler Bevölkerungsgruppen etliche Wörter und Redewendungen aus anderen Sprachen und Dialekten wie dem Französischen und dem Jiddischen auf. Das Berlinische war in der Geschichte überwiegend Sprache der einfachen Leute, die Bildungsschicht bemühte sich stets um einwandfreies Hochdeutsch. Viele Neuberliner nahmen zwar Teile des Berlinischen an, aber die ständige Verwendung wurde als „unfein", „proletarisch" oder „dumm" betrachtet. In der DDR änderte sich diese Einstellung teilweise, sodass Berlinerisch auch in gebildeten Kreisen teilweise gepflegt wurde. Dadurch finden sich die Zentren der verstärkten Verwendung heute vor allem in den Ostbezirken, den alten westlichen Arbeiterbezirken und dem Umland. Unverändert wird die Sprache in Berlin von Zuwandererwellen geprägt, wodurch die verwendete Umgangssprache unbeständig bleibt.

In einem großen Teil der heutigen Vorortbezirke Berlins wurden wie im umliegenden Brandenburg bis ins 20. Jahrhundert Dialekte des Niederdeutschen, genauer des Märkisch-Brandenburgischen, gesprochen, die allerdings im Zuge der Verstädterung der Vororte und durch die auch linguistische Ausstrahlung der Metropole Berlin heute weitgehend verdrängt und durch mitteldeutsche Dialekte bzw. einen berlinisch geprägten Regiolekt des Standarddeutschen ersetzt sind.

## Religionen, Weltanschauungen

Von den rund 3,5 Millionen Einwohnern Berlins sind etwa 60 % konfessionslos, 18,7 % evangelisch,[46] 9,2 % katholisch,[46] 2,7 % bekennen sich zu einer anderen christlichen Konfession,[47] 7,2 % sind dem Islam zuzurechnen,[47] 0,3 % gehören zur Jüdischen Gemeinde,[47] 0,6 % gehören einer weiteren Religion an.[48]

Berliner Dom auf der Spreeinsel

In Berlin sind mehrere humanistische und andere Vereinigungen nichtreligiöser Menschen vertreten. So haben der Humanistische Verband Deutschlands, dessen Berliner Landesverband 5.700 Mitglieder[49] (0,2 % der Bevölkerung) hat und die Humanistische Akademie Deutschland ihren Sitz in Berlin. Genaue Zahlen darüber, wie viele Berliner sich als Humanisten betrachten, liegen nicht vor. 1982 erfolgte im Westteil Berlins die Einführung des Schulfaches *Humanistischer Lebenskundeunterricht*, dessen Teilnehmerzahl sich mittlerweile, verstärkt vor allem durch die Ausdehnung auf den Ostteil Berlins 1990, auf rund 52.000 Schülerinnen und Schüler beläuft.[50]

St. Hedwigs-Kathedrale am Bebelplatz, römisch-katholische Bischofskirche

Bedingt durch die unterschiedliche Entwicklung während der deutschen Teilung, bestehen im Glaubensbekenntnis starke Ost-West-Unterschiede, vor allem bei der evangelischen Kirche, die seit der Reformation in Berlin dominierte. So sind bis heute in zahlreichen Ortsteilen im Westteil über 40 Prozent der deutschen Einwohner evangelisch oder katholisch, während es in den in der DDR entstandenen Neubaugebieten teils unter 10 Prozent sind.[51] In dem größten vollständig im Westteil Berlins gelegenen Bezirk Tempelhof-Schöneberg von 335.000 Einwohnern[52] rund 90.000 evangelisch,[53] was einem Anteil von 27 Prozent entspricht.

Bischof der Evangelischen Kirche Berlin-Brandenburg-schlesische Oberlausitz ist Markus Dröge. An der Spitze des römisch-katholischen Erzbistums Berlin steht Rainer Maria Woelki. Das Land Berlin zahlt der evangelischen Kirche jährlich 8.146.910 Euro und der römisch-katholischen Kirche 2.860.000 Euro Staatsdotationen (Stand 2009).[54]

|  |  |
|---|---|
| Neue Synagoge | Şehitlik-Moschee |

Die Selbständige Evangelisch-Lutherische Kirche, die heute im Stadtgebiet mit acht Kirchengemeinden vertreten ist, ist aus der 1830 entstandenen *Evangelisch-lutherischen Kirche* hervorgegangen.[55]

Ebenfalls in Berlin ansässig sind ein russisch-orthodoxer und ein bulgarisch-orthodoxer Bischof, die meisten anderen orthodoxen und altorientalischen Nationalkirchen sind ebenfalls mit Gemeinden vertreten. Mit mindestens fünf regelmäßigen Messorten haben auch die katholischen Altritualisten in Berlin ihre stärkste Präsenz im deutschsprachigen Raum. Ferner existiert in Berlin-Wilmersdorf eine altkatholische Gemeinde, die auch in der Alt-Schöneberger Dorfkirche zu Gast ist.[56]

Baptisten gibt es in Berlin seit der Mitte des 19. Jahrhunderts, mit ihren 36 Gemeinden bilden sie heute die größte Freikirche der Bundeshauptstadt. Unter anderem gibt es auch 29 Gemeinden der Neuapostolischen Kirche. Es gibt sechs Gemeinden der Kirche Jesu Christi der Heiligen der Letzten Tage. Die älteste Berliner Mennonitengemeinde besteht seit 1887. In Berlin befindet sich der juristische Sitz des deutschen Zweiges der Religionsgemeinschaft der Zeugen Jehovas.

Berlin ist seit 1999 Sitz des Zentralrats der Juden in Deutschland. Heute befinden sich über elf Synagogen, mehrere buddhistische Tempel und 76 Moscheen in der Stadt.

Seit Anfang 2007 ist die Organisation Scientology mit einer Hauptstadtrepräsentanz vertreten, deren Eröffnung zu Protesten führte.[57]

### Persönlichkeiten

Ehrenbürger sind in der Liste der Ehrenbürger von Berlin aufgeführt, in der Stadt geborene Persönlichkeiten in der Liste der Söhne und Töchter der Stadt Berlin, Biografien von Menschen mit deutlichem Bezug zu Berlin werden in der Kategorie *Person (Berlin)* gesammelt. Die Mitglieder der Berliner Landesregierungen seit 1948 finden sich in den Auflistungen Regierender Bürgermeister von Berlin und Liste der Senatoren von Berlin. Verschiedene Stadtoriginale sind unter Berliner Originale zusammengefasst.

## Politik

Reichstagsgebäude, Sitz des Deutschen Bundestages

Berlin ist die Bundeshauptstadt der Bundesrepublik Deutschland. Als Regierungssitz der größten Volkswirtschaft Europas zählt Berlin zu den einflussreichsten Zentren der europäischen Politik.[58] Gewerkschaften, Stiftungen und Lobbyvertetungen haben in der Hauptstadt ihren Sitz eingerichtet, um an den Entscheidungsprozessen im Parlament und in der Regierung teilzuhaben. Hochrangige Staatsbesuche auf allen politischen Ebenen, Staatsakte und Gedenkveranstaltungen prägen den Jahreskalender des politischen Berlins.

### Bundeshauptstadt

Sitz des Bundesrats

Der erste Deutsche Bundestag nach der Wiedervereinigung entschied 1991 im sogenannten „Hauptstadtbeschluss", dass Berlin als Bundeshauptstadt auch Sitz des Bundestages und der Bundesregierung werden sollte.

Seit 1994 befindet sich der Erste Amtssitz des Bundespräsidenten im Schloss Bellevue in Berlin. 1999 fand der Umzug des größten Teils der Bundesregierung von Bonn nach Berlin statt. Bundestag (Reichstagsgebäude), Bundesrat (*Preußisches Herrenhaus*) und Bundesregierung haben seitdem ihren Betrieb in der Bundeshauptstadt aufgenommen. Im Jahr 2001 wurde das Bundeskanzleramt eingeweiht und erstmals von Bundeskanzler Gerhard Schröder bezogen.

Von den derzeit vierzehn Ministerien des 17. deutschen Bundeskabinetts haben acht ihren Hauptsitz in Berlin, darunter das Auswärtige Amt im 1934 gebauten Erweiterungsbau der damaligen Reichsbank oder das Bundesministerium der Finanzen im 1935 erbauten damaligen Reichsluftfahrtministerium. Die übrigen sechs haben ihren Hauptsitz am früheren Regierungssitz in Bonn. Alle Ministerien, auch die in der Hauptstadt ansässigen, haben einen Zweitsitz in der jeweils anderen Stadt. Die Mehrzahl der Ministeriumsbeschäftigten, etwa 9.000 Beamte und Angestellte, arbeiten dagegen weiterhin in Bonn.

Bundeskanzleramt im Regierungsviertel

Mehr als 140 Staaten haben in Berlin Ihren deutschen Botschaftssitz.[59]

## Land Berlin

Das heutige Groß-Berlin (Länderanhangscode *BE*) ist im strengen Sinne erst seit der Wiedervereinigung auch deutsches Bundesland. Zwar deklarierte neben der Berliner Landesverfassung von 1950 auch das deutsche Grundgesetz das Land Berlin zum Gliedstaat der Bundesrepublik Deutschland, wegen des Viermächteabkommens war dies bis dahin jedoch völkerrechtlich unwirksam. Das Bundesland umfasst exakt die Stadt Berlin.

Preußischer Landtag, Sitz des Berliner Abgeordnetenhauses

Das Land Berlin ist in zwölf Bezirke untergliedert. Das Landesparlament des Landes, die gesetzgebende Gewalt, ist nach der Verfassung von Berlin das Abgeordnetenhaus von Berlin. In ihm sind zurzeit Abgeordnete aus SPD, CDU, Bündnis 90/Die Grünen, Die Linke und Piratenpartei vertreten.

Der Senat von Berlin, bestehend aus dem Regierenden Bürgermeister und bis zu acht Senatoren bildet die Landesregierung. Der Regierende Bürgermeister ist zugleich Oberhaupt des Landes und der Stadt.

Nach der Wahl zum Abgeordnetenhaus vom 18. September 2011 wurde der Senat von SPD und CDU unter Führung von Klaus Wowereit (SPD) als Regierenden Bürgermeister gebildet.

## Verwaltung

Der Regierende Bürgermeister Klaus Wowereit, SPD

Von 1808 bis 1935 und von 1945 bis 1948 wurde Berlin von einem Magistrat verwaltet, an dessen Spitze ein Oberbürgermeister stand. In der Zeit von 1935 bis 1945 gab es gemäß der nationalsozialistischen Deutschen Gemeindeordnung keinen Magistrat. Von 1948 bis zur Wiedervereinigung 1990 bestanden in der geteilten Stadt ein Magistrat in Ost-Berlin und ein Senat in West-Berlin.

Die Verwaltung des Landes Berlin wird seit 1990 in der wiedervereinigten Stadt nach Gesamtberliner Wahlen – wie auch zuvor in West-Berlin – vom Senat von Berlin (der Hauptverwaltung) und den Bezirksverwaltungen in Berlin wahrgenommen. Die Hauptverwaltung umfasst die Senatsverwaltungen, die ihnen nachgeordneten Behörden (Sonderbehörden) und nichtrechtsfähigen Anstalten und die unter ihrer Aufsicht stehenden Eigenbetriebe. Die Hauptverwaltung nimmt die Aufgaben von gesamtstädtischer Bedeutung wahr, wobei dieser Begriff weit ausgelegt wird.

Rotes Rathaus, Sitz des Berliner Senats

Da Berlin eine Einheitsgemeinde ist, stellen die Bezirke keine eigenständigen Gemeinden dar, gemessen an der Einwohnerzahl sind sie jedoch mit größeren Landkreisen in Flächenstaaten vergleichbar. Die Bezirke unterliegen der Bezirksaufsicht durch den Senat.[60] In jedem Bezirk gibt es eine eigene – allerdings nicht als Parlament, sondern als Teil der Verwaltung ausgestaltete – Volksvertretung, die Bezirksverordnetenversammlung (BVV). Diese wählt das Bezirksamt, bestehend aus Bezirksbürgermeister und vier Stadträten, nach Parteienproporz. Der Bezirksbürgermeister wird von der größten Fraktion oder einer größeren Zählgemeinschaft mehrerer Fraktionen gestellt. Bezirksbürgermeister und Stadträte haben trotz ihrer quasipolitischen Wahl den Status eines Wahlbeamten inne. Die Bürgermeister der Bezirke bilden unter Vorsitz des Regierenden Bürgermeisters den *Rat der Bürgermeister,* der den Senat berät.

Die Gliederung und Aufgaben der Berliner Verwaltung ergeben sich aus dem Allgemeinen Zuständigkeitsgesetz (AZG). Gliederung und Aufgaben der Berliner *Bezirks*verwaltung werden näher im Bezirksverwaltungsgesetz (BezVwG) festgelegt. Seit der Wiedervereinigung wird in Berlin in vielen Teilschritten eine umfassende Verwaltungsreform vorgenommen.

## Wappen und Flagge

Das Berliner Wappen zeigt im silbernen (weißen) Schild einen rot bewehrten und rot gezungten, aufrecht schreitenden schwarzen Bären, den sogenannten *Berliner Bären.* Auf dem Schild ruht eine goldene fünfblättrige Laubkrone, deren Stirnreif als Mauerwerk mit geschlossenem Tor in der Mitte ausgelegt ist. Die Herkunft des Bären als Wappentier ist ungeklärt, Dokument oder Unterlagen fehlen hierzu. Es gibt mehrere Theorien, warum sich die Stadtvertreter für den Bären entschieden. Eine davon besagt, dass die Berliner an Albrecht den Bären, den Begründer der Mark Brandenburg dachten. Eine andere geht von der lautmalerischen Interpretation des Stadtnamens aus. Der Bär ist erstmals auf einem Siegel von 1280 zu sehen. Über mehrere Jahrhunderte musste sich der Bär die Siegel- und Wappenbilder mit dem brandenburgischen und preußischen Adler teilen. Erst im 20. Jahrhundert konnte sich der Berliner Bär endgültig gegen die Adler als Hoheitszeichen der Stadt durchsetzen.

Landessymbol Berlins

Standardbeflaggung mit Sicht auf Landesdienstgebäude:

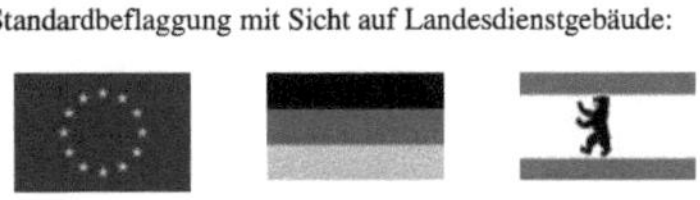

Die Berliner Landesflagge zeigt den Berliner Bären vor weißem Hintergrund, mit einem roten Streifen am oberen und unteren Rand der Flagge. Sie wird mit geringfügigen stilistischen Änderungen seit 1911 von Berlin geführt und wehte das erste Mal 1913 über dem Roten Rathaus. Vorher führte Berlin eine Flagge in den Farben Schwarz-Rot-Weiß, die wegen ständiger Verwechslungen mit der später entstandenen Flagge des Deutschen

Kaiserreichs gegen die Bärenflagge getauscht wurde. Das Landessymbol ist der Bärenschild ohne Laubkrone in drei Farbausführungen. Es wird von der Senatsverwaltung für Inneres und Sport bereitgestellt, um Privatpersonen, Firmen und nichthoheitlichen Einrichtungen zu ermöglichen, die Verbundenheit mit Berlin mit einem Symbol zu dokumentieren. Die Berliner Bezirke besitzen eigene Wappen. Als verbindendes Element aller Berliner Bezirke mit der Stadt Berlin, aber auch untereinander, ruht auf den Schilden eine dreitürmige Mauerkrone, deren mittleren Turm mit dem Berliner Wappenschild (silber) belegt ist.

### Haushalt

Die Ausgaben des Landes Berlin im Jahr 2009 betrugen 21,04 Milliarden Euro, demgegenüber standen Einnahmen von 19,57 Milliarden Euro.[61]

Für den Gesamthaushalt erhält das Land jährlich etwa 3,2 Milliarden Euro aus dem Länderfinanzausgleich und etwa 2,0 Milliarden Euro sonstige Bundesergänzungszuweisungen.[62] Die Europäische Union steuert während der Periode 2007–2013 rund 1,2 Milliarden Euro zum Haushalt hinzu. Durch die Europäischen Fonds für regionale Entwicklung (EFRE) und den Europäischen Sozialfonds werden in den unterschiedlichsten Bereichen Maßnahmen zur Wettbewerbssteigerung finanziert.[63]

Die Gesamtverschuldung des Landes Berlin betrug am 31. Dezember 2009 etwa 59,8 Milliarden Euro, für die jährlich rund 2,4 Milliarden Euro Zinsen anfallen.[64]

### Städtepartnerschaften

Das Land Berlin unterhält folgende Städtepartnerschaften:[65]

| | | |
|---|---|---|
| Los Angeles, USA (1967) | Budapest, Ungarn (1991) | Präfektur Tokio, Japan (1994) |
| Paris, Frankreich (1987) | Brüssel, Belgien (1992) | Buenos Aires, Argentinien (1994) |
| Madrid, Spanien (1988) | Jakarta, Indonesien (1993) | Prag, Tschechien (1995) |
| Istanbul, Türkei (1989) | Taschkent, Usbekistan (1993) | Windhoek, Namibia (2000) |
| Warschau, Polen (1991) | Mexiko-Stadt, Mexiko (1993) | London, Vereinigtes Königreich (2000) |
| Moskau, Russland (1991) | Peking, China (1994) | |

Die einzelnen Berliner Bezirke unterhalten weitere Partnerschaften.

## Wirtschaft

Das Technologie- und Gründerzentrum WISTA in Adlershof

Im Jahr 2011 betrug das Bruttoinlandsprodukt (BIP) des Landes Berlin 101,4 Milliarden Euro.[66] Das bedeutet eine positive Veränderung von nominal 2,7 Prozent gegenüber 2010,[66] verglichen mit nominal 3,8 Prozent in der Bundesrepublik Deutschland.[66] Die Gesamtwirtschaftsleistung Berlins wird zu rund 80 Prozent durch den Dienstleistungssektor erbracht.[67] Der Industriesektor, zu dem 336 Betriebe mit 81.812 Beschäftigten zählen, erwirtschaftete 2011 einen Umsatz von 24,8 Milliarden Euro. Dies bedeutet einen Anstieg um 4,2 Prozent im Vergleich zum Vorjahr.[68]

Berlin ist ein internationaler Dienstleistungsstandort und gilt als Weltstadt mit hoher Lebensqualität

Zu den wesentlichen Standortfaktoren der Hauptstadtregion Berlin-Brandenburg zählen u. a. die renommierte Universitäts- und Forschungslandschaft, die kulturelle Attraktivität der Metropole, eine Vielzahl von akademisch ausgebildeten Arbeitnehmern, die Nähe zum Regierungssitz der Bundesrepublik Deutschland, ein niedriges Miet- und Lohnkostenniveau sowie die hochausdifferenzierte lokale Verkehrsinfrastruktur und medizinische Versorgung. In den unterschiedlichsten international angelegten Studien wird die Lebensqualität der Stadt Berlin als überdurchschnittlich bewertet.[69] Der *Wealth Report* listete im Jahr 2011 Berlin im globalen Vergleich der Lebensqualität auf Platz 2. aller untersuchten Weltstädte.[70]

Laut *European Cities Monitor*, einer Umfrage Europas führenden Unternehmern, die zum Ziel hat die bedeutendsten Zentren für Geschäftstätigkeit und Ansiedlungen zu ermitteln, wird Berlin im Jahr 2011 auf dem fünften Platz als bester Standort für internationale Konzerne in Europa gelistet.[71]

Die bedeutendsten Wirtschaftszweige Berlins sind die Kreativ- und Kulturwirtschaft, Tourismus, Biotechnologie, Medizintechnik, pharmazeutische Industrie, Medien/Informations- und Kommunikationstechnologie, Verkehrssystemtechnik, Optik sowie Energietechnik, die im Rahmen einer strategischen Planung gemeinsam mit dem Land Brandenburg gefördert werden.

Rund 1.706.000 Erwerbstätige im Jahr 2011 standen einer Arbeitslosenzahl von 228.823 gegenüber.[72] Berlin verzeichnete eine Arbeitslosenquote von 13,3 Prozent. Die Quote sank im Vergleich zum Vorjahr um 0,3 Prozentpunkte, die Anzahl der Erwerbstätigen stieg um 1,4 Prozent.[72] [73] Im Bundesländervergleich weist Berlin damit die höchste Arbeitslosenquote auf. 18,9 Prozent der Einwohner bezogen im Jahr 2012 Leistungen nach dem Sozialgesetzbuch II.[74]

## Unternehmen

Von den 30 deutschen im DAX gelisteten Konzernen hat die Siemens AG (geteilt mit München) einen nominellen Hauptsitz in Berlin. Unter den umsatzstärksten Unternehmen der Welt (Fortune Global 500) ist die Deutsche Bahn AG mit Hauptsitz in der Bundeshauptstadt im Jahr 2011 auf Rang 185 verzeichnet.[75] Zudem haben von den 50 MDAX-Unternehmen die Axel Springer AG sowie GSW Immobilien hier ihren Sitz.

Die Zahl der neugegründeten Unternehmen in Berlin übertraf auch 2011 die der stillgelegten.[76] Ein Grund dafür ist die Entwicklung Berlins hin zu einem Zentrum der Gründerszene in Europa.

Die 15 größten in Berlin vertretenen Unternehmen nach Beschäftigten im Jahr 2010:[77]

Air Berlin ist die zweitgrößte deutsche Fluggesellschaft (Sitz: Berlin); hier ein Airbus A321 am Drehkreuz in Tegel

Sitz der Deutschen Bahn am Potsdamer Platz (3. v.l.)

| Rang | Name | Hauptsitz | Mitarbeiter in Berlin | Mitarbeiter Gesamt |
|---|---|---|---|---|
| 1. | Deutsche Bahn AG | Berlin | 18.543 | 276.310 |
| 2. | Siemens AG | Berlin, München | 13.066 | 405.000 |
| 3. | Berliner Verkehrsbetriebe | Berlin | 10.597 | 10.597 |
| 4. | Vivantes – Netzwerk für Gesundheit GmbH | Berlin | 10.104 | 10.104 |
| 5. | Charité | Berlin | 9.887 | 9.887 |
| 6. | Deutsche Telekom AG | Bonn | 7.500 | 247.000 |
| 7. | Deutsche Post DHL | Bonn | 6.500 | 470.000 |
| 8. | Landesbank Berlin Holding AG | Berlin | 6.430 | 6.430 |
| 9. | Kaiser's Tengelmann GmbH | Mülheim an der Ruhr | 6.226 | 18.350 |
| 10. | Daimler AG | Stuttgart | 6.000 | 260.100 |
| 11. | Metro AG | Düsseldorf | 5.632 | 301.063 |
| 12. | Dussmann Stiftung & Co. KGaA | Berlin | 5.600 | 56.377 |
| 13. | Berliner Stadtreinigungsbetriebe | Berlin | 5.459 | 5.459 |
| 14. | Vattenfall GmbH | Berlin | 5.421 | 38.179 |
| 15. | Aveco Holding AG | Frankfurt am Main | 5.100 | — |

## Tourismus

Das Hotel Ritz Carlton (links)

Berlin ist eines der meistbesuchten Zentren des nationalen und internationalen Städtetourismus. Im Jahr 2011 wurden etwa 22,4 Millionen Übernachtungen in Berliner Beherbergungsbetrieben von 9,9 Millionen Gästen gezählt.[78] Dies stellt im Vergleich zum Jahr 2001 (11,3 Millionen Übernachtungen von 4,9 Millionen Gästen) eine Verdopplung der Zahlen dar. Hinzu kommen jährlich mehr als 100 Millionen Tagesbesucher. Die Stadt ist damit nach London und Paris ein bevorzugtes Reiseziel innerhalb Europas.[79] Verantwortlich für die globale Vermarktungsstrategie des Tourismus- und Kongressstandorts Berlin ist die vom Wirtschaftssenat und Teilen der Privatwirtschaft finanzierte Agentur *visitberlin*.

Die Berliner Hotellandschaft bestand im Juni 2012 aus 781 Unterkünften mit einer Bettenkapazität von rund 125.000. Die Verweildauer der Hotelgäste beträgt im Durchschnitt 2,2 Tage.[80] Internationale Gäste machen etwa 40 Prozent der Besucherzahlen aus. Hierbei liegen Besucher aus Großbritannien, Italien, den Niederlanden, Spanien und den Vereinigten Staaten von Amerika in der Spitzengruppe. Hauptanziehungspunkte sind Architektur, historische Stätten, Museen, Festivals, Einkaufsmöglichkeiten, Nachtleben sowie Großveranstaltungen, die jährlich mehrere hunderttausend Besucher zählen.

Durch die positive Entwicklung im vergangenen Jahrzehnt ist die Tourismusbranche in Berlin zu einer wichtigen Säule der regionalen Wirtschaft geworden. Neben der Hotellerie und Gastronomie profitiert auch der Einzelhandel in großem Maße von den Berlintouristen.[81]

## Messe- und Kongresswirtschaft

Berlin ist einer der besucher- und umsatzstärksten Messe- und Kongressstandorte der Welt.[82] Im Jahr 2011 wurden etwa 115.700 Veranstaltungen mit rund 9,7 Millionen Teilnehmern durchgeführt.[83] Laut ICCA Statistik ist Berlin, gemessen an der Anzahl von Kongressen mit internationaler Beteiligung, auf Rang 4 aller Kongresstädte gelistet.[84]

Das Internationale Congress Centrum und der Funkturm

Das Messegelände in Charlottenburg-Wilmersdorf rund um den Funkturm wurde im Jahr 1822 erstmals als Gewerbeausstelungsgelände genutzt und weist heute eine Hallenausstellungsfläche von 160.000 m² und eine Freifläche von etwa 100.000 m² aus. Betreiber ist der zu 99 Prozent stadteigene Veranstaltungsträger Messe Berlin. Das Berlin Convention Office der Berliner Tourismuswerber visitberlin vermarktet die deutsche Hauptstadt als Kongressmetropole.

Eine Vielzahl international relevanter Leitmessen sind auf dem Berliner Messegelände und auf dem Berlin ExpoCenter Airport in Brandenburg etabliert. Hierzu gehören u. a. die Konsumelektronikmesse IFA, die Tourismusbörse ITB, die Luft- und Raumfahrtschau ILA Berlin Air Show, die Schienenverkehrsmesse InnoTrans, die Landwirtschaftsschau Grüne Woche, die Ernährungsmesse Fruit Logistica sowie die Fachmesse für Erotik & Erwachsenenunterhaltung Venus Berlin. Die privatwirtschaftlich organisierte Modemesse Bread & Butter findet in ehemaligen Hangars des Flughafens Tempelhof statt, der European Film Market während der Berlinale im Martin-Gropius-Bau.

Die Kongresswirtschaft, zu der international, national sowie lokal ausgerichtete Tagungen, Informationsveranstaltungen und geschäftliche Zusammenkünfte aller Art gehören, ist ein weiterer Zweig der Berliner Wirtschaft. Eine Vielzahl von Hotels sind auf Tagungen eingestellt und erzielen hiermit einen wichtigen Teil ihres Jahresumsatzes. Das ICC ist das größte Konferenzzentrum Europas und zählt zu den renommiertesten Veranstaltungsorten der Welt.[85] Medizinkongresse und Fachtagungen von mehreren Tausend Teilnehmern können in dem 1979 eröffneten Bau abgehalten werden.

## Gesundheitswirtschaft

Die Gesundheitswirtschaft gilt mit einer Bruttowertschöpfung von 10,7 Milliarden Euro im Jahr 2009 oder einem Wertschöpfungsanteil von über 13 Prozent an der städtischen Gesamtwirtschaft als einer der Wachstumsmotoren Berlins. Es umfasst dabei das Gesundheits- und Sozialwesen, die Pharmaindustrie, den Fach-, Einzel- und Großhandel und die Medizintechnik. Dabei hat mit Abstand das Gesundheits- und Sozialwesen den größten Anteil (66 Prozent) an der Bruttowertschöpfung.[86]

Sitz der Bayer HealthCare AG

Insgesamt sind 226.000 Personen, das sind 14 Prozent der Berliner Erwerbstätigen, in der Gesundheitswirtschaft beschäftigt. Davon sind 79 Prozent im Gesundheits- und Sozialwesen tätig und jeweils knapp 6 Prozent im verarbeitenden Gewerbe sowie im Handel.[87]

Die Hauptstadtregion zählt in Europa zu den führenden Standorten der Biotechnologie. In Berlin-Brandenburg sind rund 200 kleine und mittlere Biotechnologieunternehmen und über 20 Pharmafirmen[88] mit rund 3.700 Beschäftigten in Produktion, Forschung und Entwicklung tätig.[89]

## Kreativwirtschaft

Hauptsitz von Universal Music Deutschland in Friedrichshain

Berlin gehört zu den führenden Standorten der Informations- und Kreativwirtschaft in Europa. Der Wirtschaftsbereich umfasst den Buch- und Pressemarkt, Softwareentwicklung, Telekommunikationsleistungen, den Werbemarkt, Marktforschung, die Film- und Rundfunkwirtschaft, den Kunstmarkt, die Musikwirtschaft, die Architektenbranche, die Designwirtschaft und den Markt für Darstellende Künste.

Die Kreativ- und Kulturwirtschaft ist ein wichtiger Standort- und Wirtschaftsfaktor und wächst kontinuierlich. Im Jahr 2009 erwirtschafteten über 29.000 meist kleine und mittelständische Unternehmen mit 220.000 sozialversicherungspflichtigen Beschäftigten einen Umsatz von knapp 22,4 Milliarden Euro und erreichten damit einen Anteil von 16 Prozent am Gesamtumsatz der Berliner Wirtschaft. Die größten Umsatzträger stellten dabei die Software/Games/Informations- und Kommunikationstechnik-Branche (9,4 Milliarden Euro), der Buch- und Pressemarkt (3,8 Milliarden Euro) und die Film- und Rundfunkwirtschaft (2,5 Milliarden Euro) dar.[90]

## Medien

Berlin ist der Sitz mehrerer regional und bundesweit sendender Rundfunkanstalten. Neben Fernsehsendern wie MTV, Nickelodeon, VIVA und Comedy Central, N24 oder TV Berlin gibt es in Berlin eine große Anzahl von Privatradios, darunter der erste deutsch-türkische Sender Radio Metropol und das einzige private russische Radio Deutschlands Radio Russkij. Auch der öffentlich-rechtliche Sender RBB (im früheren West-Berlin der geschichtsträchtige SFB, in Brandenburg ORB) ist in Berlin ansässig. Der politischen Bedeutung als Bundeshauptstadt tragen die meisten überregionalen Sender wie Das Erste, ZDF oder RTL mit jeweiligen „Hauptstadtstudios" Rechnung. Außerdem sind rund 20 Nachrichtenagenturen aus aller Welt in Berlin vertreten, u. a. dpa, dapd, Reuters, afp und ANSA.

Der Hauptsitz der Axel Springer AG

Zudem ist Berlin der bedeutendste Verlagsstandort Deutschlands. So haben u. a. der größte europäische Medienkonzern, die Axel Springer AG, und der regionale Berliner Verlag hier ihren Sitz. In keiner anderen deutschen Stadt erscheinen mehr Tageszeitungen. Überregionale Tageszeitungen sind die Boulevardzeitung *Bild*, an Abonnementzeitungen die linksliberale *taz*, die konservative *Welt* und das *Neue Deutschland* der Partei Die Linke. Täglich erscheinende lokale Abonnementzeitungen sind die *Berliner Zeitung*, die *Berliner Morgenpost* sowie *Der Tagesspiegel*. Außerdem gibt es in Berlin die lokalen Boulevardzeitungen *B.Z.* und den *Berliner Kurier* sowie verschiedene Anzeigenblätter wie die *Berliner Woche*, das *Berliner Abendblatt*, die *Zweite Hand* und Stadtmagazine wie der *tip* und die *zitty*.

## Kultur und Sehenswürdigkeiten

Berlin ist ein herausragendes Kunst- und Kulturzentrum und steht in dem Ruf einer europäischen Weltstadt.[91] Als Produktionsstätte für verschiedenste Zweige der Kreativwirtschaft hat sich die Stadt zu einem internationalen Anziehungspunkt für Kulturschaffende etabliert.

### Theater, Orchester, Chöre, Festivals

Zahlreiche Theater- und Kleinkunstbühnen prägen die kulturelle Landschaft der Metropole. Die bekanntesten sind das Berliner Ensemble, die Volksbühne am Rosa-Luxemburg-Platz, die Schaubühne am Lehniner Platz, das Theater des Westens, das Renaissance-Theater, das Deutsche Theater Berlin, das Maxim-Gorki-Theater, das Kinder- und Jugendtheater Grips-Theater und der Friedrichstadt-Palast. Mit dem Schillertheater der Staatlichen Schauspielbühnen wurde 1993 eine der großen Berliner Bühnen geschlossen.

Konzert der Berliner Philharmoniker

Die Berlinale im Februar jeden Jahres

Berlin verfügt über drei Opernhäuser: die Staatsoper Unter den Linden, die Deutsche Oper und die Komische Oper. Daneben bestehen in Berlin mehrere Orchester und Chöre. Die Berliner Philharmoniker (Leitung: Sir Simon Rattle) gelten als eines der weltweit führenden Orchester. Neben der Staatskapelle Berlin (Leitung: Daniel Barenboim) und dem Konzerthausorchester Berlin (Lothar Zagrosek) gibt es mehrere Orchester und Chöre der Rundfunk Orchester und Chöre GmbH. Dies sind das Deutsche Symphonie-Orchester Berlin (Ingo Metzmacher), das Rundfunk-Sinfonieorchester Berlin (Marek Janowski), der Rundfunkchor Berlin (Simon Halsey) und der RIAS Kammerchor (Hans-Christoph Rademann). Diese Orchester und Chöre treten oft zusammen (Orchester mit Chor) im Konzerthaus Berlin, der Berliner Philharmonie und in anderen Sälen in Deutschland oder auf Tourneen auf der ganzen Welt auf. Im Chorverband Berlin sind 236 Laienchöre mit über 10.000 Mitgliedern vereinigt. Die Sing-Akademie zu Berlin besteht als Wiege der bürgerlichen Musikpflege in Berlin seit 1791.

Jedes Jahr im Februar finden in Berlin die Internationalen Filmfestspiele statt. Das auch *Berlinale* genannte Festival der *A-Kategorie* gilt als das größte Publikumsfestival der Welt und, neben den internationalen Filmfestspielen von Cannes und Venedig, als eines der bedeutendsten internationalen Filmfestspiele. In zahlreichen Kategorien werden Auszeichnungen vergeben. Der Wettbewerb schließt mit der Verleihung des Goldenen und der Silbernen Bären.

Karneval der Kulturen in Kreuzberg

Während des gesamten Jahres ist Berlin Spielstätte weiterer internationaler Festivals, von denen einige unter dem organisatorischen Dach der Berliner Festspiele stattfinden. Beim Berliner Theatertreffen werden die bemerkenswertesten deutschsprachigen Theaterinszenierungen einer Saison präsentiert. Weitere Festivals sind das Literaturfestival, das Jazzfest und spielzeiteuropa, das Tanzfest, die Young Euro Classics und die Berlin Biennale.

Umzüge, Paraden und Open-Air-Feste sind ebenfalls etablierte Ereignisse im Veranstaltungskalender der Stadt. Der Karneval der Kulturen, der CSD Berlin, der Berliner Karnevalsumzug und das Berliner Myfest gehören zu den bekanntesten. Von 1989 bis 2006 war mit der Loveparade die größte Tanzveranstaltung der Welt in Berlin beheimatet.

## Museen

Berlin verfügt über eine Vielzahl von Museen. Bereits 1841 wurde die von Spree und Kupfergraben umflossene Museumsinsel im nördlichen Teil der Spreeinsel durch königliche Order zu einem „der Kunst und der Altertumswissenschaft geweihten Bezirk" bestimmt. In der Folge entstanden dort mehrere Museen, wie das Alte Museum am Lustgarten, das Neue Museum, die Alte Nationalgalerie, das heutige Bode-Museum und das Pergamonmuseum. Diese Museen sind in erster Linie durch ihre Exponate aus der Zeit der Antike berühmt. 1999 wurde die Museumsinsel in die UNESCO-Liste des Weltkulturerbes aufgenommen.[92]

Das Bode-Museum auf der Museumsinsel

Pergamonaltar im Pergamonmuseum

Die Neue Nationalgalerie

Außerhalb der Museumsinsel befinden sich Museen verschiedenster Themengebiete: Das Naturkundemuseum ist mit über 30 Millionen Objekten und dem höchsten Dinosaurierskelett der Welt eines der bedeutendsten Naturkundemuseen weltweit. Im Deutschen Technikmuseum Berlin (DTMB) werden auf 25.000 m² Exponate und Experimente rund ums Thema Technik ausgestellt. Die Gemäldegalerie und Neue Nationalgalerie sind Kunstmuseen im Kulturforum, das Bauhaus-Archiv ist ein Architekturmuseum. Das Deutsche Historische Museum im Zeughaus Unter den Linden veranschaulicht deutsche Geschichte aus 2000 Jahren. Einen ebenso langen Zeitraum jüdisch-deutscher Geschichte zeigt das Jüdische Museum in einer ständigen Ausstellung.

Das Jagdschloss Grunewald beherbergt eine erlesene Gemäldesammlung aus dem 15. bis 19. Jahrhundert. In Dahlem konzentrieren sich im dortigen Museumszentrum zahlreiche ethnologische Museen. In Lichtenberg wurde auf dem Areal des früheren Ministeriums für Staatssicherheit der DDR das Stasi-Museum eingerichtet. Das Museum am Checkpoint Charlie, auch als Mauermuseum bekannt, zeigt Momente aus der Teilungsgeschichte. In der Nähe des Potsdamer Platzes steht seit 2005 das „Denkmal für die ermordeten Juden Europas" von Peter Eisenman.

Die Büste der Nofretete

In Berlin hat die vom Bund und allen Bundesländern gemeinsam getragene Stiftung Preußischer Kulturbesitz ihren Hauptsitz. Auch die Stiftung Preußische Schlösser und Gärten Berlin-Brandenburg unterhält hier wichtige Standorte. Beide verwalten, bewahren, pflegen und ergänzen in ihren international bedeutenden Einrichtungen die Kulturgüter des ehemaligen Staates Preußen.

Die Stiftung Stadtmuseum Berlin vereinigt weitere traditionsreiche Museen Berlins. Die 1995 gegründete Stiftung ist das größte stadthistorische Museum Deutschlands. Als Landesmuseum für Kultur und Geschichte Berlins ist es in seinem Kern aus der Vereinigung von Märkischem Museum (1874 gegründet) und Berlin Museum (1962 gegründet) entstanden. Die breite Palette der verschiedenen, zum Teil schon im 19. Jahrhundert begründeten Sammlungen dokumentieren in großer Vielfalt alle Bereiche der Entwicklung Berlins von den ersten Spuren menschlicher Besiedlung in der Steinzeit bis zur Gegenwart.

## Bauwerke

Das Brandenburger Tor am Pariser Platz

Das zwischen 1788 und 1791 errichtete Brandenburger Tor ist Berlins Wahrzeichen und Symbol der überwundenen Teilung. Es ist den Propyläen auf der Akropolis in Athen nachempfunden und wird von einer Quadriga mit der Siegesgöttin Victoria gekrönt. Bis zur Wiedervereinigung Deutschlands am 3. Oktober 1990 verlief westlich des Tors die Grenze zwischen beiden Stadthälften. Das Tor ist das westliche Ende des Boulevards Unter den Linden, der sich bis zu der über die Spree führenden Schloßbrücke hinzieht. Jenseits der Brücke befinden sich auf der Spreeinsel unter anderem der Lustgarten, die Museumsinsel und der Berliner Dom.

In diesem Areal liegen die im Jahre 1743 im Rokokostil erbaute Staatsoper Unter den Linden, die zwischen 1774 und 1780 errichtete, häufig „Kommode" genannte Alte Bibliothek, das von 1695 bis 1706 nach Plänen von Andreas Schlüter gebaute barocke ehemalige Zeughaus und die zwischen 1747 und 1773 errichtete St. Hedwigs-Kathedrale, die Hauptkirche des katholischen Erzbistums Berlin. Der Französische Dom am Gendarmenmarkt war im 17. Jahrhundert Mittelpunkt des französischen Viertels. Die im Zuge der Preußischen Reformen durch Wilhelm von Humboldt gegründete und im Jahre 1809 eröffnete Berliner Universität brachte 29 Nobelpreisträger[93] hervor.

Blick von Unter den Linden zum Potsdamer Platz

Der Potsdamer Platz ist eine Verkehrsdrehscheibe im Zentrum Berlins. Er hatte sich im 19. Jahrhundert vor dem Potsdamer Tor, an dem eine Ausfallstraße ausging, entwickelt. 1923 begann von dem in der Nähe gelegenen Vox-Haus aus die Geschichte des Rundfunks in Deutschland. Bis 1940 war der Potsdamer Platz angeblich der verkehrsreichste Platz Europas. Nach dem starken Bombardement durch die Alliierten im Zweiten Weltkrieg lag er in Trümmern.

1961 wurde er durch die Berliner Mauer geteilt und die Gegend verfiel. Der frühere Verlauf der Berliner Mauer wird seit einigen Jahren durch in den Boden eingelassene Pflastersteine gekennzeichnet. Durch die Neubebauung des Potsdamer Platzes, die einer großen Anzahl an Geschäften und Restaurants Raum gibt, ist dieser zu einem Bindeglied zwischen den bis zur Wende getrennten Stadthälften geworden.

Französischer Dom am Gendarmenmarkt während des Festival of Lights

In der Nähe des Brandenburger Tors befindet sich das 1884 bis 1894 erbaute Reichstagsgebäude. Es wurde am 27. Februar 1933 durch einen Brand schwer beschädigt und im Zweiten Weltkrieg erneut erheblich in Mitleidenschaft gezogen. Seit 1999 ist das Gebäude Sitz des Deutschen Bundestages. Jährlich wandeln zwei Millionen Menschen durch seine gläserne Kuppel. Der Reichstag ist inzwischen der zweitstärkste Touristenmagnet der Republik, nach dem Kölner Dom und weit vor Schloss Neuschwanstein.[34] Einen Besuch wert ist auch das 1785 errichtete Schloss Bellevue, einst Sommerwohnung von Prinz August Ferdinand, des Bruders Friedrichs des Großen, heute Amtssitz des Bundespräsidenten.

Weltzeituhr am Alexanderplatz, im Hintergrund der Fernsehturm

Die bekannteste Einkaufspromenade in Berlin ist der Kurfürstendamm mit seinen zahlreichen Hotels, Geschäften und Restaurants. Die im Zweiten Weltkrieg zerstörte Kaiser-Wilhelm-Gedächtniskirche wurde zwischen 1891 und 1895 erbaut. Sie markiert das östliche Ende des Boulevards. Ihre Turmruine blieb als Mahnmal erhalten. Gleich daneben entstand nach Plänen Egon Eiermanns von 1959 bis 1961 eine neue Kirche auf achteckigem Grundriss mit einem sechseckigen frei stehenden Kirchturm.

Die östliche Verlängerung des Kurfürstendamms bildet die Tauentzienstraße, wo sich mit dem KaDeWe (Kaufhaus des Westens) das größte Kaufhaus des europäischen Kontinents und das zwischen 1963 und 1965 erbaute Europa-Center befinden. Das 22-geschossige Gebäude beherbergt viele Geschäfte, Restaurants, Büros und eine Aussichtsplattform. Dieser Teil der Stadt um Tauentzienstraße und Kurfürstendamm wird als Neuer Westen bezeichnet. In nordöstlicher Richtung erstreckt sich mit über drei Kilometern Länge die größte Parkanlage Berlins, der Tiergarten.

Östlich der beiden Spreearme, die die Spreeinsel umfließen, liegt der Alexanderplatz mit vielen Geschäften und Restaurants, ganz in der Nähe davon der 368 Meter hohe Fernsehturm – das höchste Bauwerk Deutschlands –, die gotische Marienkirche und das Rote Rathaus. Zwei Statuen, eine männliche und eine weibliche, mit Blick auf den Eingang des Rathauses sollen an die Beseitigung der vielen Trümmer nach dem Ende des Zweiten Weltkrieges erinnern. Sehenswert im östlichen Zentrum Berlins sind der alte Stadtteil Prenzlauer Berg und die belebten Straßen Schönhauser Allee und Kastanienallee. Von 2006 bis Dezember 2008 wurde der Palast der Republik abgerissen.[94] An seiner Stelle soll bis 2015 hinter den rekonstruierten Fassaden des Berliner Stadtschlosses das Humboldt-Forum entstehen.

Ruine und Neubau der Gedächtniskirche

Die Oranienburger Straße war vor dem Zweiten Weltkrieg das Zentrum des jüdischen Viertels. Mit ihrem Wiederaufbau verbunden war unter anderem die Restaurierung der 1866 fertiggestellten Neuen Synagoge. Sie war durch Bombenangriffe im Zweiten Weltkrieg schwer beschädigt worden. 1995 wieder eröffnet, dient sie heute als Mittelpunkt für das Studium und die Erhaltung jüdischer Kultur. In nördlicher Richtung liegt der älteste jüdische Friedhof der Stadt. Der weitaus bekanntere Jüdische Friedhof in Berlin-Weißensee ist der größte jüdische Friedhof Europas.

Das Sony Center am Potsdamer Platz

In Charlottenburg befindet sich das Olympiastadion, das für die Olympischen Sommerspiele von 1936 errichtet wurde, sowie der 150 Meter hohe Funkturm, der zwischen 1924 und 1926 anlässlich der 3. Deutschen Funkausstellung entstand und sehr schnell zu einem der Wahrzeichen Berlins avancierte. Weitere Hauptsehenswürdigkeiten des Berliner Westens sind das Schloss Charlottenburg (Baubeginn 1695), ein barocker Repräsentationsbau der Hohenzollern mit bedeutender Gemäldesammlung, die Zitadelle Spandau sowie das an Havel und Glienicker Brücke gelegene Schloss Glienicke. In dem ebenfalls im Stil des Klassizismus durch Karl Friedrich Schinkel umgebauten Schloss Tegel (auch Humboldt-Schloss) sind die Brüder Wilhelm und Alexander von Humboldt aufgewachsen.

Nach den Zerstörungen im Zweiten Weltkrieg wurden im geteilten Berlin ambitionierte Bauprojekte vorangetrieben. Im Ostteil der Stadt entstand die heutige Karl-Marx-Allee (ehemals: Stalinallee) im repräsentativen Stil des sozialistischen Klassizismus. Sie verläuft vom Alexanderplatz über den Strausberger Platz bis zum Frankfurter Tor. Die Zwillingstürme entstanden in Anlehnung an die doppelten Kuppeln des Gendarmenmarktes unter dem deutschen Architekten Hermann Henselmann. Anlässlich der 750-Jahr-Feier Berlins im Jahr 1987 wurde das zerstörte Nikolaiviertel in Anlehnung an seine historische Gestalt wiedererrichtet. Die Nikolaikirche im Zentrum ist die älteste Kirche Berlins.

Das Holocaust-Mahnmal

Im Westteil der Stadt wurde die moderne Architektur vorangetrieben. Auf der internationalen Bauausstellung Interbau im Jahr 1957 präsentierten namhafte Architekten wie Walter Gropius, Le Corbusier und Oscar Niemeyer ihre Vorstellungen von der *Stadt der Zukunft*. Realisiert wurden die Bauvorhaben im Hansaviertel, die das zerstörte Gründerzeitviertel durch moderne Wohnblöcke und Hochhäuser ersetzten. Die Kongresshalle mit der freitragenden Dachkonstruktion wurde 1957 als Beitrag der USA zur Interbau errichtet und als Geschenk an Berlin übergeben.

Eine Besonderheit Berlins sind auch die bis heute noch in weiten Teilen der Stadt erhaltenen Gaslaternen zur Straßenbeleuchtung. Insgesamt befinden sich noch über 44.000 Gaslaternen in Berlin in Betrieb, mehr als in jeder anderen Stadt der Welt. Im Tiergarten, in der Nähe des gleichnamigen S-Bahnhofs, ist ein Gaslaternen-Freilichtmuseum zu finden.

Seit 2001 befinden sich sogenannte Buddy Bären auf einigen Straßen Berlins.

In der Bundesallee 215 befindet sich der Shaolin Tempel Deutschland. Er ist der einzige offizielle Ableger des weltberühmten Shaolin-Klosters aus der Provinz Henan, China. Der Deutsche Shaolin Tempel wurde im Auftrag vom Abt des Muttertempels in China, Shi Yongxin, 2001 gegründet und persönlich eingeweiht.[95]

## Brücken

Die Glienicker Brücke

Berlin hat durch seine exponierte Lage an Flussläufen und Kanälen und durch sein ungewöhnlich großes Territorium eine Vielzahl an Brücken und Überführungen in seinem Stadtgebiet. Offiziell gibt es 916 Brücken in Berlin. Davon verbinden 732 öffentliche Straßen, die restlichen 184 Wege und Straßen in Grünanlagen.[96] Je nach Definition und Verständnis werden weitere Bauwerke in Berlin zu den Brücken gezählt. So gibt es 564 Brücken über Gewässer jeder Art und 300 Hochbahnviadukte der U-Bahn.[97] Auf die höchste Zahl kommt eine Veröffentlichung des Berliner Bausenators Wolfgang Nagel, der 1993 die Zahl mit 2100 (inklusive der Viadukte) angab.

Die ältesten Berliner Spreequerungen sind die Mühlendammbrücke, Rathausbrücke und Rossstraßenbrücke, wobei die heutigen Bauwerke jüngeren Datums sind. Die längste Brücke ist die Rudolf-Wissell-Brücke mit einer Länge von 930 Metern. Überregional bekannt sind außerdem die Oberbaumbrücke, das Wahrzeichen des Bezirks Friedrichshain-Kreuzberg, und die Glienicker Brücke, auf der 1986 ein weltweit beachteter Agentenaustausch zwischen den USA und der Sowjetunion stattfand. Die ehemals längste Fußgängerbrücke befand sich über dem Gelände des Zentralvieh- und Schlachthofs in Prenzlauer Berg.

## Parkanlagen, Zoos, Schutzgebiete

Berlin besitzt neben ausgedehnten Waldgebieten im Westen und Südosten des Stadtgebietes (Berliner Forsten) viele große Parkanlagen. Da auch fast alle Straßen von Bäumen gesäumt sind, gilt Berlin als besonders grüne Stadt.

Der Schlossgarten im Schloss Charlottenburg

In Berlin gibt es insgesamt 420.000 Straßenbäume, darunter 153.000 Linden, 82.000 Ahornbäume, 35.000 Eichen, 25.000 Platanen und 21.000 Kastanien.[98] Die über 2500 öffentlichen Grün-, Erholungs- und Parkanlagen haben eine Gesamtfläche von über 5500 Hektar und bieten vielfältige Freizeit- und Erholungsmöglichkeiten.

Das Tropenhaus im Botanischen Garten

Im Zentrum der Stadt liegt der Große Tiergarten. Er ist die älteste und mit 210 Hektar größte und bedeutendste Parkanlage Berlins und wurde im Verlauf von mehr als 500 Jahren gestaltet. Ursprünglich ein ausgedehntes Waldareal vor den Toren der Stadt, genutzt von den preußischen Adeligen als Jagd- und Ausrittgebiet, wurde dieses nach und nach von der Stadtentwicklung umschlossen. Heute erstreckt sich der Park vom Bahnhof Zoo bis zum Brandenburger Tor und liegt in unmittelbarer Nachbarschaft zum Parlaments- und Regierungsviertel. Einige große Straßen durchschneiden den Tiergarten, darunter die Ost-West-Achse Straße des 17. Juni. Sie kreuzen sich am Großen Stern, in dessen Mitte seit 1939 die Siegessäule steht. Die Gestaltung des Großen Tiergartens zeigt sich als naturnahe Parklandschaft: Charakteristisch sind die weiten, von kleinen Wasserläufen durchzogenen und mit Baumgruppen bestandenen Rasenflächen sowie die Seen mit kleinen Inseln und zahlreichen Brücken und Alleen. Anlagen wie der Englische Garten, die Luiseninsel und der Rosengarten setzen an einigen Stellen schmuckgärtnerische Akzente.

Neben dem Tiergarten gehört der Treptower Park im Südosten Berlins zu den bedeutendsten Parks der Stadt. Er wurde von 1876 bis 1882 vom ersten Berliner Gartenbaudirektor Gustav Meyer angelegt und war 1896 Schauplatz der *Großen Berliner Gewerbeausstellung.* Die weite an der Spree sich hinziehende Gartenlandschaft ist eines der beliebtesten Ausflugsziele der Berliner, nicht zuletzt auch wegen der bereits 1821/1822 von Carl Ferdinand Langhans als *Gasthaus an der Spree* erbauten heutigen Gaststätte Zenner.

Der Zoologische Garten gilt als artenreichster Zoo der Welt

Eine Besonderheit unter den Parks ist der Botanische Garten Berlin. Im Südwesten der Stadt gelegen, wird er neben seiner wissenschaftlichen Bestimmung (er gehört zur Freien Universität Berlin) auch als Erholungspark genutzt. Die Vorgängereinrichtung existierte bereits seit 1697 auf dem Gelände des heutigen Heinrich-von-Kleist-Parks in Schöneberg, ab 1897 erfolgte der Bau der neuen Parkanlage in Dahlem. Mit einer Fläche von über 43 Hektar und etwa 22.000 verschiedenen Pflanzenarten ist er der drittgrößte Botanische Garten der Welt. Das 25 Meter hohe, 30 Meter breite, und 60 Meter lange *Große Tropenhaus* ist das höchste Gewächshaus der Welt.

Die Gärten der Welt im Erholungspark Marzahn (Chinesischer Garten)

Außerdem verfügt Berlin über mehrere zoologische Einrichtungen: den Zoologischen Garten Berlin nebst Aquarium Berlin und den Tierpark Berlin. Der bereits 1844 an der damaligen Stadtgrenze zu Charlottenburg eröffnete Zoologische Garten ist der älteste Zoo Deutschlands und zugleich der artenreichste der Welt (rund 15.000 Tiere in 1500 Arten). Der wesentlich jüngere Tierpark verdankt seine Entstehung der Teilung Deutschlands nach dem Zweiten Weltkrieg: Weil der Zoologische Garten im britischen Sektor der Stadt lag, fehlte der Hauptstadt der DDR eine eigene tiergärtnerische Einrichtung. 1954 wurde daher in Friedrichsfelde ein Tierpark auf dem früheren Gelände des Schlossparks Friedrichsfelde eröffnet. Er ist mit 160 Hektar der größte Landschaftstiergarten Europas.

Viele weitere Parkanlagen prägen das grüne Gesicht Berlins: Neben den Schlossgärten in Charlottenburg, Glienicke und auf der Pfaueninsel (die letzten beiden gehören zum UNESCO-Welterbe) sind dies auch die historischen Parkanlagen Lustgarten, Viktoriapark, Rudolph-Wilde-Park und Schillerpark, aber auch die zahlreichen großen Volksgärten. Im Süden der Stadt befindet sich außerdem der Britzer Garten, auf dessen Gelände 1985 die Bundesgartenschau stattfand. Das östliche Gegenstück dazu ist der 20 Hektar große Erholungspark Marzahn, der 1987 als *Berliner Gartenschau* eröffnet wurde. Neu angelegte Parkanlagen sind der Mauerpark auf dem ehemaligen Todesstreifen der Berliner Mauer, das Naturschutzgebiet Schöneberger Südgelände, der Görlitzer Park und der Spreebogenpark in der Nähe von Hauptbahnhof und Regierungsviertel.

In Berlin gibt es 38 Naturschutzgebiete (Stand: Mai 2009) mit einer Gesamtfläche von rund 1990 Hektar, das entspricht 2,2 % der Landesfläche.[99] Hinzu kommen 52 Landschaftsschutzgebiete, die weitere 13 % der Landesfläche einnehmen.[100] Zudem haben die Bezirke Pankow und Reinickendorf einen Flächenanteil von 5,4 % am länderübergreifenden, 75.000 Hektar umfassenden Naturpark Barnim.[101]

## Freizeit und Erholung

Etwa 18 Prozent der Berliner Stadtfläche ist bewaldet. Die Stadtforstverwaltung Berliner Forsten betreut mit rund 29.000 Hektar die größte Stadtwaldfläche Deutschlands. Zu den größten Wäldern gehört der Grunewald, der von der Grunewaldseenkette durchzogen und im Westen von der Havel begrenzt wird, sowie der Spandauer Forst im äußersten Nordwesten. Der 273 Hektar große Wannsee ist eine Ausbuchtung der Havel. Mit ihm besitzt Zehlendorf ein viel besuchtes Naherholungsgebiet, das vor allem durch das Strandbad Wannsee bekannt ist.

Das Spreeufer in Mitte

Im Südosten Berlins bildet der Müggelsee mit den Müggelbergen und dem Strandbad Müggelsee in Rahnsdorf ein großes Naherholungsgebiet. Der Müggelsee ist der größte Berliner See, er dehnt sich über 7,4 km² aus (maximal 4,3 km lang; 2,6 km breit) und ist bis zu acht Meter tief. Die Müggelberge sind mit 114,7 m über NHN die höchsten Berliner Erhebungen, sie entstanden während des Pleistozäns. Am Westhang des Kleinen Müggelbergs wurde von 1959 bis 1961 der neue Müggelturm errichtet, nachdem der alte im Mai 1958 abgebrannt war. Er bietet einen weitreichenden Ausblick über die Seen und Wälder der Umgebung und über die Stadtsilhouette.

In den urbaneren Bereichen der Stadt haben sich an den Fluss- und Seenlandschaften der Spree und Havel zahlreiche Strandbars etabliert.

Berlin ist besonders auch für sein Nachtleben bekannt. Hierfür mag einerseits die hohe Zahl an Studenten und jungen Party-Touristen, andererseits aber der besonders nach dem Mauerfall verbreitete Leerstand bzw. die anderweitige

Nutzung gewerblicher Gebäude sein. Besondere Bekanntheit genießen in diesem Zusammenhang das Kunsthaus Tacheles, der Tresor, das UFO, das E-Werk, der KitKatClub und der Berghain.

## Sport

In Berlin gibt es etwa 2000 Sportvereine, in denen rund 550.000 Aktive sich dem Breitensport widmen.[102] 2010 waren 145 Berliner Mannschaften in den verschiedenen deutschen Bundesligen vertreten.[103] Einige Vereine sind dabei im Bereich des professionellen Sports tätig. Zu den prominentesten Vertretern zählen hier Hertha BSC und der 1. FC Union Berlin (Fußball ), die Eisbären Berlin (Eishockey), Alba Berlin (Basketball), die Füchse Berlin (Handball), Berlin Recycling Volleys (Volleyball)[104] und die Wasserfreunde Spandau 04 (Wasserball).

Olympiastadion der Olympischen Sommerspiele von 1936

Berliner Eisschnellläuferin Claudia Pechstein, 2008

Berlin war in der Geschichte mehrfach Austragungsort internationaler Sportwettkämpfe. 1936 wurden die Olympischen Sommerspiele hier ausgetragen, im Juli 2006 fanden Vorrunden-, ein Viertelfinal- und das Finalspiel der Fußball-Weltmeisterschaft im Olympiastadion statt. 2009 wurden auch die Leichtathletik-Weltmeisterschaften dort ausgetragen. Jedes Jahr findet zudem einer der weltgrößten Marathonläufe, das Finale des DFB-Pokals sowie die Leichtathletik-Veranstaltung ISTAF statt. Alle zwei Jahre jeweils zur Fußball Europa- und Weltmeisterschaft finden große Public Viewings statt, bei denen Zehntausende Zuschauer öffentlich die Fußballspiele auf Großbildleinwänden verfolgen. Der Veranstaltungsort, die sogenannte Fanmeile, hat seinen Platz in der Straße des 17. Juni.[105]

Die aktuellen Weltrekorde im Marathon- (Patrick Makau Musyoki) und im 100-Meter-Lauf (Usain Bolt) wurden in Berlin aufgestellt.[106]

Alba Berlin in der $O_2$ World

Der Deutsche Olympische Sportbund hat in Berlin seinen größten Olympiastützpunkt. Rund 700 Bundeskaderathleten aus 35 olympischen Sportarten (etwa 15 Prozent aller deutschen Bundeskaderathleten) bilden das leistungssportliche Kontingent. Bekannte Berliner Olympioniken sind Franziska van Almsick und Claudia Pechstein.[107]

Zu den größten Sportstätten der Stadt gehören das Olympiastadion mit 74.200 Plätzen,[108] das Stadion An der Alten Försterei mit 19.000 Plätzen, die $O_2$ World mit maximal 17.000 Plätzen, das Velodrom mit maximal 12.000 Plätzen und die Max-Schmeling-Halle mit bis zu 11.900 Plätzen.

## Küche

Als typische Berliner Spezialitäten gelten die Currywurst, Kasseler, Eisbein, gebratene Leber nach „Berliner Art", Berliner Bollenfleisch und Bouletten. Daneben besitzt Berlin eine lange Brautradition. Die gängigste Biersorte ist das Pilsener, während die Berliner Weiße genauso typisch ist wie die Fassbrause (Limonade).

# Infrastruktur

### Entwicklung des Modal Split in Berlin[109]

| Verkehrsmittel | 1992 | 1998 | 2008 |
|---|---|---|---|
| Öffentlicher Verkehr | 31 % | 27 % | 26 % |
| Motorisierter Individualverkehr | 35 % | 38 % | 32 % |
| Fahrrad | 7 % | 10 % | 13 % |
| Zu Fuß | 27 % | 25 % | 29 % |

## Öffentlicher Verkehr

Die Bedeutung des motorisierten Individualverkehrs hat in Berlin abgenommen, während der Fahrradverkehr an Bedeutung gewinnen konnte. Die Abnahme des Anteils des Fußgängerverkehrs konnte gestoppt werden, während der öffentliche Verkehr weiter leicht verlor. Von politischer Seite ist beabsichtigt, Rad-, Fuß- und öffentlichen Verkehr in den nächsten Jahren zu fördern, während der Anteil des Automobilverkehrs weiter gesenkt werden soll.

Hauptbahnhof

Am 28. Mai 2006 wurden der neue Hauptbahnhof als zentraler Berliner Bahnhof und im Zusammenhang damit der Tiergartentunnel, die Fernbahnhöfe Gesundbrunnen und Südkreuz sowie die Regionalbahnhöfe Potsdamer Platz (unterirdisch), Jungfernheide und Lichterfelde Ost in Betrieb genommen. Damit erhielt der Regional- und Fernverkehr der Bahn gemäß dem sogenannten *Pilzkonzept* zusätzlich zu der in Ost-West-Richtung angelegten Stadtbahn eine unterirdische Regional- und Fernverkehrsverbindung in Nord-Süd-Richtung. Der Umstieg zwischen Nord-Süd-Tiergartentunnel und West-Ost-Stadtbahn erfolgt am Hauptbahnhof. Züge, die Berlin aus nördlichen oder südlichen Richtungen erreichen, fahren seitdem meist über die neue Nord-Süd-Trasse von Lichterfelde Ost über Südkreuz, Potsdamer Platz, Hauptbahnhof über die Überführungen nach Gesundbrunnen oder Richtung Westen über Jungfernheide nach Spandau.

Dem innerstädtischen öffentlichen Personennahverkehr dienen 15 S-Bahn-Linien (betrieben von der S-Bahn Berlin GmbH) sowie zehn U-Bahn-, 23 Straßenbahn-, 150 Bus- und sechs Fährlinien (alle betrieben von der BVG). Die Innenstadt wird in Ost-West-Richtung von der als Hochbahn angelegten Stadtbahn durchquert, die parallel von S-Bahn sowie Regional- und Fernverkehr befahren wird. Sie verbindet den Ostbahnhof mit dem Bahnhof Charlottenburg und passiert dabei unter anderem die Bahnhöfe Zoologischer Garten, Hauptbahnhof, Friedrichstraße und Alexanderplatz. Auf der Nord-Süd-Achse übernehmen die U-Bahnlinie 9 und die U6 den größten Teil des Fahrgastaufkommens, ergänzt durch die unterirdische Nord-Süd-Trasse der S-Bahn. Diese S-Bahn-Trasse kreuzt am Bahnhof Friedrichstraße die Stadtbahn. Vervollständigt wird der Bahnverkehr durch die Ringbahn, welche die Innenstadt einschließt. Alle anderen Linien kreuzen diese Trassen. Die Barrierefreiheit der Bahnhöfe wird seit 1992 zunehmend gewährleistet.[110]

S- und U-Bahn-Netz

Die Linie U1 auf der Oberbaumbrücke

Das Stadtbusnetz gliedert sich in Expressbusse (Buchstabe X), MetroBusse (Buchstabe M) und Stadtbusse (mit dreistelliger Nummer). Ähnlich dazu gibt es die MetroTram (Buchstabe M) und Straßenbahn (zweistellige Nummer). Nachtbusse haben als Linienbezeichnung ein N vor der Liniennummer, Metro-Linien (sowohl Busse als auch Straßenbahnen) fahren auch nachts. In den Nächten vor Sonnabenden, Sonn- und Feiertagen fahren zusätzlich fast alle S- und U-Bahnlinien durchgehend, bei der S-Bahn teilweise mit veränderter Streckenführung. Der Bus-Fernverkehr zu deutschen und europäischen Zielen wird über den Zentralen Omnibus-Bahnhof am Funkturm (ZOB) abgewickelt. Gegenüber dem Messegelände gelegen, ist er direkt über den *Berliner Stadtring* (A 100) erreichbar und mit dem ÖPNV durch Bus-, U- und S-Bahnlinien verbunden.

Im Berliner Taxigewerbe waren im Dezember 2008 etwa 3100 Unternehmen tätig, über drei Viertel davon mit nur einem Fahrzeug.[111] Berlin hatte im Januar 2012 rund 7600 Taxis[112] und ist damit die Stadt mit den meisten Taxis in Deutschland. In Berlin gibt es keine Farbfreigabe und keine Zulassungsbeschränkung der Konzessionen.[113]

## Straßennetz

Die Innenstadt wird von Westen her von einem Autobahnhalbkreis (A 100 – Berliner Stadtring) umgeben, der langfristig zu einem Ring vervollständigt werden soll und eine reine Stadtautobahn darstellt. Rund um Berlin verläuft die Autobahn A 10 (E 55 – Berliner Ring). Die A 100 beim Dreieck Funkturm ist der meistbefahrene Autobahnabschnitt in Deutschland.

Übersichtskarte des Berliner Verkehrsnetzes

Von der A 100 aus führen innerhalb des Stadtgebiets mehrere Autobahnabschnitte in Richtung Berliner Ring. Die A 111 (E 26) führt in nach Nordwesten in Richtung Hamburg und Rostock. Die A 113 in Richtung Südosten (nach Dresden und Cottbus) beginnt am Dreieck Neukölln und führt zum Schönefelder Kreuz (A 10) und bindet den in Bau befindlichen Flughafen Berlin Brandenburg an das Autobahnnetz an. Die A 115 (E 51) erstreckt sich nach Südwesten (Richtung Hannover und Leipzig). Deren nördliches, gerades Teilstück wird umgangssprachlich *AVUS* genannt.

Zusätzlich hierzu gibt es im Norden der Stadt noch die A 114 von der Prenzlauer Promenade im Bezirk Pankow zur A 10 in Richtung Stettin. Die nur wenige Kilometer lange ehemalige A 104, die im Südwesten der Stadt den *Berliner Stadtring* (A 100) nach Süden hin mit Berlin-Steglitz verbindet, wurde inzwischen zur Autostraße herabgestuft. Die A 103 (Westtangente), auf der die Bundesstraße 1 verläuft, verbindet den *Berliner Stadtring* – von einem weiter östlich gelegenen Anschluss – nach Südwesten hin mit dem Steglitzer Kreisel in Richtung Potsdam.

Berliner Stadtring A 100 am Kaiserdamm

Die historische Mitte Berlins wird vom Innenstadtring umschlossen, der abgesehen von der Invalidenstraße im nordwestlichen Abschnitt bereits komplett ausgebaut ist. Dort soll der Ausbau bis 2013 erfolgen.[114] [115] Ferner verlaufen durch Berlin die Bundesstraßen 1, 2, 5, 96, 96a, 101, 109 und 158.

Die Berliner Straßen sind nach zwei verschiedenen Hausnummerierungssystemen nummeriert. Bis 1929 wurde die rundlaufende Hufeisennummerierung verwendet, seitdem die im Zickzack verlaufene Orientierungsnummerierung. Da nicht zuletzt wegen der politischen Umbrüche zahlreiche Berliner Straßen umbenannt wurden und diese Änderungen ab 1929 oftmals zur Einführung der Orientierungsnummerierung in der betreffenden Straße genutzt wurden, sind heute beide Systeme in Gebrauch.

Im Vergleich mit einigen anderen deutschen Städten hat Berlin mit 3,14 Einwohnern pro privatem Pkw die niedrigste Pkw-Dichte.[111]

## Fahrradverkehr

Der Anteil des Fahrradverkehrs am Gesamtaufkommen des Verkehrs in Berlin hat sich seit 1992 mehr als verdoppelt. Im Jahr 1992 wurden etwa 7 Prozent aller Wege mit dem Fahrrad zurückgelegt,[116] 2009 waren es etwa 15 Prozent.[117] In Berlin gibt es eine Vielzahl von angelegten Radwegen, Fahrradstreifen und einige Fahrradstraßen.

Durch Berlin führen überregionale touristische Radfernwege wie der Radweg Berlin–Kopenhagen, der Radfernweg Berlin–Usedom und der Europaradwanderweg R1. Entlang des früheren Verlaufs der Berliner Mauer führt der Berliner Mauerweg. Mehrere tausend Mietfahrräder können im Innenstadtbereich per Telefonanruf oder (mobilem) Internet ausgeliehen werden. In einigen Gebieten der Stadt verkehren für die touristische Nutzung Fahrradtaxis.

## Flugverkehr

Seit dem Winterflugplan 2008, als der sogenannte Zentralflughafen (Tempelhof, THF) am 30. Oktober geschlossen wurde, gibt es mit dem Flughafen Tegel (IATA-Code: TXL) nur noch einen in Betrieb befindlichen Flughafen auf Berliner Stadtgebiet. Der unmittelbar außerhalb der Stadtgrenze gelegene Flughafen Berlin-Schönefeld (SXF) gehört zur Gemeine Schönefeld.

Auf dem nach Süden erweiterten Gebiet des aktuellen Flughafens Berlin-Schönefeld wird derzeit der neue Flughafen Berlin Brandenburg (BER) errichtet, der im Oktober 2013 eröffnet werden soll. Damit sollen dann die aktuellen Flughäfen geschlossen werden.

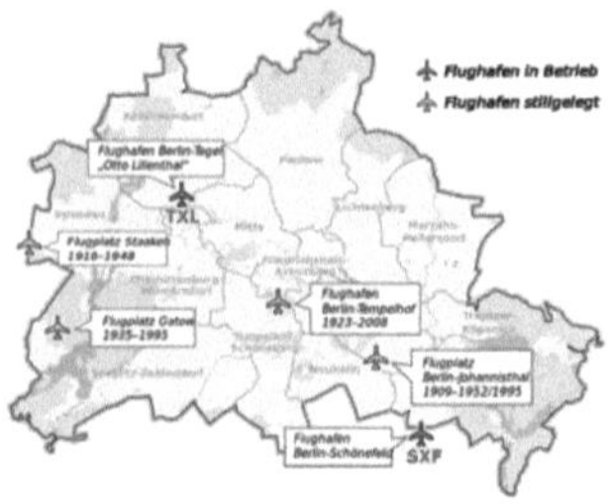


Lage der Berliner Flughäfen

## Binnenschifffahrt

Westhafen (Nordbecken mit BEHALA-Verwaltungsgebäude)

Berlin liegt im Zentrum des *Bundeswasserstraßengebietes Ost.* Die Stadt wird wasserseitig auf mehreren Wegen erschlossen, der Binnenschifffahrt stehen von und nach Berlin drei Wasserstraßen zur Verfügung. Dabei kommt der Verbindung über Havel, Elbe-Havel-Kanal und Mittellandkanal zu Elbe und Nordsee beziehungsweise Weser und Rhein die größte Bedeutung zu. Außerdem verbindet die Havel-Oder-Wasserstraße Berlin mit der unteren Oder und der Ostsee. Beschränkt ausgebaut und weniger stark frequentiert ist auch die *Spree-Oder-Wasserstraße* als Verbindung über die Spree zur oberen Oder und nach Schlesien.

Zum Warenumschlag können drei Hafenanlagen genutzt werden: der Hafen Neukölln, der Südhafen Spandau sowie der Westhafen. Letzterer liegt in Moabit am Nordrand der Berliner Innenstadt und ist von allen drei Häfen der größte und bedeutendste. Seine Anlagen umfassen auch ein Fracht- und Logistikzentrum, das den Warenumschlag zwischen Binnenschiff, Eisenbahn und Lastwagen ermöglicht. Betrieben werden die Häfen von der BEHALA. Der frühere Osthafen wird inzwischen als Medienstandort genutzt und hat seine Hafenfunktion verloren.

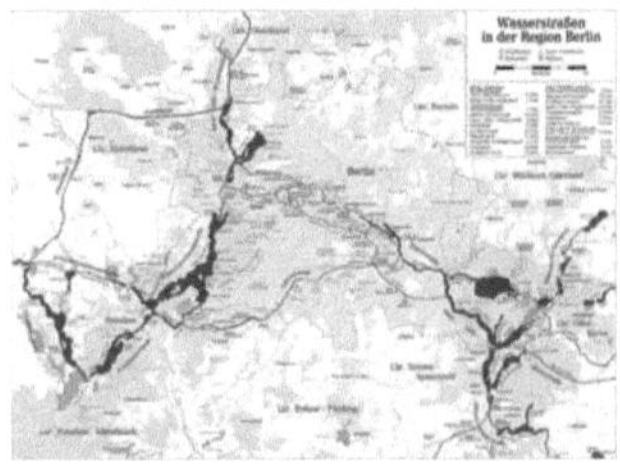

Binnenwasserstraßen in Berlin

## Wasserversorgung

Die Wasserversorgung Berlins wird durch die neun Wasserwerke Beelitzhof, Friedrichshagen, Kaulsdorf, Kladow, Spandau, Stolpe, Tegel, Tiefwerder und Wuhlheide sichergestellt, die von der Berliner Wasserbetriebe (AöR) betrieben werden. Der Wasserverbrauch der Stadt ist nach der Wiedervereinigung vor allem im Ostteil der Stadt deutlich zurückgegangen. Aufgrund der geringeren Grundwasserentnahme kam es in weiten Teilen des Urstromtals zu einem deutlichen Anstieg des Grundwasserspiegels. Vor allem in der Nähe der Wasserwerke verursachte dies Vernässungsschäden an Gebäuden.[118] Pro Tag werden durchschnittlich 585.000 m³ Trinkwasser bereitgestellt und rund 602.000 m³ Abwasser abgeleitet.[119] [120] Über das rund 9500 km lange Kanalsystem gelangen die Abwasser in sechs Großklärwerke.[121]

### Energieversorgung

Die Energieversorgung von Berlin verfügt über einige Besonderheiten. Im Zweiten Weltkrieg wurde geplant, Berlin über eine als Erdkabel ausgeführte Hochspannungs-Gleichstrom-Übertragung (HGÜ) vom Kraftwerk Vockerode bei Dessau zu speisen. Mit dem Bau dieser Anlage wurde 1943 begonnen, sie ging aber bis zum Ende des Zweiten Weltkriegs nicht mehr in Betrieb (Elbe-Projekt).

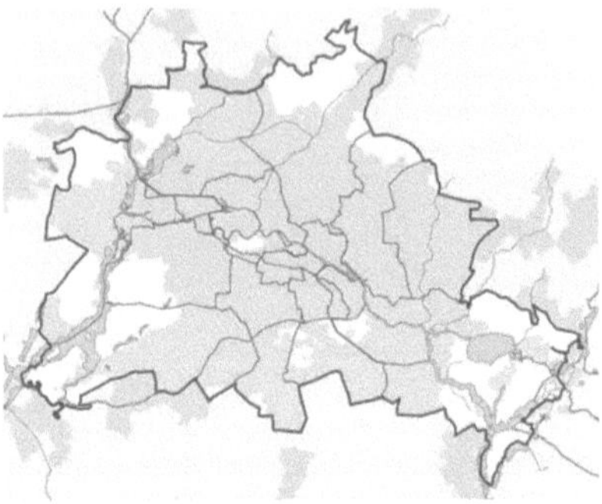
Kraftwerke in Berlin und Umgebung

Während der Zeit der Teilung war West-Berlin vom Stromnetz des Umlandes abgeschnitten. Die Stromversorgung musste über im Stadtgebiet gelegene thermische Kraftwerke wie das Kraftwerk Reuter-West, das Kraftwerk Wilmersdorf und andere erfolgen. Zur Pufferung der Lastspitzen waren in manchen dieser Kraftwerke ab den 1980er Jahren Akkumulatoren installiert, die über Umrichter mit dem Stromnetz verbunden waren und während Schwachlastzeiten geladen und während Starklastzeiten entladen wurden.[122]

Erst 1993 wurde die 1951 unterbrochene Leitungsverbindung mit dem Umland wieder hergestellt. In den Westbezirken Berlins sind fast alle Stromleitungen als Erdkabel ausgeführt, nur eine 380-kV- und eine 110-kV-Leitung, die vom Kraftwerk Reuter zur Stadtautobahn führen, sind als Freileitung ausgeführt. Durch Berlin verläuft das längste 380-kV-Drehstromkabel in Deutschland, die 380-kV-Transversale Berlin. Sie dürfte die teuerste Stromleitung in Deutschland sein, allein auf Grund ihrer hohen Kapazität benötigt sie zum Betrieb eine kapazitive Blindleistung von 110 MVar.[123]

## Wissenschaft und Bildung

### Hochschulen und Forschung

Berlin besitzt eine hohe Konzentration von Wissenschafts- und Forschungseinrichtungen. In der Stadt studieren im Wintersemester 2012/13 an insgesamt 31 Universitäten und Hochschulen, darunter vier Kunsthochschulen, rund 160.000 Studenten.[124] Die vier Berliner Universitäten stellen gemeinsam etwa 100.000 Studenten (Stand: WS 2008/2009). Es sind die Humboldt-Universität zu Berlin mit rund 27.000 Studenten (ohne Charité), die Freie Universität Berlin mit rund 31.500 Studenten (ohne Charité), die Technische Universität Berlin mit rund 27.000 Studenten sowie die Universität der Künste Berlin mit etwa 4500 Studenten. An der Charité studieren rund 7.200 Studenten. Weiterhin besitzen auch die Steinbeis-Hochschule Berlin und der ESCP Europe Campus Berlin Promotionsrecht und somit Universitätsstatus.

Humboldt-Universität zu Berlin, Hauptgebäude

Gebäudekomplex der Freien Universität

Die Medizinischen Fakultäten der Freien Universität und der Humboldt-Universität wurden 2003 zur Charité – Universitätsmedizin Berlin zusammengefasst. Seitdem ist diese mit ihren vier Standorten die größte medizinische Fakultät Europas.[125]

Im Rahmen der Exzellenzinitiative wurden die Freie Universität Berlin und die Humboldt-Universität zu Berlin in der dritten Förderlinie positiv begutachtet. Das bereits 2007 ausgezeichnete Zukunftskonzept „International Network University“ der Freien Universität wurde in der Evaluation 2012 bestätigt. Die Humboldt-Universität war mit ihrem Konzept „Bildung durch Wissenschaft“ 2012 erfolgreich. Damit zählen beide Hochschulen zu den elf deutschen Eliteuniversitäten.[126] [127] [128]

An den Berliner Universitäten und Hochschulen gibt es 44 Studentenverbindungen.

Berlin ist seit 2012 die forschungsstärkste Region in Deutschland.[129] [130] Jährlich werden in Berlin rund 1,8 Milliarden Euro öffentliche Fördermittel in Wissenschaft und Forschung investiert, über 13 Prozent der Patentanmeldungen der Wissenschaft in Deutschland kommen aus Berlin. Über 50.000 Beschäftigte lehren, forschen und arbeiten an den über 70 außeruniversitären öffentlich finanzierten Forschungseinrichtungen. Auch die großen nationalen Forschungsorganisationen Fraunhofer-Gesellschaft, Helmholtz-Gemeinschaft, Leibniz-Gemeinschaft und Max-Planck-Gesellschaft sind mit mehreren Instituten vertreten, ebenso verschiedene Bundesministerien mit insgesamt acht Forschungsinstituten. Die meisten Einrichtungen der Wissenschaft konzentrieren sich an den Standorten in Buch, Charlottenburg, Dahlem, Mitte sowie am Wissenschafts- und Wirtschaftsstandort Adlershof.

MAX-PLANCK-GESELLSCHAFT

Die Max-Planck-Gesellschaft zur Förderung der Wissenschaften

In Berlin finden sich auch Niederlassungen verschiedener privater Hochschulen und Lehrinstitute wie der Mediadesign Hochschule, der Games Academy und des QANTM Institutes.

## Schulsystem

Herder-Oberschule in Westend

Berlin hat eine sechsjährige Grundschule und seit 2010 ein sich anschließendes zweigliedriges Oberschulsystem mit Integrierten Sekundarschulen und Gymnasien.[131] Im Schuljahr 2007/2008 gab es in Berlin 744 öffentliche allgemeinbildende Schulen, darunter 396 Grund-, 48 Gesamt-, 54 Haupt-, 62 Realschulen, 97 Gymnasien sowie 87 Sonderschulen. Die Zahl der allgemeinbildenden Privatschulen betrug 101.[132]

Im Februar 2004 wurde ein neues Schulgesetz verabschiedet. Wesentliche Reformen waren die Verkürzung der Schulzeit bis zum Abitur von 13 auf 12 Jahre, die Vorverlegung des Einschulungsalters auf fünfeinhalb Jahre und der in der 10. Klasse stattfindende Mittlere Bildungsabschluss, eine schriftliche Prüfung zum Erhalt des Realschulabschlusses. Diese Prüfung wird auch an den Gymnasien abgelegt. Das Zentralabitur wurde in den Fächern Deutsch, Mathematik und den Fremdsprachen eingeführt sowie die Pressefreiheit für Schülerzeitungen garantiert.

Im Rahmen eines seit den 1990er Jahren in Berlin bestehenden Schulversuchs ist es an 13 Gymnasien mit „Schnellläuferprogramm“ möglich, das Abitur ein Jahr schneller abzulegen, das heißt, seit dem Inkrafttreten des neuen Schulgesetzes nach elf Jahren. Seit dem Schuljahr 2008/2009 wird im Rahmen einer Pilotphase das Modell der Gemeinschaftsschule erprobt.

### Bibliotheken

Die Staatsbibliothek zu Berlin mit über 10 Millionen Druckschriften ist die größte wissenschaftliche Universalbibliothek im deutschen Sprachraum. Weitere große wissenschaftliche Bibliotheken sind die Universitätsbibliothek der Freien Universität, die Universitätsbibliothek der Humboldt-Universität und die Zentralbibliothek der TU und UdK. Zur Zentral- und Landesbibliothek Berlin gehört die Amerika-Gedenkbibliothek, ein Geschenk der USA an die Berliner nach der überstandenen Blockade 1948/49.

Staatsbibliothek am Kulturforum

Die Berliner Kunstbibliothek der Staatlichen Museen zu Berlin stellt mit ihrem Bestand (ca. 400.000 Bände zur europäischen Kunstgeschichte von der Spätantike bis zur Gegenwart, rund 1400 internationale Zeitschriften) eine der bedeutendsten kunstwissenschaftlichen Spezialbibliotheken in Deutschland dar.

Mit dem Förderprogramm *Bibliotheken im Stadtteil* (BIST) soll im Zeitraum 2007 bis 2015 auch die dezentrale Versorgung der Bevölkerung gewährleistet werden.[133]

## Berlin in der Kunst

### Filme

Auswahl von Filmen, die in Berlin spielen oder von Berlin handeln:

Wim Wenders hat zwei Berlin-Filme geschaffen und fungiert seit 1996 als Präsident der Europäischen Filmakademie in Berlin

- *Berlin: Die Sinfonie der Großstadt*, Regie: Walter Ruttmann, Deutschland 1927
- *M*, Regie: Fritz Lang, Deutschland 1931
- *Emil und die Detektive*, Regie: Gerhard Lamprecht, Deutschland 1931
- *Deutschland im Jahre Null*, Regie: Roberto Rossellini, Deutschland 1946
- *Der Hauptmann von Köpenick*, Regie: Helmut Käutner, Deutschland 1956
- *Eins, Zwei, Drei*, Regie: Billy Wilder, USA/Deutschland 1961
- *Cabaret*, Regie: Bob Fosse, 1972
- *Die Legende von Paul und Paula*, Regie: Heiner Carow, DDR 1973
- *Berlin Alexanderplatz*, Regie: Rainer Werner Fassbinder, Deutschland 1980
- *Christiane F. – Wir Kinder vom Bahnhof Zoo*, Regie: Uli Edel, Deutschland 1981
- *Der Himmel über Berlin*, Regie: Wim Wenders, Deutschland 1987
- *Linie 1* (Musicalfilm), Regie: Reinhard Hauff, 1988
- *In weiter Ferne, so nah!*, Regie: Wim Wenders, Deutschland 1993
- *Lola rennt*, Regie: Tom Tykwer, Deutschland 1998
- *Sonnenallee*, Regie: Leander Haußmann, Deutschland 1999
- *Berlin is in Germany*, Regie: Hannes Stöhr, 2001

- *Good Bye, Lenin!*, Regie: Wolfgang Becker, Deutschland 2003
- *Herr Lehmann*, Regie: Leander Haußmann, Deutschland 2003
- *Das Leben der Anderen*, Regie: Florian Henckel von Donnersmarck, Deutschland 2006
- *24h Berlin – Ein Tag im Leben*,[134] Regie: Volker Heise, 2009

### Musik

Vor allem seit der Entwicklung Berlins zur Millionenstadt Ende des 19. Jahrhunderts entstanden und entstehen bis heute in der Populärkultur eine Vielzahl von Liedern, die Berlin und das Leben in der Stadt, häufig in ihrem zeitgenössischen Kontext, darstellen.[135] Das bekannteste Lied ist wohl *Berliner Luft,* das Paul Lincke 1899 für die Operette *Frau Luna* schrieb und das mitunter als inoffizielle Landeshymne gespielt wird. Ein weiteres bekanntes Lied ist das 1951 von Conny Froboess gesungene *Pack die Badehose ein,* das die Nachkriegsstimmung im West-Berlin der Wirtschaftswunderjahre widerspiegelt.

Die in Berlin geborene Filmschauspielerin und Sängerin Marlene Dietrich

Die Teilung Berlins führte bis 1990 auch zu ganz unterschiedlichen Liedern über die Stadt. Während in West-Berliner Titeln, beispielsweise in Liedern der Einstürzenden Neubauten, etwa die Umbrüche in der Stadt in den 1970er und 1980er Jahren zum Ausdruck kamen, wurde bei Ost-Berliner Bands gelegentlich, wenn auch nur implizit, die Teilung der Stadt thematisiert, so zum Beispiel Citys *Wand an Wand,* das 1987 zum 750-jährigen Stadtjubiläum geschrieben wurde.

## Auszeichnungen und Ehrentitel Berlins

- Im Februar 1979 verlieh der Weltfriedensrat anlässlich einer Tagung in Ost-Berlin den Ehrentitel *Stadt des Friedens* an Berlin. Ab 1986 wurde an einem Wohnblock im Nikolaiviertel mit einer Plakette darauf aufmerksam gemacht.
- Im November 2005 zeichnete die UNESCO Berlin als die erste Stadt in Europa mit dem Titel *Stadt des Designs* aus[136]
- Im Jahre 2009 erhielt Berlin den mit 50.000 Euro dotierten spanischen *Prinz-von-Asturien-Preis für Eintracht* aus Anlass des zwanzigjährigen Jubiläums der *friedlichen Revolution von 1989.*[137]

## Siehe auch

Portal: Berlin – Übersicht zu Wikipedia-Inhalten zum Thema Berlin

- Liste der größten Metropolregionen der Welt
- Liste der größten Städte der Europäischen Union
- Liste der Millionenstädte
- Liste der Großstädte in Deutschland
- Berliner Statistiken

Luftbild der Berliner Innenstadt

## Literatur


- Udo Arnold: *Preußen und Berlin.* Lüneburg 1981.
- Horst Bosetzky, Jan Eik: *Das Berlin-Lexikon.* Jaron Verlag, Berlin 1998, ISBN 3-932202-57-0.
- Jacob Hein: *Gebrauchsanweisung für Berlin.* Vollständig überarbeitete Neuausgabe. Piper, München 2009, ISBN 978-3-492-27576-7.
- Dieter Hoffmann-Axthelm: *Osten Westen Mitte – Spaziergänge durch das neuere Berlin.* edition.fotoTAPETA, Berlin 2011, ISBN 978-3-940524-14-0.
- Stefan Krätke: *Berlin – Stadt im Globalisierungsprozess.* In: *Geographische Rundschau.* 56 (4), 2004, ISSN 0016-7460 [138], S. 20–25.
- Wolfgang Ribbe (Hrsg.): *Geschichte Berlins.* 2 Bde. 3. Auflage. Berlin 2002. (Veröffentlichungen der Historischen Kommission zu Berlin, Standardwerk anlässlich des 750-Jahre-Jubiläums)
- Susanne Stemmler, Sven Arnold (Hrsg.): *New York – Berlin, Kulturen in der Stadt.* Wallstein, 2008, ISBN 978-3-8353-0328-7.
- Reimer Wulf (Fotos), Karl Kessler (Texte): *Über den Dächern des Neuen Berlin*, Luftaufnahmen-Dokumentation, 200 S., Herbig, München 2004, ISBN 3-7766-2403-5.


## Weblinks

- Berlin.de [4] Offizielle Website des Landes Berlin
- Informationen zu Berlin [139] im BAM-Portal
- Literatur von Berlin [140] im Katalog der Deutschen Nationalbibliothek
- Vereins-Wiki: Vereine in Berlin [141]
- Berlin-Bibliographie [142]
- Amt für Statistik Berlin-Brandenburg [143]
- 3D-Modell der Berliner Innenstadt [144]
- Berlin von A bis Z, Informationen zur Stadtentwicklung [145]

## Einzelnachweise


[1] Bruttoinlandsprodukt (nominal) in Berlin seit 1995 (http://www.berlin.de/imperia/md/content/sen-wirtschaft/konjunkturdaten/a_03.pdf?download.html). Abgerufen am 10. November 2012.

[2] *Statistischer Handelsreport für Berlin* (http://www.ihk-berlin.de/linkableblob/821646/.16./data/v_2011_08_12_IHK_24_Statistik_Grundinfos-data.pdf). Abgerufen am 11. November 2012.

[3] Quelle: destatis, Schuldenstand 30. Juni 2012 (https://www.destatis.de/DE/ZahlenFakten/GesellschaftStaat/OeffentlicheFinanzenSteuern/OeffentlicheFinanzen/Schulden/Tabellen/Schulden300612.html)

[4] http://www.berlin.de/

[5] Fortgeschriebene Bevölkerungszahlen vom 31. Juli 2012 des Amtes für Statistik Berlin-Brandenburg, abgerufen am 28. November 2012 ( PDF-Datei (http://www.statistik-berlin-brandenburg.de//Publikationen/OTab/2012/OT_A01-01-00_124_201207_BE.pdf)).

[6] *Anteil der Bevölkerung mit Migrationshintergrund 2011 im Land Berlin bei 24,8 Prozent, im Land Brandenburg bei 5,2 Prozent* (http://www.statistik-berlin-brandenburg.de/pms/2012/12-09-19b.pdf). Amt für Statistik Berlin-Brandenburg. Pressemitteilung vom 19. September 2012. Abgerufen am 13. November 2012.

[7] *Arbeitslosenquoten im Oktober 2012 – Länder und Kreise.* (http://www.pub.arbeitsagentur.de/hst/services/statistik/000000/html/start/karten/aloq_kreis.html) In: *arbeitsagentur.de.* Bundesagentur für Arbeit, abgerufen am 30. Oktober 2012.

[8] *Arbeitslosenquoten im November 2012 – Länder und Kreise.* (http://www.pub.arbeitsagentur.de/hst/services/statistik/000000/html/start/karten/aloq_kreis.html) In: *arbeitsagentur.de.* Bundesagentur für Arbeit, abgerufen am 29. November 2012.

[9] Revealed: *Cities that rule the world – and those on the rise* (http://edition.cnn.com/2010/BUSINESS/04/10/cities.dominate.world/?hpt=C2) (englisch), CNN. Abgerufen am 14. April 2010.

[10] Leading cities in cultural globalisations/Media (http://www.lboro.ac.uk/gawc/rb/rb146.html#t5) (englisch), GaWC, abgerufen am 14. April 2010.

[11] *London crowned as SportBusiness' 2012 Ultimate Sports City* (http://www.sportbusiness.com/news/185587/london-crowned-as-sportbusiness-2012-ultimate-sports-city). sports business, Abgerufen am 26. November 2012

[12] *A wild art scene now stays within the lines,* (http://articles.latimes.com/2007/jul/06/entertainment/et-berlinart6) (englisch), Los Angeles Times, abgerufen am 14. April 2010.

[13] Berlin, the Big Canvas (http://www.nytimes.com/2008/06/22/travel/22berlin.html?pagewanted=all&_r=0) (englisch), International Herald Tribune, abgerufen am 16. April 2010.

[14] Senatsverwaltung Berlin (Hrsg.): *Berliner Umweltatlas.* (http://www.stadtentwicklung.berlin.de/umwelt/umweltatlas/e_text/k402.pdf) Ausgabe 1993/2001. Abgerufen am 16. April 2010.

[15] Senatsverwaltung Berlin (Hrsg.): *Berliner Umweltatlas.* (http://www.stadtentwicklung.berlin.de/umwelt/umweltatlas/dc601_07.htm) Ausgabe 2008. Abgerufen am 16. April 2010.

[16] Senatsverwaltung Berlin (Hrsg.): *Stadtbäume: Übersichten der Bestandsdaten.* (http://www.stadtentwicklung.berlin.de/umwelt/stadtgruen/stadtbaeume/de/daten_fakten/uebersichten/index.shtml) Abgerufen am 16. April 2010.

[17] Deutscher Wetterdienst: *Klimainformationen Berlin.* (http://worldweather.wmo.int/016/c00059.htm) World Meteorological Organization, abgerufen am 4. Januar 2013.

[18] Deutscher Wetterdienst: *Klimainformationen Berlin.* (http://worldweather.wmo.int/016/c00059.htm) World Meteorological Organization, abgerufen am 4. Januar 2013.

[19] *Groß-Berlin-Gesetz* (http://www.luise-berlin.de/stadtentwicklung/texte/4_12_grberges.htm)

[20] *Suche nach zuständigem Finanzamt.* (http://bffweb1.bff-online.de/)

[21] *Übersicht der deutschen Amtsgerichte.* (http://handelsregister-online.net/amtsgerichte)

[22] Arnt Cobbers: *Kleine Berlin-Geschichte. Vom Mittelalter bis zur Gegenwart.* 2. aktualisierte Auflage Auflage. Jaron Verlag, Berlin 2008, ISBN 978-3-89773-142-4, S. 14.

[23] H.G. Gengler: *Regesten und Urkunden zur Verfassungs- und Rechtsgeschichte der deutschen Städte im Mittelalter.* Erlangen 1863, S. 181–196 (http://books.google.de/books?id=NdkcAAAAMAAJ&pg=PA181).

[24] welt.de: „Die deutsche Hauptstadt altert um Jahrzehnte." 18. Oktober 2012 (http://www.welt.de/kultur/history/article109967041/Die-deutsche-Hauptstadt-altert-um-Jahrzehnte.html)

[25] Wolfgang Ribbe (Hrsg.): Geschichte Berlins. 2 Bde. 3. Auflage. Berlin 2002, S. 182 sowie 268–271.

[26] Bernd Horlemann (Hg.), Hans-Jürgen Mende (Hg.): *Berlin 1994. Taschenkalender*, Edition Luisenstadt Berlin, Nr. 01280

[27] Wolfgang Ribbe, Jürgen Schmädeke: *Kleine Berlin-Geschichte.* Herausgegeben von der Landeszentrale für politische Bildungsarbeit Berlin in Verbindung mit der Historischen Kommission zu Berlin; Stapp Verlag Berlin 1994, ISBN 3-87776-222-0; Seiten 80–128: *Reformzeit, Revolution und Reaktion (1800 bis 1860). Das Ende der friderizianischen Epoche: Berlin in der Phase des Umbruchs*

[28] Zum staatsrechtlichen Status siehe: Deutsches Reich#Staatsrechtliche Fragen

[29] Siehe z. B. Matthias Donath: *Bunker, Banken, Reichskanzlei – Architekturführer Berlin 1933–1945*, 2005, ISBN 978-3-936-87251-4.

[30] Helmut Wolff: *Zur Entwicklung der Chirurgie und der chirurgischen Forschung in der DDR.* Deutsche Gesellschaft für Chirurgie – Mitteilungen 1/2012, S. 1–8

[31] Gerundete Zahlen, zusammengestellt aus:
Wolfgang Ribbe (Hrsg.): *Geschichte Berlins. Band II. Von der Märzrevolution bis zur Gegenwart.* C. H. Beck, München 1987, S. 692–697.
Otto-Friedrich Gandert, Berthold Schulze, Ernst Kaeber und andere (Hrsg.): *Heimatchronik Berlin.* Archiv für deutsche Heimatpflege, Köln 1962, S. 427.
Max Mechow: *Die Ost- und Westpreußen in Berlin. Ein Beitrag zur Bevölkerungsgeschichte der Stadt.* Haude & Spener, Berlin 1975, S. 112/113.
Königliches statistisches Bureau (Hrsg.): *Statistisches Handbuch für den preußischen Staat.* Verlag des königlichen statistischen Bureaus, Berlin 1898, zur Muttersprache S. 128/129, zum Ausländeranteil S. 114/115.

[32] *Statistisches Jahrbuch 2011* (http://www.statistik-berlin-brandenburg.de/PRODUKTE/jahrbuch/jb2011/JB_2011_BE.pdf) (PDF). statistik-berlin-brandenburg.de. Abgerufen am 2. Juli 2012.

[33] Seite nicht mehr abrufbar (http://en.wikipedia.org/wiki/Wikipedia:defekte_weblinks), Suche im Webarchiv: (http://wayback.archive.org/web/*/http://www.statistik-berlin.de/framesets/berl.htm) →Statistiken, →Bevölkerung, →Wanderungen; , Suche im Webarchiv: (http://wayback.archive.org/web/*/http://www.statistik-berlin-brandenburg.de/Produkte/jahrbuch/jb2010/BE_Jahrbuch_2010.pdf), S. 54

[34] *Großstadt ohne Größenwahn.* In: *Der Spiegel.* Nr. 12, 2007, S. 22–38 (19. März 2007, online (http://www.spiegel.de/spiegel/print/d-50910312.html)).

[35] Amt für Statistik Berlin-Brandenburg: *Bevölkerungswanderungen.* (http://www.statistik-berlin-brandenburg.de/BasisZeitreiheGrafik/Bas-Wanderungen.asp?Ptyp=300&Sageb=12007&creg=BBB&anzwer=6) Abgerufen 19. August 2010.

[36] *Homepage des Integrationsbeauftragten des Senats von Berlin* (http://web.archive.org/web/20110605001553/http://userpage.fu-berlin.de/~ngc2000/lleida/Homepage des Integrationsbeauftragten des Senats von Berlin.htm). fu-berlin.de. Archiviert vom Original (http://userpage.fu-berlin.de/~ngc2000/lleida/Homepage des Integrationsbeauftragten des Senats von Berlin.htm) am 5. Juni 2011. Abgerufen am 3. Juni 2012.

[37] Seite nicht mehr abrufbar (http://en.wikipedia.org/wiki/Wikipedia:defekte_weblinks), Suche im Webarchiv: Statistisches Landesamt Berlin. (http://wayback.archive.org/web/*/http://www.berlin.de/imperia/md/content/lb-integration-migration/statistik/demografie/einwohner_berlin_n_staatsangehoerigkeit.pdf) Abgerufen am 16. April 2010.

[38] Seite nicht mehr abrufbar (http://en.wikipedia.org/wiki/Wikipedia:defekte_weblinks), Suche im Webarchiv: Statistik Berlin-Brandenburg, Tabelle 01.33 (http://wayback.archive.org/web/*/http://www.statistik-berlin-brandenburg.de/produkte/jahrbuch/jb2010/JB_BE_2010_Kap-01.pdf)

[39] Bericht vom Amt für Statistik Berlin-Brandenburg mit Stand vom 31. Dezember 2010

[40] Yonis Ayeh: *ISD Online • Initiative Schwarze Menschen in Deutschland* (http://www.isdonline.de/). Isdonline.de. Abgerufen am 15. September 2011.

[41] *Einwohnerregisterstatistik Berlin* (http://www.statistik-berlin-brandenburg.de/statis/login.do?guest=guest&db=EWRBEE). statistik-berlin-brandenburg.de. Abgerufen am 3. Juni 2012.

[42] *Statistischer Bericht A I 5 – hj 2 / 11: Einwohnerinnen und Einwohner im Land Berlin am 31. Dezember 2011* (http://www.statistik-berlin-brandenburg.de/Publikationen/Stat_Berichte/2012/SB_A01-05-00_2011h02_BE.pdf) (PDF). statistik-berlin-brandenburg.de. Abgerufen am 3. Juni 2012.

[43] Amt für Statistik Berlin-Brandenburg: *Statistischer Bericht – Melderechtlich registrierte Einwohner im Land Berlin am 31. Dezember 2010.* ( PDF-Datei (http://www.statistik-berlin-brandenburg.de/Publikationen/Stat_Berichte/2011/SB_A1-5_hj02-10_BE.pdf), abgerufen am 1. September 2011.)

[44] *Berlin will illegalen Einwanderern helfen.* (http://www.tagesspiegel.de/politik/deutschland/berlin-will-illegalen-einwanderern-helfen/1452916.html) In: *Der Tagesspiegel*,23. Februar 2009.

[45] *Die Roma von Berlin-Neukölln.* (http://www.welt.de/die-welt/politik/article9920445/Die-Roma-von-Berlin-Neukoelln.html) In: *Die Welt.* vom 28. September 2010.

[46] Evangelische Kirche in Deutschland: *Kirchenmitgliederzahlen am 31. Dezember 2010.* EKD, 2011, ( PDF; 0,45 MB (http://www.ekd.de/download/Ber_Kirchenmitglieder_2010.pdf)) Abgerufen am 10. März 2012.

[47] Amt für Statistik Berlin Brandenburg: *Die kleine Berlin-Statistik 2010.* ( PDF-Datei (http://www.statistik-berlin-brandenburg.de/Produkte/kleinestatistik/kBEst_2010.pdf)). Abgerufen am 4. Januar 2011.

[48] Statistisches Jahrbuch für Berlin 2010. Abgerufen am 10. März 2012. (http://www.statistik-berlin-brandenburg.de/produkte/jahrbuch/jb2010/JB_201004_BE.pdf)

[49] Statistisches Jahrbuch für Berlin 2011. Abgerufen am 10. März 2012. (http://www.statistik-berlin-brandenburg.de/produkte/jahrbuch/jb2011/JB_201104_BE.pdf)

[50] Herzlich willkommen! | Humanistischer Verband Berlin Brandenburg (http://hvbb-online.de/lebenskunde/lebenskunde.html)

[51] Grafik 10 (http://www.statistik-berlin-brandenburg.de/Publikationen/Stat_Berichte/2011/SB_A1-5_hj02-10_BE.pdf)

[52] Seite nicht mehr abrufbar (http://en.wikipedia.org/wiki/Wikipedia:defekte_weblinks), Suche im Webarchiv: Jahrbuch 2010 (http://wayback.archive.org/web/*/http://www.statistik-berlin-brandenburg.de/produkte/jahrbuch/jb2010/JB_BE_2010_Kap-01.pdf) auf www.statistik-berlin-brandenburg.de, Tabelle 01.08

[53] Zahlen (http://www.tempelhof-evangelisch.de/), auf www.tempelhof-evangelisch.de

[54] *Kleine Anfrage des CDU-Abgeordneten Andreas Statzkowski zu Staatsdonationen.* (Nicht mehr online verfügbar.) Ehemals im Original (http://www.cdu-fraktion.berlin.de/Initiativen/Kleine-Anfragen/Kultur/Staatsdonation-in-Berlin), abgerufen am 8. Juni 2010. (Seite nicht mehr abrufbar; Suche im Webarchiv (http://wayback.archive.org/web/*/http://www.cdu-fraktion.berlin.de/Initiativen/Kleine-Anfragen/Kultur/Staatsdonation-in-Berlin))

[55] Altlutherische Gemeinden in Berlin (http://www.selk-berlin.de/), abgerufen am 16. April 2010.

[56] Alt Katholiken / Gemeinde Berlin (http://www.alt-katholisch.de/gemeinden/gemeinden-nach-laendern-sortiert.html?bl=3), abgerufen am 16. April 2010.

[57] *Proteste bei Eröffnung von Scientology.* (http://www.tagesspiegel.de/politik/proteste-bei-eroeffnung-von-scientology/798266.html) In: *Der Tagesspiegel.* vom 14. Januar 2007. Abgerufen am 16. April 2010.

[58] All roads lead to Berlin (http://www.theglobeandmail.com/commentary/all-roads-lead-to-berlin/article4365075/) (englisch), the Globe and Mail, abgerufen am 13. August 2012.

[59] Seite nicht mehr abrufbar (http://en.wikipedia.org/wiki/Wikipedia:defekte_weblinks), Suche im Webarchiv: Diplomatic Berlin (http://wayback.archive.org/web/*/http://www.magazine-deutschland.de/en/artikel-en/article/article/das-diplomatische-berlin.html) (englisch). Deutschland Online, abgerufen am 19. Mai 2010.

[60] Allgemeines Zuständigkeitsgesetz AZG Berlin, § 9 ( Seite nicht mehr abrufbar (http://en.wikipedia.org/wiki/Wikipedia:defekte_weblinks), Suche im Webarchiv: PDF (http://wayback.archive.org/web/*/http://www.kulturbuch-verlag.de/online/brv/D0001/F00040.pdf), 224 kByte). Abgerufen am 16. April 2010.

[61] Haushalt und Finanzen Berlins (http://docs.google.com/viewer?a=v&q=cache:ukrEub21CIIJ:www.berlin.de/imperia/md/content/senatsverwaltungen/finanzen/haushalt/haushalt_und_finanzen_berlins._ein__berblick_februar_2010.pdf+"+Haushalt+und+Finanzen+Berlins"+"Berlin"&hl=de&gl=de&pid=bl&srcid=ADGEESjWPXMpEMinwwxJ30zlDEuZ2IE5f0LEQtteIvjOgiWmfF6dINg5ILxZemZi-yIn1vVG43mAoo40m-_53GPhjtdaUdG3KYJHEUamVNTGY sig=AHIEtbQKNzazHcyAwS1J9sQSHNMIvUF3ZQ) Senatsverwaltung Finanzen, abgerufen am 16. April 2010.

[62] Vorläufiger Jahresabschluss 2006 (http://www.berlin.de/imperia/md/content/senatsverwaltungen/finanzen/zentrales/presse/pressemitteilungen2007/060104_abschluss_anlage_1.pdf_anlage1u.2.pdf), PDF, 73 kB, Senatsverwaltung Finanzen, abgerufen am 16. April 2010.

[63] Europäische Strukturfonds in Berlin 2007–2013 (http://www.berlin.de/sen/strukturfonds/ab2007/strukturfonds_berlin.html) Berlin.de, abgerufen am 29. Mai 2010.

[64] *Berlins finanzielle Schieflage verschärft sich.* (http://www.morgenpost.de/printarchiv/politik/article1304251/Berlins-finanzielle-Schieflage-verschaerft-sich.html) In: *Berliner Morgenpost*, abgerufen am 16. April 2010.

[65] *Städtepartnerschaften* (http://www.berlin.de/rbmskzl/staedteverbindungen/staedtepartnerschaft_ueberblick.de.html). Berlin.de. Abgerufen am 4. August 2012.

[66] Arbeitskreis Volkswirtschaftliche Gesamtrechnung der Länder (http://www.vgrdl.de/Arbeitskreis_VGR/tbls/tab01.asp), Stand: Februar 2012

[67] Berliner Wirtschaft in Zahlen 2012 (http://www.ihk-berlin.de/linkableblob/819070/.20./data/WIZ_Berliner_Wirtschaft_in_Zahlen_2012-data.pdf;jsessionid=EEE684997987740DAA8AF80DC8D54634.repl2), IHK-Berlin abgerufen am 4. September 2012

[68] Amt für Statistik Berlin-Brandenburg (http://www.statistik-berlin-brandenburg.de/), Stand: April 2012

[69] Mercer Quality of Living Survey – Worldwide Rankings, 2011 (http://www.mercer.com/qualityoflivingpr#city-rankings), Stand: November 2011, abgerufen am 17. August 2012

[70] The Wealth Report 2011 (http://www.knightfrank.com/documents/wealthreport/TheWealthReport2011.pdf), abgerufen am 17. August 2012

[71] European Cities Monitor 2011 (http://rbd.doingbusiness.ro/en/1/latest-articles/all/597/european-cities-monitor-2011), abgerufen am 17. August 2012

[72] Amt für Statistik Berlin-Brandenburg (http://www.statistik-berlin-brandenburg.de/BasisZeitreiheGrafik/Bas-Arbeitsmarkt.asp?Ptyp=300&Sageb=13002&creg=BBB&anzwer=5), Jahresdaten 2011

[73] Erwerbstätige – Amt für Statistik Berlin-Brandenburg (http://www.statistik-berlin.de/BasisZeitreiheGrafik/Zeit-Erwerbstaetige.asp?Ptyp=400&Sageb=13003&creg=BBB&anzwer=6), Jahresdaten 2011

[74] Berlin weiterhin Spitzenreiter bei Sozialleistungen (http://www.morgenpost.de/newsticker/dpa_nt/regioline_nt/berlinbrandenburg_nt/article110717440/Berlin-weiterhin-Spitzenreiter-bei-Sozialleistungen.html), Berliner Morgenpost, abgerufen am 9. Dezember 2012

[75] CNN Money (http://money.cnn.com/magazines/fortune/global500/2011/full_list/101_200.html), abgerufen am 9. August 2012.

[76] Berliner Wirtschaft in Zahlen 2012 (http://www.ihk-berlin.de/linkableblob/819070/.20./data/WIZ_Berliner_Wirtschaft_in_Zahlen_2012-data.pdf;jsessionid=EEE684997987740DAA8AF80DC8D54634.repl2), IHK-Berlin abgerufen am 4. September 2012

[77] Berliner Wirtschaft in Zahlen 2012 (http://www.ihk-berlin.de/linkableblob/819070/.20./data/WIZ_Berliner_Wirtschaft_in_Zahlen_2012-data.pdf;jsessionid=EEE684997987740DAA8AF80DC8D54634.repl2), IHK-Berlin abgerufen am 4. September 2012 *Top 100 Arbeitgeber in Berlin*] (PDF-Datei; 1,6 MB), abgerufen am 4. September 2012).

[78] Tourismusreport der IHK Berlin (http://www.ihk-berlin.de/linkableblob/822508/.32./data/Tourismusreport-data.pdf), *Stand: Februar 2012, abgerufen am 9. August 2012.*

[79] Tourismuskonzeot der Stadt Berlin (http://www.service-in-the-city.de/fileadmin/user_upload/dokumente/5_Informationen/Tourismuskonzept2011.pdf), Stand: Jahresstand 2011+, Abgerufen am 20. September 2012/

[80] Erfolgreiche Tourismus- und Kongressbilanz für Berlin (http://press.visitberlin.de/de/pressemeldung/erfolgreiche-tourismus-und-kongressbilanz-fuer-berlin), visitberlin, Abgerufen am 20. September 2012/

[81] IHK Berlin: http://www.berlin.de/imperia/md/content/senatsverwaltungen/senwaf/publikationen/wfaktor_tourismus.pdf?start&ts=1280754497&file=wfaktor_tourismus.pdf *Wirtschaftsfaktor Tourismus]*, Berlin 2009, abgerufen am 6. Mai 2012.

[82] tourismuspresse.at: *Kongressland Österreich weiterhin ganz vorne* (http://www.tourismuspresse.at/presseaussendung/TPB_20111003_TPB0002), Pressemeldung, 3. Oktober 2011, abgerufen am 6. Mai 2012.

[83] *Messe- und Kongressstandort* (http://www.businesslocationcenter.de/messestandort), Business Location Center, Pressemeldung, Abgerufen am 13. August 2012

[84] *ICCA Statistics Report 2002-2011* (http://www.iccaworld.com/npps/story.cfm?nppage=3005), ICCA, Pressemeldung vom 16. Juli 2012 (PDF Download), Abgerufen am 20. September 2012

[85] *Internationales Congress Centrum Berlin (ICC Berlin) – Awards* (http://www.worldtravelawards.com/profile-1338-internationales-congress-centrum-berlin-icc-berlin), World Travel Awards, abgerufen am 20. September 2012.

[86] IHK Berlin: *Gesundheitswirtschaft in Berlin* (http://www.ihk-berlin.de/servicemarken/branchen/Gesundheitswirtschaft/Zahlen+&+Fakten/1055972/Gesundheitswirtschaft_in_der_IHK_Berlin.html), abgerufen am 9. August 2012.

[87] IHK Berlin: *Berliner Cluster in Zahlen* (http://www.ihk-berlin.de/servicemarken/branchen/Gesundheitswirtschaft/Zahlen+&+Fakten/1056034/Cluster_in_Zahlen.html), abgerufen am 9. August 2012.

[88] *BioTop Report 2010* (http://www.biotop.de/data/files/biotopics/BioTOP-Report_2010_DE.pdf) (PDF), abgerufen am 9. August 2012.

[89] *Kompetenzfeld Biotechnologie bei Senatsverwaltung für Wirtschaft, Technologie und Forschung* (http://www.berlin.de/sen/wirtschaft/abisz/biotech.html), abgerufen am 9. August 2012.

[90] *Kreativwirtschaft in Berlin* (http://www.ihk-berlin.de/servicemarken/branchen/Kreativwirtschaft/Kreativwirtschaft_Berlin/), abgerufen am 9. August 2012.

[91] Global Power City Index (http://www.mori-m-foundation.or.jp/english/research/project/6/pdf/GPCI2009_English.pdf) (englisch), Institute for Urban Strategies Tokio am 22. Oktober 2009. Abgerufen am 16. April 2010.

[92] World Heritage Site Museumsinsel (http://whc.unesco.org/en/list/896)(Englisch), UNESCO, abgerufen am 16. April 2010.

[93] www.hu-berlin.de: Nobelpreisträger (http://www.hu-berlin.de/ueberblick/geschichte/standardseite/nobelpreise), abgerufen am 2. Dezember 2011.

[94] *Palast der Republik vollständig abgerissen.* (http://www.n24.de/news/newsitem_4248828.html) Bei: *N24.de* vom 2. Dezember 2008. Abgerufen am 16. April 2010.

[95] *Erkenntnis durch Meditation.* (http://www.3sat.de/3sat.php?http://www.3sat.de/vivo/106843/index.html) Bei: 3sat, abgerufen am 16. April 2010.

[96] Seite nicht mehr abrufbar (http://en.wikipedia.org/wiki/Wikipedia:defekte_weblinks), Suche im Webarchiv: Statistisches Landesamt Berlin (http://wayback.archive.org/web/*/http://www.statistik-berlin.de/framesets/berl.htm) Abgerufen am 16. April 2010.

[97] *Berlin besitzt 564 Brücken.* (http://www.morgenpost.de/printarchiv/politik/article536263/Berlin_besitzt_564_Bruecken.html) In: *Berliner Morgenpost*, abgerufen am 16. Mai 2010.

[98] *Berliner Zeitung* vom 15./16. November 2008, S. 19

[99] Naturschutzgebiete, Übersicht (http://www.stadtentwicklung.berlin.de/natur_gruen/naturschutz/schutzgebiete/de/nsg/index.shtml) Senatsverwaltung für Stadtentwicklung Berlin, abgerufen am 16. Mai 2010.

[100] Landschaftsschutzgebiete (http://www.stadtentwicklung.berlin.de/natur_gruen/naturschutz/schutzgebiete/de/lsg/uebersicht.shtml) Senatsverwaltung für Stadtentwicklung Berlin, abgerufen am 16. Mai 2010.

[101] Naturpark Barnim (http://www.stadtentwicklung.berlin.de/natur_gruen/naturschutz/schutzgebiete/de/naturpark_barnim/index.shtml) Senatsverwaltung für Stadtentwicklung Berlin. Abgerufen am 16. Mai 2010.

[102] http://www.lsb-berlin.net/13.0.html (http://replay.web.archive.org/20110723193105/http://www.lsb-berlin.net/13.0.html) (Version vom 23. July 2011 im *Internet Archive*) Sport in Berlin – Über Uns] Landessportbund Berlin Abgerufen am 16. Mai 2010.

[103] Daten und Fakten zur Sportmetropole Berlin (http://www.berlin-sportmetropole.de/die+sportmetropole/daten+und+fakten/index.html) /www.berlin-sportmetropole.de, abgerufen am 21. Mai 2010.

[104] Liste der Bundesliga-Vereine *Deutsche Volleyball-Liga.* (http://www.volleyball-bundesliga.de/volleyball/vereine.php) Abgerufen am 17. Dezember 2012.

[105] *Die Eventmacher.* (http://www.tagesspiegel.de/zeitung/der-eventmacher/1842198.html) Der Tagesspiegel, abgerufen am 17. Dezember 2012.

[106] *Bolt holt Gold und Weltrekord.* (http://www.spiegel.de/sport/sonst/0,1518,643111,00.html) In: Spiegel Online. Abgerufen am 19. Mai 2010.

[107] Olympiastützpunkt Berlin, (http://www.osp-berlin.de/2-0-Ueber+den+OSP.html) OSP-Berlin. Abgerufen am 19. Mai 2010.

[108] olympiastadion-berlin.de: Zahlen und Fakten zum Olympiastadion Berlin (http://www.olympiastadion-berlin.de/index.php?id=55). Abgerufen am 21. Mai 2010.

[109] Mobilität der Stadt: Berliner Verkehr in Zahlen Ausgabe 2010 (http://www.stadtentwicklung.berlin.de/verkehr/politik_planung/zahlen_fakten/download/Mobilitaet_dt_komplett.pdf)

[110] Barrierefreiheit in den Bereichen Verkehr und Bau (http://www.berlin.de/sen/soziales/behinderung/barrierefreiheit/index.html), Senatsverwaltung für Soziales, abgerufen am 16. Mai 2010.

[111] *Zahlen über den Taxi- und Mietwagenverkehr.* (http://bzp.org/Content/SERVICE/Geschaeftsbericht/_doc/BZP_GB_2010_2011_Strukturdaten.pdf) Deutscher Taxi- und Mietwagenverband e. V. (BZP), 8. Dezember 2011, abgerufen am 29. März 2012 (PDF, 926 KB).

[112] *Info: Taxigewerbe in Berlin.* (http://www.morgenpost.de/printarchiv/berlin/article1884640/Taxigewerbe-in-Berlin.html) Berliner Morgenpost, 19. Januar 2012, abgerufen am 15. Februar 2012.

[113] *Einkommensteuerrecht: Taxigewerbe: Schätzung und Benennungsverlangen.* (http://www.landesrecht.hamburg.de/jportal/portal/page/bshaprod.psml?showdoccase=1&doc.id=STRE201071184&st=ent) In: *Urteil des Dritten Senats, 3 K 13/09.* Finanzgericht Hamburg, 7. September 2010, abgerufen am 31. März 2012: „In Hamburg wird die Zahl der Taxikonzessionen, wie auch in Berlin, aber im Unterschied zu allen anderen deutschen Kommunen, nicht beschränkt."

[114] *Neue Invalidenstraße – es wird geplant und geklagt* (http://www.berliner-zeitung.de/archiv/mieter-und-vermieter-befuerchten-ansturm-der-autos-neue-invalidenstrasse---es-wird-geplant-und-geklagt,10810590,10639098.html)

[115] *Berlin Hauptbahnhof – Das Vorhaben* (http://www.stadtentwicklung.berlin.de/bauen/strassenbau/de/lehrter_vorhaben.shtml)

[116] Senatsverwaltung für Stadtentwicklung, Kenndaten zur Mobilität (http://www.stadtentwicklung.berlin.de/verkehr/politik_planung/zahlen_fakten/download/Mobilitaet_dt_Kap-1-2.pdf) (2008), (.pdf, abrufen am 8. November 2012

[117] *Berliner fahren weniger Auto* (http://www.tagesspiegel.de/berlin/verkehr/berliner-fahren-weniger-auto/1497996.html). In: *Der Tagesspiegel* vom 17. April 2009.

[118] *Grundwasseranstieg.* (http://www.berlin.de/sen/umwelt/wasser/hydrogeo/de/gw_anstieg.shtml) Senatsverwaltung für Gesundheit, Umwelt und Verbraucherschutz, abgerufen am 12. November 2011 (de).

[119] Wasserwerke (http://www.bwb.de/content/language1/html/941.php), Berliner Wasserbetriebe, abgerufen am 16. Mai 2010.

[120] *Abwasserbeseitigung.* (http://www.webcitation.org/5wT5wTkre) In: *Berlin.de, das offizielle Hauptstadtportal.* Umweltportal – eine Kooperation der Berliner Umweltämter, der Senatsverwaltung für Gesundheit, Umwelt und Verbraucherschutz und der Senatsverwaltung für Stadtentwicklung, archiviert vom Original (http://www.berlin.de/umwelt/aufgaben/wasser-abwasserbeseitigung.html) am 13. Februar 2011, abgerufen am 13. Februar 2011 (de).

[121] *Das Kanalnetz.* (http://www.webcitation.org/5y2lVfmfD) Berliner Wasserbetriebe, archiviert vom Original (http://www.bwb.de/content/language1/html/991.php) am 18. April 2011, abgerufen am 18. April 2011 (de).

[122] Batteriespeicheranlage in Berlin (http://www.eurosolar.de/de/images/stories/pdf/Sauer_Optionen_Speicher_regenerativ_okt06.pdf) Abgerufen am 16. Mai 2010.

[123] Stromanbieter in Berlin (http://www.steckdose.de/strom/stromanbieter/berlin/), steckdose.de, abgerufen am 3. November 2011.

[124] Berlin: Rekord bei Studierenden (http://www.tagesspiegel.de/wissen/ansturm-auf-die-unis-berlin-rekord-bei-studierenden-/7452782.html), Tagesspiegel, abgerufen am 9. Dezember 2012.

[125] *Dichte – Vielfalt – Exzellenz* (http://www.berlin-sciences.com/standort-berlin/wissenschaftsstandort). berlin-sciences.com. Abgerufen am 21. August 2012.

[126] *Entscheidungen in der zweiten Programmphase der Exzellenzinitiative* (http://www.dfg.de/service/presse/pressemitteilungen/2012/pressemitteilung_nr_26/index.html) (Pressemitteilung Nr. 26). dfg.de (15. Juni 2012). Abgerufen am 21. August 2012.

[127] *Exzellenzinitiative für Spitzenforschung an Hochschulen* (http://www.bmbf.de/de/1321.php). bmbf.de (15. August 2012). Abgerufen am 21. August 2012.

[128] Tilmann Warnecke: *Berlin hat jetzt zwei Eliteunis* (http://www.tagesspiegel.de/wissen/exzellenzinitiative-berlin-hat-jetzt-zwei-eliteunis/6752696.html). In: *Der Tagesspiegel*, 15. Juni 2012. Abgerufen am 21. August 2012.

[129] *DFG stellt „Förderatlas 2012" vor: Wettbewerb um Drittmittel als „selbstverständlicher Alltag"* (http://www.dfg.de/service/presse/pressemitteilungen/2012/pressemitteilung_nr_24/index.html) (Pressemitteilung Nr. 24). dfg.de (24. Mai 2012). Abgerufen am 21. August 2012.

[130] *Forschung: Berlin vor München forschungsstärkste deutsche Region* (http://www.focus.de/wissen/diverses/forschung-berlin-vor-muenchen-forschungsstaerkste-deutsche-region_aid_758042.html). In: *FOCUS Online* (24. Mai 2012). Abgerufen am 21. August 2012.

[131] www.berlin.de: Schulreform, (http://www.berlin.de/sen/bildung/bildungspolitik/schulreform/index.html) abgerufen am 20. Mai 2010.

[132] Presseinformation der Senatsschulverwaltung (http://www.berlin.de/imperia/md/content/sen-bwf/presse/presseinfo_schuljahr_2007_2008.pdf) Abgerufen am 16. Mai 2010.

[133] Seite nicht mehr abrufbar (http://en.wikipedia.org/wiki/Wikipedia:defekte_weblinks), Suche im Webarchiv: Bibliotheken im Stadtteil (BIST) (2007–2015) (http://wayback.archive.org/web/*/http://www.bibliotheksportal.de/hauptmenue/themen/foerdermoeglichkeiten/foerderprogramme/?tx_3pcknbdbvdb_pi1[showUid]=645&tx_3pcknbdbvdb_pi1[backtourl]=nc%2Fhauptmenue%2Fthemen%2Ffoerdermoeglichkeiten%2Ffoerderprogramme%2F&cHash=444e2b770a) auf dem Bibliotheksportal.

[134] 24h Berlin – So viel Mühe, so viel Enttäuschung (http://www.tagesspiegel.de/medien/abgedrehte-metropole-so-viel-muehe-so-viel-enttaeuschung/1591846.html)

[135] *Der Berlin-Song hat echte Konjunktur.* (http://www.welt.de/kultur/article962859/Der_Berlin-Song_hat_echte_Konjunktur.html) In: *Die Welt*, abgerufen am 16. Mai 2010.

[136] Siehe dazu *Pressekonferenz anlässlich der Auszeichnung Berlins mit dem Titel "Stadt des DESIGNS"* (http://www.berlin.de/sen/waf/presse/pk-design.html). berlin.de (2. Juli 2010). Abgerufen am 3. Juni 2012.

[137] Berlin erhält spanischen Prinz-von-Asturien-Preis (http://www.focus.de/panorama/vermischtes/preisverleihung-berlin-erhaelt-spanischen-prinz-von-asturien-preis_aid_447607.html), FocusOnline, abgerufen am 16. April 2010.

[138] http://dispatch.opac.d-nb.de/DB=1.1/CMD?ACT=SRCHA&IKT=8&TRM=0016-7460

[139] http://www.bam-portal.de/search/Berlin

[140] http://d-nb.info/gnd/2004272-3

[141] http://vereins.wikia.com/wiki/Kategorie:Berlin

[142] http://berlinbibliographie.zlb.de/

[143] http://www.statistik-berlin-brandenburg.de/

[144] http://www.3d-stadtmodell-berlin.de/

[145] http://www.luise-berlin.de/

Dieser Artikel wurde am 25. März 2006 in dieser Version (http://en.wikipedia.org/wiki/) in die Liste der lesenswerten Artikel aufgenommen.

**Normdaten (Geografikum):** GND: 4005728-8 (http://d-nb.info/gnd/4005728-8) | LCCN: n79034972 (http://lccn.loc.gov/n79034972) | VIAF: 154702072 (http://viaf.org/viaf/154702072/)

# Centre_Georges_Pompidou

**Centre Pompidou**

Vorderseite des Centre Pompidou

| Daten | |
|---|---|
| **Ort** | Paris, Frankreich |
| **Art** | Museum für moderne Kunst u.a. |
| **Architekt** | Renzo Piano u.a. |
| **Eröffnung** | 1977 |
| **Besucheranzahl (jährlich)** | 3,8 Mio (2012) |
| **Website** | www.centrepompidou.fr [1] |

Das **Centre national d'art et de culture Georges Pompidou**, umgangssprachlich auch **Centre Pompidou** oder **Beaubourg**, von den Einheimischen auch **La Raffinerie** tituliert, ist ein staatliches Kunst- und Kulturzentrum im 4. Arrondissement von Paris, das auf Initiative des ehemaligen französischen Staatspräsidenten Georges Pompidou von den Architekten Renzo Piano, Richard Rogers und Gianfranco Franchini entworfen und nach einer sechsjährigen Bauzeit am 31. Januar 1977 eröffnet wurde.

Eine Fußgängerröhre des Pompidou

## Funktion

Das Centre Pompidou soll Bewohnern und Fremden aller Gesellschaftsschichten freien Zugang zu Wissen garantieren. Es beherbergt das Musée National d'Art Moderne (M.N.A.M., Museum der Modernen Kunst, dessen Räume Gae Aulenti 1982-85 neu gestaltete) mit bedeutenden Kunstwerken des 20. Jahrhunderts, dem ein Zentrum für Industrie-Design angeschlossen ist, die Bibliothek

Bibliothèque Publique d'Information (B.P.I.) mit über 400.000 Medien[2] und 2000 Leseplätzen, das Musikforschungszentrum IRCAM (Institut de Recherche et Coordination Acoustique/Musique), eine Kinderwerkstatt, Kino-, Theater- und Vortragssäle, eine Buchhandlung sowie ein Restaurant und ein Café.

Als erste Außenstelle wurde im Mai 2010 das Centre Pompidou-Metz in der lothringischen Hauptstadt eröffnet. Das Gebäude entstand nach einem Entwurf des japanischen Architekten Shigeru Ban.[3]

Blick auf das Pompidou vom 20. Arrondissement

## Geschichte

Schon André Malraux hatte als Kulturminister unter Präsident Charles de Gaulle die Absicht, anstelle des unzureichenden und wenig besuchten Palais de Tokyo ein repräsentatives Museum für die Kunst des 20. Jahrhunderts zu errichten. Diese Intention wurde von de Gaulles Nachfolger Georges Pompidou geteilt. Dieser wollte damit unter anderem auch die Funktion von Paris als internationale Kunstmetropole gegenüber New York stärken.

Eine zweite Wurzel des neuen Baus ergab sich aus der immer dringlicheren Notwendigkeit, die alte Pariser Nationalbibliothek zu entlasten, und eine große Präsenzbibliothek im Zentrum der Stadt zu schaffen.

Erst nachdem am 11. Dezember 1969 die offizielle Entscheidung für den Bau eines neuen Museums moderner Kunst gefallen war, wurde entschieden, dieses mit der ebenfalls notwendigen Bibliothek baulich zu verbinden. Nachdem im Februar 1970 die Vereinigung der beiden Projekte beschlossen war, kam es zügig zur Auslobung des Architektenwettbewerbs, zur Entscheidung der Jury vom 15. Juli 1971 für das Projekt Piano/Rogers und in der Folge zum Bau, der am 31. Januar 1977 von Pompidous Nachfolger Valéry Giscard d'Estaing eröffnet wurde. Als unumstrittener Bauplatz stand das nach der Absiedlung des Großmarktes von Les Halles nicht mehr als LKW-Parkplatz benötigte Areal des Plateaus von Beaubourg im 4. Pariser Arrondissement zur Verfügung. Das ehemalige *Quartier Saint-Merri*, ein seit 1906 als *Îlot insalubre* wegen mangelnder Hygiene offiziell zum Abriss bestimmtes Altstadtviertel, war schon in den 1930er Jahren beseitigt worden und zur innerstädtischen Brachfläche geworden.

## Architektur

Das Tragwerk und Rohre für Gebäudetechnik und Erschließung wurden sichtbar an den Gebäudeaußenseiten angeordnet. Dabei sind das Tragwerk und die Belüftungsrohre weiß bemalt, die Beförderung (Treppen, Rolltreppen) rot, Elektrik gelb, Wasserrohre blau und die Rohre der Klimaanlage grün. Dadurch bleiben die großen Nutzflächen im Inneren weitgehend frei von Stützen und sind dadurch flexibel nutzbar. Während die Rohre der Gebäudetechnik weitgehend auf der Ostseite („Rückseite") verlaufen, befindet sich auf der Westseite („Vorderseite") eine teilweise rote überdachte Rolltreppe, die diagonal über die komplette Fassade verläuft.

Dieser neue Fassadentypus und seine Gestaltung waren zur Entstehungszeit umstritten. Viele Zeitgenossen fühlten sich an Fabriken erinnert und empfanden die Architektur als unpassend hinsichtlich Ort und Nutzung. Das Gebäude wird als erste bedeutende Loslösung vom architektonischen Diskurs zwischen Modernismus und Postmoderne verstanden. Vorgesehen waren im Wettbewerbsentwurf höhenverstellbare Stockwerke und ein großer Fassadenbildschirm als Schnittstelle zwischen Museum und Stadt. Aus Geldmangel verzichtete man darauf.

Technische Daten

Bauzeit: 1971 bis 1977

Länge: 165,4 Meter

Breite: 60 Meter

Höhe: 42 Meter

Deckenhöhe der Stockwerke: 7 Meter

Baukosten: etwa 500 Millionen Franc (ca. 76 Millionen Euro)

## Umfeld

Auf den Plätzen im Westen und Süden des Gebäudes treten oft Straßenkünstler auf. Im Süden befindet sich auch der von Niki de Saint Phalle und Jean Tinguely gestaltete Strawinski-Brunnen. Das Forum les Halles und das Hôtel de Ville befinden sich jeweils wenige Häuserblocks entfernt.

## Trivia

Bereits 1978 wurde das Centre Pompidou für Dreharbeiten zum James-Bond-Film Moonraker - Streng geheim genutzt. Die Fußgängerröhre war Teil der Szene, in der James Bond zum ersten Mal auf Holly Goodhead trifft und sollte im Film das Drax Forschungszentrum darstellen.

Bis 1996 war am Centre Pompidou eine große Count-Down-Uhr namens „Le Génitron" befestigt[4] , die die Sekunden bis zum Jahr 2000 herunterzählte[5] . Als das Centre kurz vor dem Jahr 2000 wegen Renovierungsmaßnahmen geschlossen wurde, versetzte man die Uhr an den Eiffelturm.

## Literatur


- Alexander Fils: *Das Centre Pompidou in Paris. Idee, Baugeschichte, Funktion.* 1986. ISBN 3-7879-0177-9
- Christina Haberlik: *50 Klassiker. Architektur des 20. Jahrhunderts.* Hildesheim: Gerstenberg Verlag, 2001. ISBN 3-8067-2514-4
- Jean Poderos: *Centre Georges Pompidou, Paris.* München: Prestel Verlag, 2002. ISBN 3-7913-2708-9


## Weblinks

- Centre Pompidou [1]
- Centre Pompidou-Metz [6]
- „Verleiht Flügel" [7], NZZ, 31. Januar 2007
- „Centre Pompidou wird 30: Vom Abenteuer zur Erfolgsstory" [8], dpa / Tagesspiegel, 31. Januar 2007
- „Flaggschiff französischer Kultur" [9], Deutschlandradio, 31. Januar 2007

## Einzelnachweise

[1] http://www.centrepompidou.fr
[2] Seite der Bibliothek (frz.) (http://www.bpi.fr/fr/decouvrir_la_bpi/les_collections.html), abgerufen am 24. August 2012
[3] faz.net (http://www.faz.net/s/Rub117C535CDF414415BB243B181B8B60AE/Doc~E62E1EC91AA564B24AED1175CDB685761~ATpl~Ecommon~Scontent.html)
[4] http://www.Art-Magazin.de/div/heftarchiv/1997/7/EGOWTEGOTTCPCPOGWTROSWTP/107366417-Sekunden-vor-dem-Jahr-2000-kam-das-Aus
[5] http://Magliery.com/Graphics/MoreFrance/millennium-clock.html
[6] http://www.centrepompidou-metz.com
[7] http://www.nzz.ch/2007/01/31/fe/articleEVHG8.html
[8] http://www.tagesspiegel.de/kultur/nachrichten/centre-pompidou-paris/90452.asp
[9] http://www.dradio.de/dkultur/sendungen/kalenderblatt/585624/

Koordinaten:
[//toolserver.org/~geohack/geohack.php?pagename=Centre_Georges_Pompidou&language=de&params=48.8605555556_N_2.3522
48° 51′ 38″ N, 2° 21′ 8″ O]

**Normdaten (Körperschaft):** GND: 1038030-9 (http://d-nb.info/gnd/1038030-9) | SWD in der DNB: 4075879-5 (http://d-nb.info/gnd/4075879-5)

# Städtische_Galerie_im_Lenbachhaus

Das Lenbachhaus - Haupteingang

Die **Städtische Galerie im Lenbachhaus** ist ein Kunstmuseum der bayerischen Landeshauptstadt München. Es ist im Lenbachpalais untergebracht, der denkmalgeschützten Villa des „Malerfürsten" Franz von Lenbach in der Luisenstraße 33 in der Maxvorstadt , die zwischen 1887 und 1891 nach Plänen von Gabriel von Seidl erbaut und 1927 bis 1929 durch Hans Grässel und nochmals 1969 bis 1972 durch Heinrich Volbehr und Rudolf Thönessen erweitert wurde. Einige Räume wurden im Originalzustand erhalten und können im Rahmen eines Ausstellungsbesuchs ebenfalls besichtigt werden. Aktuell wird das Lenbachhaus nach den Plänen des Architekturbüros Foster + Partners generalsaniert und voraussichtlich im Frühjahr 2013 wiedereröffnet.[1]
In der Zwischenzeit ist der Kunstbau des Lenbachhauses für wechselnde Sonderausstellungen geöffnet.

## Sammlung

### Ständige Sammlung / Ausstellung

Seinen Weltruhm verdankt das Lenbachhaus der einmaligen Sammlung von Werken der Gruppe Der Blaue Reiter mit zahlreichen Bildern von Alexej Jawlensky, Wassily Kandinsky, Gabriele Münter, Franz Marc, August Macke, Marianne von Werefkin und Paul Klee.

Der Nordflügel des Gebäudekomplexes

Das Museum zeigt zudem Werke von in München arbeitenden Malern insbesondere des 18. und 19. Jahrhunderts. So besitzt das Lenbachhaus unter anderem Werke von Jan Polack, Christoph Schwartz, George Desmarees (*Gräfin Holstein* 1754), Wilhelm von Kobell, Johann Georg von Dillis, Carl Rottmann, Carl Spitzweg, Eduard Schleich, Carl Theodor von Piloty, Franz von Stuck, Franz von Lenbach, Friedrich August von Kaulbach, Wilhelm Leibl, Wilhelm Trübner und Hans Thoma. Die Malerei des 19. Jahrhunderts aus dem Kreis der so genannten Münchner Schule ist im Nordflügel zu sehen. Auch Mitglieder der Münchner Secession, gegründet 1892, wie Lovis Corinth, Max Slevogt oder Fritz von Uhde sind ausgestellt.

Daneben sind aber auch Werke der Neuen Sachlichkeit mit Werken von Christian Schad, Rudolf Schlichter und weiteren zu sehen.

## Wechselausstellungen

In einem weiteren Teil der Räume finden wechselnde Ausstellungen statt. Seit den 1970er Jahren begann das Museum in seinen Ausstellungen wesentliche Tendenzen und Künstler des internationalen zeitgenössischen Kunstgeschehens vorzustellen und aktuelle Kunst zu sammeln. Das Museum konzentriert sich bei seinen Neuerwerbungen auf Arbeiten einzelner Künstler, um diese mit Werkgruppen vorzustellen, eine wichtige Erwerbung war 1980 die Installation *zeige deine Wunde* von Joseph Beuys.

Eingangshalle

Es folgten installierte Räume und Werkgruppen von u.a. Franz Ackermann, Dennis Adams, Christian Boltanski, James Coleman, Lovis Corinth, Thomas Demand, Olafur Eliasson, Cerith Wyn Evans, Valie Export, Dan Flavin, Günther Förg, Günther Fruhtrunk, Rupprecht Geiger, Isa Genzken, Liam Gillick, Katharina Grosse, Michael Heizer, Andreas Hofer, Jenny Holzer, Stephan Huber, Leiko Ikemura, Asger Jorn, Ellsworth Kelly, Anselm Kiefer, Alfred Kohler, Michaela Melian, Gerhard Merz, Maurizio Nannucci, Roman Opalka, Sigmar Polke, Arnulf Rainer, Gerhard Richter, Michael Sailstorfer, Richard Serra, Katharina Sieverding, Andy Warhol, Lawrence Weiner, Wiener Aktionisten und Martin Wöhrl.

## Einige Kunstwerke der Sammlung

Lovis Corinth
Selbstbildnis mit Skelett, 1896

Lovis Corinth
Portrait des Pianisten Conrad Ansorge, 1903

Franz von Stuck
Salome, 1906

August Macke
Portrait mit Äpfeln, 1909. Das Gemälde zeigt Elisabeth Macke.

August Macke
Zoologischer Garten I, 1912

August Macke
Türkisches Café, 1914

August Macke
St. Germain bei Tunis, 1914

Franz Marc
Weidende Pferde I, 1910

Franz Marc
Akt mit Katze, 1910

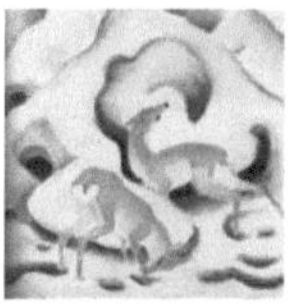

Franz Marc
Rehe im Schnee, 1911

Franz Marc
Der Tiger, 1912

Franz Marc
Kühe gelb-rot-grün, 1912

Franz Marc
Im Regen, *1912*

# Geschichte des Hauses

## Die Villa von Franz von Lenbach

Der Platz, an dem Franz von Lenbach seine Villa erbauen ließ, wurde von ihm absichtsvoll gewählt. Direkt gegenüber dem klassizistischen Königsplatz mit den Propyläen schuf er sich eine Residenz, die er zu einem Zentrum der Kunst in München machen wollte. „Ich gedenke mir einen Palast zu bauen, der das Dagewesene in den Schatten stellen wird; die machtvollen Zentren der europäischen großen Kunst sollen dort mit der Gegenwart verbunden sein" – so Lenbach in einem Brief 1885[2] In der Nachbarschaft hatten sich der Kunstmäzen Adolf Friedrich von Schack, der Dichter Paul Heyse und andere Künstler und Kunstfreunde niedergelassen.

Die Villa, die er gemeinsam mit dem Architekten Gabriel von Seidl gestaltete, hatte einen L-förmigen Grundriss, mit einem Atelierbau an der Brienner Straße, der 1888 fertiggestellt wurde, und dem 1890 fertiggestellten Hauptbau. Vor den beiden Gebäuden wurde ein durch Brunnen gegliederter Garten angelegt. Bau und Garten, eine späte Blüte des Historismus, sind im Großen und Ganzen der italienischen Renaissance nachempfunden, mit vielen dekorativen Elementen nach antiken Vorlagen. Möglicherweise ließ sich Lenbach auch von der Residenz von Peter Paul Rubens in Antwerpen, die er 1877 besucht hatte, beeinflussen.

Die reiche Innenausstattung umfasste antike Skulpturen, mittelalterliche Malereien, Gobelins und Teppiche, aber auch Kopien von antiken Kunstwerken. 1892 nahm der außer Dienst gestellte Reichskanzler Otto von Bismarck vom Balkon der Villa aus die Ovationen der Münchner Bevölkerung entgegen.

1900 wurden Atelier- und Haupthaus durch einen harmonisch sich einfügenden Zwischentrakt miteinander verbunden.

## Entstehung und Wachstum der städtischen Gemäldegalerie

1904 starb Franz von Lenbach. Seine Witwe Charlotte (*Lolo*) von Lenbach verkaufte das Haus 1924 an die Stadt München. Nach dem Abschluss der Verhandlungen schenkte sie der Stadt eine große Zahl von Kunstwerken aus dem Inventar des Hauses. Diese Bilder, und ein umfangreicher Bestand von Gemälden Lenbachs, bildeten den Grundstock für eine neue städtische Galerie.

Ein Jahr nach Kauf der Villa stellte die Stadt einen Geldbetrag für den Kauf weiterer Kunstwerke zur Verfügung, der sich in den folgenden Jahren jeweils verdoppelte. Die Stadt ließ durch den Architekten Hans Grässel einen weiteren Gebäudeflügel, den Nordflügel gegenüber dem Ateliertrakt errichten. Grässel entschied sich für eine zurückhaltende historisierende Formensprache, angepasst an den im Stil der anderen Gebäudeflügel. 1929 wurde das neue Lenbachhaus der Öffentlichkeit zugänglich gemacht.

## Entwicklung nach dem Zweiten Weltkrieg

In den letzten Kriegsjahren 1944–1945 wurden große Teile des Hauses zerstört. Nach raschem Wiederaufbau konnten 1947 im Nordflügel wieder Ausstellungen gezeigt werden. 1952 wurde der Atelierbau innen erneuert, anschließend die Oberlichtsäle im Nordwesten wiederhergestellt.

Das Lenbachhaus unmittelbar vor der umfassenden Sanierung und Erweiterung (Januar 2009)

Am 19. Februar 1957, zu ihrem 80. Geburtstag, schenkte Gabriele Münter der Stadt einen großen Teil des Lebenswerkes ihres Lebensgefährten Wassily Kandinsky: mehr als 90 Ölbilder, mehr als 330 Aquarelle und Zeichnungen, Skizzenbücher, Hinterglasbilder, sowie den größten Teil seiner druckgrafischen Arbeiten. Hinzu kamen 25 Gemälde, viele Zeichnungen und Grafiken von Münter selbst sowie eine Sammlung von Fotografien des Künstlerpaares und seiner Freunde. Des Weiteren gehörten viele Werke von befreundeten Künstlern wie Alexej von Jawlensky, Franz Marc, August Macke und Marianne von Werefkin zur Schenkung. Mit einem Schlag wurde das Haus damit zu einem Museum von Weltgeltung.

Weitere Bilder von Macke, Jawlensky, Marc und Jean-Bloé Niestlé gelangten 1965 durch die Bernhard-Koehler-Stiftung in den Besitz der Galerie. Mit den Mitteln der Gabriele-Münter- und der Johannes-Eichner-Stiftung konnten in den folgenden Jahren weitere Werke der Hauptvertreter des Blauen Reiters und der klassischen Moderne angekauft werden.

1971 konnte das Kubin-Archiv des Hamburger Sammlers Kurt Otte angekauft werden. Neben Arbeiten Alfred Kubins enthält es umfangreiche Briefwechsel mit avantgardistischen Künstlern.

1969–1972 wurde ein Erweiterungsbau geschaffen, um die stark angewachsene Sammlung angemessen präsentieren zu können.

1996 konnten einige Räume im Zentrum des ersten Obergeschosses im Mittelbau restauriert werden. Mit kostbaren Stofftapeten, Holzdecken und dunkel gehaltenen Bildern vermitteln sie in prächtigem, düsteren Schwarz-Rot einen Eindruck Lenbach'scher Dekorationskunst – und einen Eindruck von jener Epoche, von der die Künstler der angehenden Moderne sich lösen wollten.

## Kunstbau

Im Jahr 1994 wurden die Möglichkeiten der Galerie im Lenbachhaus mit der Eröffnung des Kunstbaus wesentlich erweitert. Die geräumige Ausstellungsfläche befindet sich in einem bis dahin ungenutzten Teil des Zwischengeschosses des U-Bahnhofs Königsplatz ganz in der Nähe des Lenbachhauses und wird für große Wechselausstellungen meist moderner oder neuester Kunst genutzt.

Blick vom Sperrengeschoss des U-Bahnhofs *Königsplatz* in den **Kunstbau** mit der Retrospektive Gerhard Richter 2005

Beim Bau des tiefliegenden U-Bahnhofs war über der Station ein Leerraum gleicher Dimension übrig geblieben. Der 110 Meter lange, leicht gekrümmte und durch eine Mittelstützenreihe in zwei Bereiche geteilte Raum wurde von 1992 bis 1994 durch das Architekturbüro

Kiessler + Partner (München) im Auftrag der Landeshauptstadt München zu einer Dependance des Lenbachhauses ausgebaut. Die zuvor geschlossenen Stirnseiten erhielten Schaufenster zu den Rolltreppen des U-Bahnhofs. Die Besucher gelangen vom Zwischengeschoss der U-Bahn-Station in das Foyer des Kunstbaus und von dort aus über eine abwärtsführende Rampe in den Ausstellungsraum. Für den Transport der Kunstwerke wurde auf dem benachbarten Grundstück einer städtischen Berufsschule ein Lastenaufzug eingebaut. Die Atmosphäre des ausschließlich künstlich beleuchteten Ausstellungsraums wird bestimmt durch die roh belassenen Betonflächen der Stützen und der Decke in Kombination mit einem Ahornparkettboden und weißen Wandschalen, hinter denen sich das Kanalsystem der Lufttechnik verbirgt. Einen Akzent in der Gliederung des Ausstellungsraumes bildet der über eine Treppe zugängliche runde Raum für Multimediavorführungen, der scheinbar schwebend etwa in der Mitte des westlichen Bereiches eingebaut wurde.

Der Eingang zum Kunstbau

## Kubus

Mitte 2005 wurde im Petuelpark der Kubus des Lenbachhauses eröffnet. Im Kubus hatten Kunstmagazine, Freie Ausstellungsräume und Akademieklassen bis Anfang 2011 vierteljährlich die Möglichkeit, diesen Ausstellungsraum auf Einladung des Lenbachhauses zu kuratieren und ein Begleitprogramm zu erstellen.

## Gesamtsanierung und Erweiterungsbau

Wegen umfangreicher Renovierungs- und Umbauarbeiten ist die Städtische Galerie im Lenbachhaus ab Ende Februar 2009 bis Mai 2013 geschlossen. Im Kunstbau finden weiterhin Ausstellungen statt.[3] 2009 begannen auch die Arbeiten für einen Erweiterungsbau des britischen Architekten Norman Foster. Er wird auch eine Lobby enthalten, die die Funktion eines neuen Empfangsbereichs für die Sammlungs- und Ausstellungsräume übernimmt.[4]

19. Januar 2010

31. Oktober 2010

1. April 2012

3. April 2012

## Vermittlungsprogramm

Das Vermittlungsprogramm der Städtischen Galerie im Lenbachhaus und des Kunstbaus wird in Kooperation mit der Münchner Volkshochschule, dem Museumspädagogischen Zentrum[5] und KUKI - Kunst für Kinder[6] durchgeführt.

## Siehe auch

- Aktuell 83

## Literatur


- Helmut Friedel (Hrsg.): *Städtische Galerie im Lenbachhaus und Kunstbau München*, München 1995: Prestel. ISBN 978-3-7913-1466-2.
- Helmut Friedel, Ulrich Wilmes (Hrsg.): *Das Gedächtnis öffnet seine Tore - Die Kunst der Gegenwart im Lenbachhaus München*, München 2000: Hatje Cantz. ISBN 3-7757-0889-8.
- Helmut Friedel (Hrsg.): *Vom Spätmittelalter bis zur Neuen Sachlichkeit - Die Gemälde im Lenbachhaus München*, München 2009: Deutscher Kunstverlag. ISBN 978-3-422-06850-6.


## Einzelnachweise

[1] Planung Foster (http://www.lenbachhaus.de/cms/index.php?id=342&L=zjnsbloo), Lenbachhaus.de, abgerufen am 10. Juli 2012

[2] Friedel, *Lenbachhaus München*, S. 5.

[3] www.lenbachhaus.de (http://www.lenbachhaus.de/cms/index.php?id=10)

[4] Umbau des Lenbachhauses (http://www.lenbachhaus.de/cms/index.php?id=59&tx_ttnews[tt_news]=130&tx_ttnews[backPid]=30&cHash=b8397d1a0c)

[5] Museumspädagogisches Zentrum (http://www.mpz.bayern.de/)

[6] KUKI - Kunst für Kinder (http://www.kuki-muenchen.de/)

## Weblinks

- Internetauftritt der Städt. Galerie im Lenbachhaus (http://www.lenbachhaus.de/)
- Führungsnetz der Münchner Volkshochschule (http://www.mvhs.de/3.1/mvhs.de/index.php?StoryID=7036)

Koordinaten:
[//toolserver.org/~geohack/geohack.php?pagename=St%C3%A4dtische_Galerie_im_Lenbachhaus&language=de&params=48.1469
48° 8′ 49″ N, 11° 33′ 49″ O]

# Museum_Abteiberg

**Städtisches Museum Abteiberg**

Museum Abteiberg mit Skulpturen im Abteigarten

| Daten | |
|---|---|
| **Ort** | Mönchengladbach |
| **Art** | Moderne und Bildende Kunst |
| **Architekt** | Hans Hollein |
| **Eröffnung** | 23. Juni 1982 |
| **Besucheranzahl (jährlich)** | 36.000 (2008) |
| **Betreiber** | Stadt Mönchengladbach |
| **Leitung** | Susanne Titz |
| **Website** | www.museumabteiberg.de |

Das **Städtische Museum Abteiberg** ist ein Museum in Mönchengladbach.

Ein eindeutiges Gründungsjahr des Mönchengladbacher Museums für bildende Kunst gibt es nicht, 1904 ist das in der Literatur bevorzugte Datum, alternativ wird auch 1901 genannt. Im Jahr 1904 wurde erstmals ein eigenes Gebäude bezogen. Die Bestände waren im Jahr 1901 systematisch unter museologischen Gesichtspunkten erschlossen worden. Nach dem Bezug des Museumsneubaus von Hans Hollein im Jahr 1982 löste die Bezeichnung „Städtisches Museum Abteiberg Mönchengladbach" die ältere Bezeichnung „Städtisches Museum Mönchengladbach" ab. Es liegt direkt neben dem Gladbacher Münster etwa eine Minute vom Alten Markt entfernt und ist sehr gut mit öffentlichen Verkehrsmitteln oder dem Auto zu erreichen.

Das Städtische Museum Abteiberg ist ein Museum für Bildende Kunst des 20. und 21. Jahrhunderts. Zwischen 1972 und 1982 erbaut, zeigt das architektonische Gesamtkunstwerk unter anderem Arbeiten von Joseph Beuys, Richard Serra, Andy Warhol, Sigmar Polke, Gerhard Richter, Martin Kippenberger, Markus Oehlen, Heinz Mack, Ulrich Rückriem und Gregor Schneider.

Im Dezember 2009 hat der Künstler Gregor Schneider einen temporären Zugang zum Museum geschaffen, eine unauffällige Garage neben dem Museumsparkplatz. Bereits 2008 hatte Schneider einen tunnelartigen Zugang zu dem Museum geschaffen.

# Geschichte der Sammlung

Seit 1887 wurden erste Objekte für eine stadtgeschichtliche Sammlung zusammengetragen. Ab 1901 wurden diese Gegenstände systematisch geordnet, katalogisiert und im Rathaus der Stadt ausgestellt. Der 1902 gegründete Museumsverein unterstützte den weiteren Aufbau und die Präsentation der Sammlung. 1903 umfasst die Sammlung drei Gebiete:

Mönchengladbach, Museum Abteiberg Seitenansicht

- Kunstgewerbliche und ethnografische Sammlung
- Geschichtliche Abteilung
- Naturwissenschaftliche Abteilung

Durch umfangreiche Zukäufe wurde in den Folgejahren die Sammlung deutlich erweitert. 1906 wurde eine textile Gewebesammlung mit circa 4000 Mustern von Dr. Voos erworben. 1907 kamen Teile der Sammlung Kramer hinzu. Dieser Ankauf umfasste mittelalterliche Holzskulpturen, Rüstungen, Gläser, Waffen und Krüge.

Mönchengladbach, Museum Abteiberg, Eingang und Skulptur von Alexander Calder

Einen entscheidenden neuen Akzent setzte 1922 Dr. Walter Kaesbach, der seiner Heimatstadt – unter der Auflage einer angemessenen Präsentation – zahlreiche Werke der expressionistischen Kunst stiftete. Diese Sammlung bestand aus 97 Gemälden, Aquarellen und Zeichnungen u. a. von Lyonel Feininger, Erich Heckel, Heinrich Nauen, Emil Nolde und Christian Rohlfs. Für die Präsentation dieser Sammlung in Mönchengladbach gründete sich im selben Jahr der „Kunstverein der Dr.-Walter Kaesbach-Stiftung". Auf Grund unzureichender Präsentationsmöglichkeiten wurde diese Sammlung auf Initiative Walter Kaesbachs zwischenzeitlich im Krefelder Kaiser-Wilhelm-Museum ausgestellt. Erst ab 1928 konnte die Sammlung expressionistischer Kunst in angemessener Form im neu eröffneten Museum im Karl-Brandts-Haus gezeigt werden. Inzwischen war die Sammlung um Werke von Heinrich Campendonk, Ernst Ludwig Kirchner, Wilhelm Lehmbruck, August Macke, Wilhelm Morgner, Otto Mueller, Hermann Max Pechstein und Karl Schmidt-Rottluff erweitert worden. In diesem Gebäude wurde zudem die Naturhistorische Sammlung und die Sammlung für Vor- und Frühgeschichte gezeigt. Weitere Werke der Bildenden Kunst und des Kunstgewerbes wurden im Oskar-Kühlen-Haus ausgestellt.

Mönchengladbach, Museum Abteiberg

Mönchengladbach, Museum Abteiberg, Detail

1934 wurden die Sammlungen aus beiden Häusern im Karl-Brandts-Haus zusammengefasst, das nun „Haus der Kunst" hieß. Das Oskar-Kühlen-Haus wurde Sitz des neuen „Haus der Heimat", das sich der Heimatpflege und Familienforschung widmete. 1937 wurde im Zuge der Aktion „Entartete Kunst" der überwiegende Teil der Walter-Kaesbach-Stiftung beschlagnahmt. Lediglich sieben Werke der Stiftung verblieben in der Sammlung, darunter ein Blumenstillleben von Heinrich Nauen und drei Pinselzeichnungen Emil Noldes. Gegen Ende des Zweiten Weltkrieges im Jahr 1944 wurden Teile der Sammlung ins Schloss Alme bei Brilon, sowie in die Schlösser Niesen und Borlinghausen bei Willebadessen evakuiert.

Heinrich Dattenberg, der 1945 nach Kriegsende neuer Museumsdirektor wurde, bemühte sich, die dezentral gelagerten Bestände der Sammlung wieder zusammenzuführen. Er versuchte auch den Rückkauf beschlagnahmter expressionistischer Gemälde, bzw. deren Ersatz durch gleichwertige Arbeiten. Ihm gelang 1956 der umstrittene Ankauf von Alexej von Jawlenskys Gemälde „Dame mit blauem Hut". Auch Walter Kaesbach fand sich nach dem Zweiten Weltkrieg bereit, erneut eine Auswahl expressionistischer Werke dem Städtischen Museum zu stiften. Der niedrige Ankaufsetat und die steigenden Preise expressionistischer Künstler auf dem Kunstmarkt in der Zeit der 1950er und 1960er Jahre führten schließlich zu einer Konzentration auf die Sammlung zeitgenössischer Kunst.

Mönchengladbach, Abteiberg Museumsgarten

Sein Nachfolger Johannes Cladders setzte ab 1967 diese Sammlungsstrategie konsequent fort. 1970 gelangte die Sammlung Etzold als Dauerleihgabe in den Besitz des Städtischen Museums. Mit der Eröffnung des neuen Museumsgebäudes auf dem Abteiberg kamen weitere Dauerleihgaben hinzu, vor allem die Sammlungen Onnasch und Marx. Die Sammlung Onnasch befindet sich heute in weiten Teilen in der Hamburger Kunsthalle. Die Sammlung Marx befindet sich jetzt in der Neuen Nationalgalerie im Hamburger Bahnhof in Berlin. Das Städtische Museum verlor in Folge dieser Umzüge ein Hauptwerk seiner Sammlung, „Unschlitt/ Tallow" von Joseph Beuys, obwohl es der Stadt vom Sammler zum Ankauf angeboten worden war. Neuere Leihgaben stammen aus der Sammlung Rheingold und der Sammlung Schürmann.

Ankäufe für die Sammlung des Museums wurden unter anderem durch Gelder des WDR, des Landes Nordrhein-Westfalen, der Stadtsparkasse Mönchengladbach, des Museumsvereins und seines Förderkreises ermöglicht.

## Leiter des Museums

- 1907–1933 Carl Schurz
- 1933–1945 Julius Koenzgen
- 1945–1967 Heinrich Dattenberg
- 1967–1985 Johannes Cladders
- 1985–1994 Dierk Stemmler
- 1995–2003 Veit Loers
- seit 2004 Susanne Titz

## Sammlungsschwerpunkte

Die Liste benennt die jeweils bedeutendsten Werke der Sammlung, alphabetisch nach Künstlernamen sortiert. Einige der genannten Arbeiten befinden sich als Dauerleihgaben der Sammlung Etzold und der Mönchengladbacher Sparkassenstiftung für Kunst und Wissenschaft in der Sammlung. Das Museum verfügt in seiner Sammlung über umfangreiche Bestände an Zeichnungen, Aquarellen und Druckgrafiken.

### Expressionismus

- Ernst Barlach, Kopf des Güstrower Denkmals, 1927
- Wladimir Bechtejew, Zwei badende Frauen am Strand, 1910
- Heinrich Campendonk, Hirtin mit Tieren, um 1917
- Heinrich Campendonk, Roter Hirte mit Tieren, 1928
- Erich Heckel, Straße in Berlin, 1911

- Erich Heckel, Strand von Osterholz, 1913
- Erich Heckel, Irre beim Essen, 1914
- Erich Heckel, Flandrische Ebene, 1916
- Alexej von Jawlensky, Dame mit blauem Hut, 1912/13
- Anton Kerschbaumer, Möckernbrücke in Berlin, 1926
- Ernst Ludwig Kirchner, Weiblicher Akt im Grünen, 1914/15
- Wilhelm Lehmbruck, Kleiner weiblicher Torso (Hagener Torso), 1910/11
- Franz Marc, Landschaft mit Regenbogen, 1913
- Ewald Mataré, Große liegende Kuh, 1930
- Otto Mueller, Waldinneres, um 1923
- Heinrich Nauen, Gartenbild, 1913
- Hermann Max Pechstein, Drohendes Wetter, 1919
- Hermann Max Pechstein, Mutter und Kind (Frau des Künstlers mit Sohn), 1920
- Christian Rohlfs, Gottvater den ersten Menschen modellierend, 1916
- Christian Rohlfs, Gehetzter, 1918

## Konstruktivismus

- Willi Baumeister, Flächen (Der Maler I), 1920
- Rudolf Belling, Skulptur 23, 1923/1966
- Karl Buchheister, Schmalformvariation schwarz-weiß, 1927
- Alexander Calder, Silberweiß, um 1953
- Otto Coenen, Stillleben mit Wecker und Lampe, 1931
- Otto Coenen, Landschaft mit weißem Haus, 1932
- Sonja Delaunay-Terk, ohne Titel, 1916
- Otto Freundlich, Komposition in Grau, um 1935
- Heinrich Hoerle, Rheinische Landschaft, 1932
- Heinrich Hoerle, Frauenakt, stehend, um 1935
- Boris Kleint, Schwarz-weiße Scheibe, 1938
- Frank Kupka, Panneau décoratif, vor 1924
- Frank Kupka, Deux Gris I, 1928
- Bart van der Leck, Arbres, 1922/23
- Oskar Schlemmer, Abstrakte Figur (Groteske), 1923/64
- Oskar Schlemmer, Drei Akte, 1929
- Franz Wilhelm Seiwert, Feierabend I, 1925
- Nikolaj Michailowitsch Suetin, ohne Titel, um 1920
- Friedrich Vordemberge-Gildewart, Komposition Nr. 149, 1945

## Dadaismus

- Marcel Duchamp, La Mariée mise à nu par ses Célibataires, même (Boîte verte), 1934
- Marcel Duchamp, De ou par Marcel Duchamp ou Rrose Sélavy, 1966
- Max Ernst, Arizona-Landschaft, nach 1946
- Wasily Kamensky, Mausefalle, 1915
- Kurt Schwitters, Bild mit Walfisch, 1924

## Informel

- Peter Brüning, Komposition 1/59, 1959
- Karl Fred Dahmen, Samum, 1957
- Karl Otto Goetz, Soel, 1964
- Wilhelm Nay, Corroborée, 1954

## Fotografie

- Man Ray, Porträt James Joyce, 1922/59
- Man Ray, Kiki's Lippen, 1929/59
- Man Ray, Tränen, 1933/59
- Man Ray, Frau mit aufgelöstem Haar, 1931/59
- Man Ray, Selbstporträt mit Kamera, 1931/59
- Man Ray, Antiker Kopf mit Spiegel, 1931/59

## Op-Art

- Yaacov Agam, Ambiance, 1955
- Gerhard von Graevenitz, Bewegliches Objekt, 1971
- Adolf Luther, 10 x 10 runde Hohlspiegel, 1968
- François Morellet, Drahtgitter, 1959/60
- Jesus Rafael Soto, Vibrations-Objekt, 1963
- Victor Vasarely, Alphard, 1957

## ZERO

- Heinz Mack, Silber-Dynamo, 1965
- Heinz Mack, White in White, 1959
- Otto Piene, Weißweißweiß (Ton I), 1959/60
- Günther Uecker, Phantom I, 1963
- Günther Uecker, Großer Wind, 1966

## Nouveau Réalisme

- Arman, Les tampons buvards, 1961
- François Dufrêne, Eye, 1960
- Raymond Hains, Affiche lacérée sur tôle, 1961
- Yves Klein, Monochrome bleu, 1959
- Yves Klein, Monogold, 1960
- Yves Klein, Victoire de Samothrace, 1962
- Martial Raysse, Supermarkt, 1961
- Mimmo Rotella, Grande Comp, 1961
- Daniel Spoerri, Tableau piège chez Tinguely, 1960
- Jean Tinguely, Hommage à Duchamp, 1960
- Jacques de la Villeglé, ohne Titel (Vér), 1962

### Pop Art

- Richard Hamilton, Toaster, 1967
- Roy Lichtenstein, Bread in Bag, 1961
- George Segal, Man seated at table, 1960
- Tom Wesselmann, Still Life # 27, 1963
- Andy Warhol, Campbell's Soup, 1962
- Andy Warhol, Louis M., Nr. 10 of 13 Most wanted Men, 1963

### Minimal Art

- Carl Andre, 8001 Mönchengladbach Square 8002 Mönchengladbach Square, 1968
- Donald Judd, ohne Titel, 1973
- Bruce Nauman, Forced Perspective, 1975
- Sol LeWitt, Modular Piece, 1966

### Neue Wilde

- Martin Kippenberger, Skelettei, 1996
- Martin Kippenberger, Meinungsspirale, 1985
- Martin Kippenberger, Vitrine aus der Ausstellung „Der Eiermann und seine Ausleger", 1997
- Albert Oehlen
- Markus Oehlen

## Skulpturengarten

2002 wurde der Skulpturengarten Abteiberg eröffnet. Damit erhielt das Museum Abteiberg einen schon länger geplanten erweiterten Außenbereich mit Werken moderner Künstler. Bei dem Gelände handelt es sich um einen Park mit Blutbuchen und Kastanien. Bei dem Park handelt es sich um den ehemaligen Garten der Abtei. Er erstreckt sich von der Plattform des Museums und der nebenstehenden Probstei bis zu einer unteren Mauer, die Teil der alten Stadtmauer ist. Ergänzt wurde die Außenanlage mittlerweile um den zum Münster gehörenden Pfarrgarten.

Im oberen Teil des Skulpturengartens befinden sich die schon vor der Eröffnung des Skulpturengartens in den von Hans Hollein eingerichteten „Reisterrassen" aufgestellten Arbeiten „Soft inverted Q" von Claes Oldenburg, „Tree of water / Breath of Leaves" von Giuseppe Penone, „Juan" von Bernhard Luginbühl und „Königsstuhl" von Anatol.

Giuseppe Penone, „Tree of water / Breath of Leaves"

Das Zentrum der Anlage bildet das „Arolsen-Piece" (1992) von Larry Bell – zwei gläserne Doppelkuben, die eine pinkfarben, die andere azurblau. Beide Kuben sind diagonal in das vorhandene Wasserbassin neben die Fontäne eingesetzt. Im Abstand von knapp hundert Meter dazu befindet sich der sechs Meter hohe „Anello" („Ring"), den 2001 Mauro Staccioli aus Cor-Ten-Stahl geschaffen hat. Von François Morellet stammt eine fast 3 m hohe Kugel, die aus vergitterten Rundstäben in Edelstahl gebildet wird. Oberhalb davon, ebenfalls auf dem Gelände des Pfarrgartens steht die „Flause" (1998) von Franz West, eine pinkfarbene Aluminiumskulptur. In der Nachbarschaft davon befindet sich eine bronzene Stele, ein graziler weiblicher Torso von Maria Lehnen. Die übrigen Skulpturen sind Arbeiten dreier jüngerer Künstler, die der Ästhetik der neunziger Jahre verpflichtet sind. Der amerikanische Künstler Jorge Pardo schuf eine Gruppe von sechs kleineren Bronzeskulpturen, die die Wege oberhalb und seitlich der Fontäne säumen. Ihre organisch-abstrakten Amöbenformen haben Öffnungen und tragen Plastiksäcke. Wie der Titel „Garbage Can" verrät, dienen sie als Abfallbehälter. Weitere Arbeiten in dem Park sind von Dan Peterman und Stefan Kern.

Außerhalb des Skulpturengartens vor dem Museum setzen Skulpturen von Alexander Calder, Thomas Rentmeister, Daniel Pflumm und Thomas Virnich künstlerische Signale und sollen eine Verbindung zur geplanten Skulpturenmeile in der City von Mönchengladbach schaffen.

Skulpturengarten Museum Abteiberg – Larry Bell: „Arolsen-Piece" (Bildmitte)/Mauro Staccioli: „Anello" (dahinter)/ Jorge Pardo: „Garbage Can" (vorne)

Mauro Staccioli: „Anello"

Mauro Staccioli: „Anello", im Hintergrund das Münster

Maria Lehnen: „Idol XII"

François Morellet: „Sphère – trames" – im Hintergrund: Franz West: „Flause"

## Weitere Einrichtungen des Museums

Audiovision, eine Malklasse, die Bibliothek und Führungen durch das Haus unter fachlicher Anleitung. Außerdem eine hauseigene Cafeteria.

## Geschichte der Gebäude des Museums

1904 bezogen die Sammlungen der Stadt Mönchengladbach erstmals ein eigenes Gebäude. Es handelte sich um die ehemalige evangelische Volksschule am Fliescherberg, die bis zum Jahr 1925 als Museum diente. Später wurde das Gebäude abgerissen. Zwischen den Jahren 1911 und 1912 plante die Stadt Mönchengladbach einen Neubau des Museums. 1913 wurden für diesen Neubau 200.000 Reichsmark bereitgestellt. Die Eröffnung war für das Jahr 1916 vorgesehen. Dieser Neubauplan scheiterte am Beginn des Ersten Weltkriegs.

1922 erhielten die Pläne für den Neubau eines Museums einen erneuten Impuls durch die Stiftung expressionistischer Gemälde Walter Kaesbachs an die Stadt Mönchengladbach. Dieser Bau sollte auf der Hohenzollernstraße errichtet werden. 1.000.000 standen für den „Kunstpalast" zur Verfügung, für den Thorn Prikker bereits Fresken entwarf. Infolge der Hyperinflation von 1923 im Deutschen Reich gingen diese Mittel verloren. Dies beendete das zweite Neubauprojekt. 1924 gelangte das Wohnhaus Oskar Kühlens auf der Bismarckstraße 97 als dessen Vermächtnis in den Besitz des Städtischen Museums. Dieses Gebäude mit einer Fassade im neogotischen Stil war 1896 vom Architekten Robert Neuhaus errichtet worden. 1926 kam als weiteres Vermächtnis das Wohnhaus Karl Brandts auf der Kaiserstraße hinzu, das deutlich mehr Platz bot. In diesem Gebäude wurde 1928 die Sammlung des Städtischen Museums eröffnet. 1944 fiel das Gebäude den Bombenangriffen auf Mönchengladbach zum Opfer.

Auf Grund der Zerstörung des Karl-Brandt-Hauses wurde ab 1945 bis 1982 das Oskar-Kühlen-Haus als Museumsgebäude genutzt. 1963 beschloss die Stadt Mönchengladbach erneut einen Museumsneubau und beauftragte den Essener Architekten Horst Loy mit Planungen. 1964 kam es allerdings zum Brand der Kaiser-Friedrich-Halle, deren Wiederaufbau die Mittel für den Neubau des Museums verschlang. Von 1972 bis 1982 gelang schließlich der vierte Versuch für die Planung und Realisation eines Neubaus. 1972 genehmigte der Kulturausschuss der Stadt ein Raumprogramm und Hans Hollein erhielt den Auftrag zu einem Vorentwurf und einer städtebaulichen Studie. Am 29. November 1976 erfolgte der erste Spatenstich. 1977 wurde die Baugenehmigung für das Museum erteilt. Im selben Jahr begannen die Rohbauarbeiten und wurde der Grundstein gelegt (26. August 1977). Das Richtfest erfolgte am 1. September 1978. Ein Jahr später, 1979, wurde der Rohbau abgenommen. Im Dezember 1981 erfolgte die Gebrauchsabnahme und am 23. Juni 1982 schließlich die Eröffnung.

Die realisierten Planungen Hans Holleins gelten als „Bauabschnitt I" des Museums. Ein „Bauabschnitt II" war bereits frühzeitig für einen späteren Zeitpunkt geplant. Dieser bis heute nicht realisierte zweite Bauabschnitt soll zwischen Abteistraße und Spatzenberg errichtet werden. Am 6. März 1996 erhielt Hans Hollein den Auftrag der Stadt Mönchengladbach für einen (erneuten) Vorentwurf des zweiten Bauabschnitts, der am 7. Dezember 1998 von der Stadt Mönchengladbach akzeptiert wird. 1999 wurden in Vorbereitung der Erweiterung des Museums die Wohnhäuser zwischen Abteistraße und Spatzenberg abgerissen. 2002 folgte der Abriss des Garagenhofes Abteistraße / Ecke Krichelstraße. Dies ermöglicht einen direkten Durchblick von der Hindenburgstraße zum geplanten neuen Haupteingang. Der Baubeginn wird bislang durch die angespannte Haushaltslage der Stadt Mönchengladbach verzögert.

Von Mitte September 2006 bis November 2007 war das Gebäude wegen Sanierungsarbeiten geschlossen. Die Fassadenelemente und die Haustechnik wurden erneuert, die Innenräume renoviert und die Sammlungen neu arrangiert. Dafür hatte die Stadt Mönchengladbach 4,2 Millionen Euro bewilligt. Die Wiedereröffnung des Museums fand am 4. November 2007 statt. Zwischenzeitlich zeigte das von realities:united entwickelte, wenige hundert Meter entfernte „Museum X" im ehemaligen Schauspielhaus an der Hindenburgstraße sieben Sonderausstellungen zur zeitgenössischen Kunst.

## Überblick der Gebäude des Museums

- 1901–1904 Räume im Rathaus der Stadt Mönchengladbach
- 1904–1925 ehemalige evangelische Volksschule am Fliescherberg (abgerissen)
- 1926–1944 Karl-Brandts-Haus auf der Kaiserstraße (im Zweiten Weltkrieg zerstört)
- 1924–1934 und 1945–1982 Oskar-Kühlen-Haus auf der Bismarckstraße 97
- seit 1982 Städtisches Museum Abteiberg auf der Abteistraße

## Die Architektur des Museums Abteiberg

Das Museumsgebäude entstand im Dialog zwischen dem Architekten Hans Hollein und dem damaligen Museumsdirektor Johannes Cladders. 1972 erhielt der Wiener Architekt den Auftrag zum Vorentwurf und zu einer städtebaulichen Studie. Als Baugrund wurde ein verwaistes Grundstück in Hanglage innerhalb des mittelalterlichen Mönchengladbacher Stadtkerns ausgewiesen. Der realisierte architektonische Entwurf, für dessen Realisation 1976 der erste Spatenstich und 1977 die Grundsteinlegung erfolgte, berücksichtigt drei zentrale Parameter:

1. die topografische Situation,
2. die zum Teil historisch tradierte Bebauung der näheren Umgebung und
3. das kuratorische Konzept, das von Johannes Cladders entwickelt wurde.

Auf die topografische Situation reagiert Hans Holleins Ausgestaltung des Gebäudekomplexes in mehreren Ebenen, wobei südostasiatischen Reisterrassen entlehnte Formen den Übergang in den Park bilden. Die Umgebungsbebauung wird aufgegriffen, durch die Wahl der Fassadenverkleidung einerseits (Sandstein in Anlehnung zum romanisch-gotischen Münster und zur gotischen katholischen Hauptpfarrkirche) und der Aufteilung in synthetisch verbundene Einzelbauglieder andererseits (die sich harmonisch zu den umgebenden Baukörpern verhalten). Das kuratorische Konzept findet sich im Inneren ausgeformt durch miteinander kommunizierende Raumeinheiten, mit zum Teil variablen Wänden. Entgegen dem klassischen Kunstmuseum verzichtet Hans Hollein, in Abstimmung mit Johannes Cladders, auf die tradierte monolithische Großform im Außenbau und der regelmäßigen Raumaufteilung im Inneren. Vielmehr erscheint der Bau offen und ist doch funktional durchdacht.

Das Gebäude ist reich an semantischen Anspielungen, in denen sich jenseits eines unmittelbar ablesbaren Traditionsapparates, ein Bewusstsein für Geschichte ablesen lässt, das auch in freien künstlerischen Arbeiten Hans Holleins eine große Rolle spielt. Der Verwaltungsturm des Museums ist ein Echo der Türme des Münsters und der Hauptpfarrkirche, die Sheddächer der obersten Ausstellungsräume referieren auf die Fabrikarchitektur Mönchengladbach-Rheydts, das im 19. Jahrhundert wegen seiner zahlreichen Bauten der Textilindustrie als „rheinisches Manchester" bezeichnet wurde und der Eingang auf der sogenannten „Plattenebene" bezieht sich auf die Propyläen der Akropolis.

Außer den rein architektonischen Elementen, die ihren Bezug zur Architektur der frühen Wiener Moderne besitzen, hat Hans Hollein außerdem alle innenarchitektonischen Aspekte ausgestaltet - von den Wandverkleidungen über die Beleuchtung bis hin zu den Möbeln.

## Stiftung

Für das Museum wird eine Kunststiftung eingerichtet die es Sammlern einfacher machen soll, dem Museum Kunstwerke zu schenken. Dies hat im November 2009 der Kulturausschusses der Stadt Mönchengladbach entschieden. So will etwa die Aachener Familie Schürmann dem Museum Abteiberg Werke aus ihrer Sammlung schenken. Die Sammler aus Aachen hatten ursprünglich ein Privatmuseum in Düsseldorf geplant, jetzt wollen sie Mönchengladbach Werke der Gegenwartskunst übergeben.

## Literatur

### Zur Sammlung des Städtischen Museums


- Sabine Kimpel-Fehlemann: *Walter Kaesbach-Stiftung. 1922–1937 – Die Geschichte einer expressionistischen Sammlung in Mönchengladbach.* Mönchengladbach 1978.
- Städtisches Museum Abteiberg Mönchengladbach (Hrsg.): *Städtisches Museum Abteiberg Mönchengladbach.* Braunschweig 1982.
- Städtisches Museum Abteiberg Mönchengladbach (Hrsg.): *Sammlung Etzold – Ein Zeitdokument.* Mönchengladbach 1986.
- Städtisches Museum Abteiberg Mönchengladbach (Hrsg.): *Kunst der Gegenwart. 1900 bis 1960.* Bestandskatalog. Fotos: Ruth Kaiser, Mönchengladbach 1988.
- Städtisches Museum Abteiberg Mönchengladbach (Hrsg.): *Kunst der ersten Jahrhunderthälfte. 1900 bis 1960.* Bestandskatalog. Mönchengladbach 1990.
- Museumsverein Mönchengladbach: *Jahresgaben des Museumsvereins. 1972–1991.* Bestandskatalog. Mönchengladbach 1992.
- Städtisches Museum Abteiberg Mönchengladbach (Hrsg.): *Städtisches Museum Abteiberg.* Mönchengladbach 2002.
- Städtisches Museum Abteiberg Mönchengladbach (Hrsg.): *Skulpturengarten. Museum Abteiberg Mönchengladbach.* Mönchengladbach 2003.

### Zur Architektur des Städtischen Museums

- Wolfgang Pehnt, Hans Hollein: *Museum Mönchengladbach. Architektur als Collage.* Frankfurt am Main 1989.
- Museumsverein Mönchengladbach (Hrsg.): *10 Jahre Museum Abteiberg – 90 Jahre Museumsverein.* Mönchengladbach 1992.

## Weblinks

- Offizielle Website des Städtischen Museums Abteiberg Mönchengladbach [1]
- Projektdokumentation MuseumX von realities:united [2]
- Offizielle Website des Museumsvereins Mönchengladbach [3]
- Rheinische Post (2012): Abteiberg - Hort der Avantgarde [4]

## Fußnoten

[1] http://www.museum-abteiberg.de/
[2] http://realities-united.de/#PROJECT,78,1
[3] http://www.museumsverein-moenchengladbach.de/
[4] http://nachrichten.rp-online.de/kultur/abteiberg-hort-der-avantgarde-1.2879450

Koordinaten:
[//toolserver.org/~geohack/geohack.php?pagename=Museum_Abteiberg&language=de&params=51.1927777778_N_6.4330555555
51° 11′ 34″ N, 6° 25′ 59″ O]

# Chelsea_College_of_Art_and_Design

Das **Chelsea College of Art and Design** ist eine Kunsthochschule im Londoner Stadtteil Chelsea, die zur Universität der Künste London gehört und aus der **Chelsea School of Art** hervorgegangen ist. Am Chelsea College of Art and Design werden vor allem Fächer der bildenden Kunst und der angewandten Kunst gelehrt. Die Studenten können Abschlüsse als Bachelor und Master und seit Verleihung des Promotionsrechtes auch den Ph.D. erwerben.

Das Chelsea College of Art and Design entstand aus mehreren Londoner Schulen.

1895 wurde in Chelsea die *South-Western Polytechnic* gegründet, an der vor allem wissenschaftliche und technische Fächer in Tages- und Abendkursen gelehrt wurden. Darüber hinaus wurden auch Kunst, Kunsthandwerk und Musik angeboten. Die Schule wurde 1922 in *Chelsea Polytechnic* umbenannt. Ab Ende der 1920er Jahre wurde das Angebot der künstlerischen Fächer erweitert.

1908 entstand aus der Vereinigung der *School of Art* und der *Hammersmith School of Art* die *Chelsea School of Art.*

1964 wurde die *Chelsea School of Art* mit der Kunst-Fakultät der *Chelsea Polytechnic* zusammengeschlossen und eine „neue" *Chelsea School of Art* gegründet, die 1986 in das *London Institute* integriert und 1989 in *Chelsea College of Art and Design* umbenannt wurde. 2004 erhielt das *London Institute* den Hochschulstatus und wurde in *University of the Arts London* umbenannt.

## Bekannte Lehrer

- 1927–1929: Graham Sutherland, britischer Maler, Lehrer für grafische Techniken
- 1932–1939: Henry Moore, englischer Bildhauer und Zeichner, Leiter der Bildhauerabteilung
- 1948–1960: Bernard Meadows, englischer Bildhauer
- 1958–1965: Lawrence Gowing, britischer Maler und Kunsthistoriker, ab 1964 erster Rektor der „neuen“ Chelsea School of Art
- 1959–1964: Leon Kossoff, britischer Maler
- 1963–1971: Patrick Caulfield, britischer Maler, Illustrator und Pop-Art-Künstler (Student von 1956 bis 1960)
- ab 1964: Anthony Hill, britischer Maler, Grafiker und Reliefkünstler
- 1966–1968: Bernard Cohen, britischer Maler und Grafiker
- seit 1977 (Gastdozent): Richard Deacon, britischer Künstler (Student von 1977 bis 1978)
- seit 1984 (Lehraufträge): Christian Hasucha, deutscher Installationskünstler

## Bekannte Absolventen

- John Berger (* 1926), britischer Schriftsteller, Maler und Kunstkritiker
- Rolf Bier (* 1960), deutscher bildender Künstler
- Quentin Blake (* 1932), englischer Cartoonist, Illustrator und Kinderbuchautor
- Delphine Boël (* 1968), belgische Künstlerin
- Dirk Bogarde (1921–1999), britischer Schauspieler und Schriftsteller
- Edward Burra (1905–1976), britischer Maler
- Jane Campion (* 1954), neuseeländische Filmregisseurin
- Anthony Caro (* 1924), britischer Bildhauer der Moderne
- Leonora Carrington (1917–2011), englische Malerin, Schriftstellerin und Dramatikerin
- Peter Doig (* 1959), schottischer Maler
- Ralph Fiennes (* 1962), britischer Schauspieler
- Sophie Fiennes (* 1967). britische Filmregisseurin und -Produzentin
- Oliver Grajewski (* 1968), deutscher Comiczeichner, bildender Künstler und Illustrator
- David Hockney (* 1937), britischer Maler, Grafiker, Bühnenbildner und Fotograf
- Mark Hosking (* 1971), englischer zeitgenössischer Künstler
- David Kenworthy, 11. Baron Strabolgi (1914–2010), britischer Parlamentarier und Kulturpolitiker
- Anish Kapoor (* 1954), indischer Bildhauer
- Steve McQueen (* 1969), britischer Künstler, Photograph und Regisseur
- Mariko Mori (* 1967), japanische Multimediakünstlerin
- David Nash (* 1945), englischer Bildhauer und Land-Art-Künstler
- Paul Nash (1889–1946), englischer Maler
- Mariele Neudecker (* 1965), deutsche bildende Künstlerin
- Chris Ofili (* 1968), britischer Maler und Bildhauer
- Fiona Pitt-Kethley (* 1954), britische Dichterin, Journalistin und Schriftstellerin
- Alan Rickman (* 1946), britischer Schauspieler und Theaterregisseur
- Elizabeth Shaw (1920–1992), irische Grafikerin und Kinderbuchautorin
- Mark Wallinger (* 1959), britischer Künstler
- Bill Woodrow (* 1948), britischer Bildhauer und Zeichner
- Ossip Zadkine (1890–1967), weißrussisch-französischer Maler und Bildhauer

## Weblinks

- Website der Chelsea School of Art [1]

Koordinaten:
[//toolserver.org/~geohack/geohack.php?pagename=Chelsea_College_of_Art_and_Design&language=de&params=51.4902777778
51° 29′ 25″ N, 0° 7′ 44″ W]

## References

[1] http://www.chelsea.arts.ac.uk/

# Akademie_der_Bildenden_Künste_München

Koordinaten:
[//toolserver.org/~geohack/geohack.php?pagename=Akademie_der_Bildenden_K%C3%BCnste_M%C3%BCnchen&language=de
48° 9′ 11″ N, 11° 34′ 49″ O]

| Akademie der Bildenden Künste München | |
|---|---|
| **Gründung** | 13. Mai 1808 |
| **Trägerschaft** | staatlich |
| **Ort** | München |
| **Bundesland** | Bayern |
| **Staat** | Deutschland |
| **Präsident** | Dieter Rehm |
| **Studenten** | ca. 700 *(2011)* |
| **Website** | www.adbk.de [1] |

Die **Akademie der Bildenden Künste München** ist eine der bedeutendsten[2] und, unter Berücksichtigung der ihr vorausgegangenen Bildungseinrichtungen, auch eine der ältesten Kunsthochschulen Deutschlands.

## Geschichte

Akademie der Bildenden Künste München

Die Vorgeschichte der Akademie geht weit in das 18. Jahrhundert zurück, noch vor die 1770 durch Kurfürst Maximilian III. Joseph gegründete sogenannte „Zeichnungsschule“, die die Bezeichnung „Akademie“ bereits im Namen trug („Zeichnungs Schule respective Maler und Bildhauer academie“). Dies ist bei der scheinbar späten Gründung 1808 durch König Maximilian I. von Bayern als „Königliche Akademie der Bildenden Künste“ zu beachten. Ihr erster Direktor war Johann Peter von Langer, vormals Leiter der Düsseldorfer Kunstakademie. Erster Generalsekretär wurde der Philosoph Friedrich Wilhelm Joseph Schelling.[3] Auf von Langer folgte 1824 Peter von Cornelius. 1886 bezog die Akademie den repräsentativen Neubau in der Akademiestraße/Leopoldstraße beim Siegestor, eine von Gottfried von Neureuther entworfenen, zwischen 1876 und 1885 erbaute pompöse Dreiflügel-Anlage in palastartigem Gründerzeitbau, in dem sie auch heute noch ihren Sitz hat.

Neben ihrer Rolle als Ausbildungsstätte war die Akademie bald auch eine Künstlergesellschaft. Die Landschaftsmaler der ersten Generation (z. B. Max Joseph Wagenbauer, Joseph Wenglein, Johann Jakob Dorner der Jüngere, Simon Warnberger, Franz Xaver von Meixner) waren stilistisch richtungsweisend für die Entwicklung der im Umkreis dieser Akademie beheimateten Münchner Schule, sind jedoch nicht so bekannt geworden wie ihre Nachfolger.

Mitte des 19. Jahrhunderts hatte die *Münchner Akademie* einen weltweit führenden Ruf. Es lehrten hier z. B. die Maler Franz von Defregger und Franz von Stuck sowie die Bildhauer Adolf von Hildebrand und Ludwig Schwanthaler. Student zu dieser Zeit war Franz von Lenbach. Eine Blütezeit erlebte die Akademie unter Wilhelm von Kaulbach († 1874) und seinem Nachfolger Karl Theodor von Piloty († 1886).

Akademie der Bildenden Künste München

Vor allem das spätere Ansehen ihrer Studenten zeigt Münchens Bedeutung um die Jahrhundertwende: Zu den Studenten zählten Lovis Corinth, Otto Mueller, Wassily Kandinsky, Alfred Kubin, Paul Klee, Franz Marc, Richard Riemerschmid, Otto Greiner, Bruno Paul, Giorgio De Chirico und Fritz Schaefler.

Nach dem Ersten Weltkrieg büßte die Akademie rasch ihre Bedeutung ein. Nach der Niederschlagung der Räterepublik in Bayern herrschte in München ein repressives Klima. Für die nationalsozialistische Kulturpolitik war die Akademie nach 1933 eine wichtige Betätigungsstätte. Nationalsozialistische Künstler wie Adolf Ziegler und der Bildhauer Josef Thorak wurden an die Akademie berufen.

Im Zweiten Weltkrieg wurde das Akademiegebäude weitgehend zerstört, wobei umfangreiche Sammlungen von Kunstwerken, Gipsabgüssen und Kostümen sowie das Archiv verloren gingen. Die ausgelagerte Kunstbibliothek blieb weitgehend erhalten und ist heute mit rund 90.000 Bänden eine der besten ihrer Art, allerdings nur zum internen Gebrauch.

Ansicht der Akademie aus der Akademiestraße

1946 wurde die Staatsschule für angewandte Kunst eingegliedert.

Nach 1946 wurde die Akademie durch die Berufung von Franz Xaver Fuhr und Toni Stadler (alle zwei 1946), Charles Crodel (1952), Sep Ruf (1953) und Georg Meistermann (1964) erneuert. 1953 erhält die Akademie ihren heutigen Namen. In den Nachkriegsjahren fiel es der Münchner Akademie dennoch schwer, sich von ihrer nationalsozialistischen Prägung zu lösen und sich der internationalen Moderne anzuschließen.

In den 1950er Jahren bildete sich an der Akademie die Künstlergruppe SPUR. 1968 wurden in der Akademie mehrere Stücke des *Anti-Theaters* um Rainer Werner Fassbinder aufgeführt.

Momentaner Präsident der Akademie ist seit 2010 Dieter Rehm als Nachfolger von Nikolaus Gerhart, Ben Willikens und Wieland Schmied.

Am 26. Oktober 2005 wurde der moderne Erweiterungsbau der Architekten Coop Himmelb(l)au offiziell eröffnet. Dank der von Ben Willikens ins Leben gerufenen „Stiftung der Kunstakademie München“ konnte die Realisierung des Neubaus und die Restaurierung des Altbaus ermöglicht werden.

Der Erweiterungsbau der Akademie

## Lehrangebot

Neben dem klassischen Angebot der Akademie im Bereich *Malerei* und *Bildhauerei* wurde das Lehrangebot der Akademie nach dem Zweiten Weltkrieg erheblich erweitert. Die *Kunstgewerbeschule* und die Ausbildung für das *Lehramt* an Gymnasien wurden eingegliedert. Seit 1978 werden *Innenarchitektur* als Diplom-Studiengang, ab dem WS 2010/11 auch als Bachelor-Studiengang Innenarchitektur und ab dem WS 2013/14 zusätzlich als Master-Studiengang Innenarchitektur angeboten. Ferner gibt es zwei Aufbaustudiengänge (*Architektur* sowie *Bildnerisches Gestalten und Kunsttherapie*).

## Ausstellungsraum

In der AkademieGalerie im U-Bahnhof Universität stellen Studenten und Absolventen der Akademie ihre Werke aus.

## Träger des Debütantenpreises der bayerischen Staatsregierung aus der AdBK München

- 2004: Lena Bröcker, Martin Herler
- 2005: Andrea Faciu, Susanne Wagner
- 2006: Patricia Kaiser, Fumie Sasabuchi, Michael Vogel
- 2007: Karen Irmer, Carsten Recksik

Der Debütantenpreis ist eine Förderung des bayerischen Staatsministeriums für Forschung, Wissenschaft und Kunst

## Preisträger der Stiftung Kunstakademie München

### Lothar-Späth-Preis

- 2002 Farida Heuck mit Schleusernet
- 2003 Nick Boetticher
- 2004 Alexander Laner
- 2005 Shirin Damerji
- 2006 Franka Kaßner

### Manfred-Bischoff-Preis

- 2003 Bernhard Bindl
- 2004 Uta-D. Zimmermann
- 2005 Katharina Gaenssler
- 2006 Frank Hutter
- 2007 Inga Charlotte Taubert

### Laura-und-Lorenz-Reibling-Preis

- 2006 Zhao Bin
- 2007 Uta Gruber-Ballehr
- 2008 Till Schilling

### Graf-Ingram-von-Königsdorff-Gedächtnispreis

- 2006: Susanne Uhl
- 2007: Martha Diglio Hupfer
- 2008: Masayo Oda-Sachs
- 2011: Robin Thomas

### Examenspreis Kunstpädagogik (für herausragende künstlerische Leistungen)

- 2007: Kathrin Thalmann
- 2008: Franz Wanner
- 2009: Katrin Wilhelm, Madelleine Schollerer, Anita Edenhofer
- 2010: Jasmine Dürr, Lisa Degele, Nicola von Thun

## Bekannte Studenten und Professoren

Viele bedeutende Künstler haben in München gelehrt oder studiert. Eine Übersicht befindet sich in der Liste der Angehörigen der Akademie der Bildenden Künste München.

## Siehe auch

- Königliche Kunstgewerbeschule München
- Debschitz-Schule

## Literatur


- *200 Jahre Kunstakademie München*, Nikolaus Gerhart (Hrsg.), Walter Grasskamp (Hrsg.), Florian Matzner, 2008, ISBN 3-7774-4205-4
- Walter Grasskamp und Birgit Jooss (Hrsg.): *Branko Senjor. 60er Jahre – Umbruchsjahre. Fotografien aus der Münchener Kunstakademie.* München / Berlin 2006
- *190 Jahre Akademie der Bildenden Künste München.* Herausgegeben vom Rektor der Akademie der Bildenden Künste München, Text von Walter Grasskamp. Leicht gekürzte Fassung im PDF-Format [4]
- Anna Mary Howitt: *An Art-Student in Munich.* London 1853 Digitalisat Bd. 1 [5]
- Birgit Jooss: *Die „verhängnisvolle Verquickung von produzierendem und lehrendem Künstler" - der Akademiedirektor Peter Cornelius und die „Cornelius-Schule".* In: Cornelius – Prometheus – Der Vordenker. Hrsg. von León Krempel und Anthea Niklaus. München 2005, S.18–31
- Birgit Jooss und Christian Fuhrmeister (Hrsg.): Nationale Identitäten – Internationale Avantgarden. München als europäisches Zentrum der Künstlerausbildung, in: zeitenblicke 5 (2006), Nr. 2, [19. September 2006], URL: http://www.zeitenblicke.de/2006/2/
- Birgit Jooss: *Die „freudige Mitarbeit" der Münchner Kunstakademie an der „nationalen Erhebung des Volkes". Die Jahre 1924 bis 1944.* In: „Gestalt – Form – Figur. Hans Wimmer und die Münchner Bildhauerschule". Hrsg. von Volker Probst, Max Brunner und Adolf Hofstetter, Passau/Güstrow/Berlin 2008, S. 49–60
- Wolfgang Kehr: *Geschichte der Münchner Kunstakademie in Bildern.* München 2008. ISBN 978-3-940666-03-1
- Monika Meine-Schawe: *„... alles zu leisten, was man in Kunstsachen nur verlangen kann". Die Münchner Akademie der bildenden Künste vor 1808.* In: Oberbayerisches Archiv 128 (2004), S. 125–181 Text im

PDF-Format [6]

- Karl Heinz Meißner: *Zur Geschichte der Akademie der bildenden Künste*. In: Die zwanziger Jahre in München. Hrsg. von Christoph Stölzl. München 1979, S. 141–149
- Wolfgang Ruppert: *Der moderne Künstler. Zur Sozial- und Kulturgeschichte der kreativen Individualität in der Kulturellen Moderne im 19. und frühen 20. Jahrhundert*. Frankfurt (Main) 1998
- Wolfgang Ruppert und Christian Fuhrmeister (Hrsg.): *Zwischen deutscher Kunst und internationaler Modernität. Formen der Künstlerausbildung 1918 bis 1968*. Weimar 2007
- Eugen von Stieler: *Die königliche Akademie der bildenden Künste zu München. Festschrift zur Hundertjahrfeier*. München 1909
- Thomas Zacharias (Hrsg.): *Tradition und Widerspruch. 175 Jahre Kunstakademie München*. München 1985

## Weblinks

- Akademie der Bildenden Künste München [7] im *Historischen Lexikon Bayerns*
- Akademie der Bildenden Künste München [8] – Offizielle Webseite
- Die Digitale Edition der Matrikelbücher der Münchner Kunstakademie 1809-1920 mit Einträgen von ca. 13.000 Studenten [9]
- Verzeichnis aktueller Studenten und Absolventen [10]
- Zeitenblicke: Nationale Identitäten - Internationale Avantgarden [11]

## Einzelnachweise

[1] http://www.adbk.de

[2] Birgit Jooss: Matrikel online - Die digitale Edition der Matrikelbücher der Münchner Kunstakademie (1809-1920) (http://www.zikg.eu/main/vortrag/2008/20080416.htm)

[3] Bernhard Lypp (Hrsg.): *Schelling und die Akademie der Bildenden Künste.* Schriftenreihe der Akademie der Bildenden Künste München, Band 6, 2002, ISBN 3-935515-02-2

[4] http://www.klasse-huber.de/akademie.pdf

[5] http://books.google.de/books?id=bHIBAAAAQAAJ

[6] http://www.goethezeitportal.de/fileadmin/PDF/db/wiss/bildende_kunst/meine-schawe_akademie.pdf

[7] http://www.historisches-lexikon-bayerns.de/artikel/artikel_45875

[8] http://www.adbk.de/

[9] http://matrikel.adbk.de

[10] http://www.flachware.de

[11] http://www.zeitenblicke.de/2006/2

# Installation_(Kunst)

Die **Installation** ist in der Bildenden Kunst ein meist raumgreifendes, ortsgebundenes und oft auch orts- oder situationsbezogenes dreidimensionales Kunstwerk. Der im Hinblick auf die Kunst seit Ende der 1970er Jahre gebräuchliche Begriff wird inzwischen auch für frühere raumexpandierende Inszenierungen angewendet.

HA Schult: *Trash People* vor dem Kölner Dom

## Geschichte

Ausgangspunkt der künstlerischen Arbeit ist – ähnlich wie beim Environment der 1950er und 60er Jahre – ein spiritueller oder konzeptueller Ansatz. Im Gegensatz zum Environment, dessen Ansatzpunkt oft die Auseinandersetzung mit der Alltags- und Warenwelt bildete, zielt die Installation aber in der Regel nicht auf eine narrative räumliche Inszenierung, wie sie z. B. bei den Arbeiten von Edward Kienholz zu finden ist.

Verwandt mit der Intervention und der Land Art ist die Installation überwiegend eine dreidimensionale, raumbezogene Kunstform im Innen- und Außenraum und ermöglicht die Verwendung jeglichen Materials, wie auch von Zeit, Licht, Klang und Bewegung im Raum – siehe Lichtkunst, Klangkunst, Medienkunst und Kinetik.

Installationen werden regelmäßig auf den großen Gruppenausstellungen wie der Biennale von Venedig und der documenta in Kassel gezeigt.

Die Kunstgeschichte betrachtet heute als erste Installationen im vorgenannten Sinn Raumgestaltungen und -konzepte der ersten Hälfte des 20. Jahrhunderts wie beispielsweise die Inszenierung von Piet Mondrians inzwischen abgerissenem Atelier (1921–1936, Paris, Montparnasse, rue du Départ), von El Lissitzkys Prounen-Raum (1923) oder seinem Kabinett der Abstrakten (1928), des Weiteren auch den speziell für Claude Monets grossformatige Seerosengemälde konzipierten runden Raum im Musée de l'Orangerie (1927, Paris). Direktere Vorgänger heutiger Installationen sind Kurt Schwitters während des 2. Weltkrieges zerstörter Merzbau (1923–1936/37, Hannover) und Oskar Schlemmers nicht verwirklichtes Lackkabinett (1940).

Gregor Schneiders *Totes Haus u r 1985-Gegenwart* zählt zu der bedeutendsten existierenden Rauminstallation der Gegenwart.

## Liste von Installationskünstlern

Diese Liste erhebt keinen Anspruch auf Vollständigkeit.

Peter Struycken: Lichtinstallation, Rotterdam

Kurt Fleckenstein Fitness

Die "Wächter der Zeit" von Manfred Kielnhofer vor dem Französischen Dom am Berliner Gendarmenmarkt während des Festival of Lights 2011

Dagmar Schmidt, GRABUNGSSTAEDTE, Halle-Silberhöhe

- Marina Abramovic
- Vito Acconci
- Georges Adéagbo
- Paweł Althamer
- Kutlug Ataman
- Mary Bauermeister
- Lothar Baumgarten
- Joseph Beuys
- Barbara Bloom
- Christian Boltanski
- Eberhard Bosslet
- Louise Bourgeois
- Noam Braslavsky
- Joan Brossa
- Tania Bruguera
- Klaus vom Bruch
- Daniel Buren
- Maurizio Cattelan
- Jake und Dinos Chapman
- Christo und Jeanne-Claude
- Com&Com
- Heiko Daxl
- Wim Delvoye
- Patrick Dougherty
- Yingmei Duan
- Marcel Duchamp
- Lukas Duwenhögger
- Mo Edoga
- Ólafur Elíasson
- Tracey Emin
- Shahram Entekhabi
- Ayse Erkmen
- Chohreh Feyzdjou
- Peter Fischli und David Weiss
- Dan Flavin
- Kurt Fleckenstein
- Forced Entertainment, Künstlergruppe
- Claus Föttinger
- Ingeborg Fülepp
- Norberto Fuentes
- Jens Galschiot
- Johannes Gees
- Rolf Glasmeier
- Robert Gober
- Félix González-Torres
- Jean-François Guiton
- Ragani Haas
- Christine Hill
- Shigeko Hirakawa
- Susan Hiller
- Thomas Hirschhorn
- Damien Hirst
- Gottfried Helnwein
- Carsten Höller
- Nan Hoover
- Franka Hörnschemeyer
- Emily Jacir
- Ruediger John
- Ilja Kabakow
- Junichi Kakizaki
- Anish Kapoor
- Ulrike Kappler
- Mike Kelley
- Edward Kienholz
- Martin Kippenberger
- Hans Kotter
- Susanne Kutter
- Peter Land
- Ulrich Langenbach
- Michael Laube
- Richard Long
- Ingeborg Lüscher
- Maksim Mamsikov
- Raoul Marek
- Rita McBride
- Cildo Meireles
- Gerda Meyer-Bernstein
- Stefan Micheel
- Gianni Motti
- Juan Muñoz
- Nachtmann-Silies
- Jürgen O. Olbrich
- Andreas Oldörp
- Dennis Oppenheim
- Tony Oursler
- Nam June Paik
- Panamarenko
- Cornelia Parker
- Giuseppe Penone
- Patricia Pisani
- Paola Pivi
- Lars Ramberg
- Tita do Rego Silva
- Jason Rhoades
- Karla Sachse
- Dagmar Schmidt
- Nicolaus Schmidt
- Ira Schneider
- Gregor Schneider
- Lara Schnitger
- Robert Smithson
- Pia Stadtbäumer
- Christoph Steffner
- Joulia Strauss
- Annelies Štrba
- Hermann Zwi Szajer
- James Turrell
- Helmut Tollmann
- Urs-Peter Twellmann
- Nils-Udo
- Costa Vece
- Bill Viola
- Not Vital
- Wolf Vostell
- Franz Erhard Walther
- Jörg Wiele
- Sarkis Zabunyan
- Zimoun
- Annett Zinsmeister

## Siehe auch

- Environment
- Videokunst
- Klangkunst
- Fluxus

## Literatur

- Sotirios Bahtsetzis: *Geschichte der Installation. Situative Erfahrungsgestaltung in der Kunst der Moderne.* Dissertation, TU Berlin 2005 (Volltext [1])
- Mark Rosenthal, *Understanding Installation Art*, St. Gallen 2005 (Zusammengefasster Text online) [2]

## Weblinks

- Dossier: Raumbezogene Installation in Deutschland [3] des Goethe-Instituts
- Kurzeinführung in die Installationskunst, inkl. Bibliografie, Glossar und diversen Weblinks [4]; Broschüre des Irish Museum of Modern Art (engl.)

## References

[1] http://nbn-resolving.de/urn:nbn:de:kobv:83-opus-13057
[2] http://www.visarteost.ch/-/exex/projekte/rosenthal_understanding_installation.pdf
[3] http://www.goethe.de/installation
[4] http://www.imma.ie/en/downloads/what_is_installationbooklet.pdf

# Bildhauerei

Der Begriff **Bildhauerei** umfasst das ganze Feld der Herstellung von Skulpturen und Plastiken in Kunst und Kunsthandwerk.

Allegorie der Bildhauerei, Skulptur von Johannes Benk am Kunsthistorischen Museum in Wien

## Wortherkunft und -verwendung

Das Wort steht daher für:

- das Werk eines *Bildhauers*
- die Gattungsbezeichnung für dreidimensionale Kunstwerke, seien es Vollplastiken oder Reliefs, aus festen Materialien (*Bildwerke* der bildenden Kunst)
- die Bezeichnung für eine Werkstätte oder Unternehmen, das derartige dauerhafte Arbeiten ausführt

Ursprünglich bezeichnet der Begriff Bild*hauer* nur den *Skulpteur* (Skulpturenmacher), aber der Begriff des *Modelleurs* (Verfertiger von Plastiken) ist darin aufgegangen, als sich der Modellbegriff im Laufe der Neuzeit veränderte. Im deutschen Sprachgebrauch unterteilt man die Bildhauerei durch Lehnwörter in *Skulptur* als das subtraktive, welches Materie wie zum Beispiel Marmor, Sandstein oder Holz abträgt und Plastik als das additive Arbeiten, welches Materie wie zum

Beispiel Ton, Wachs oder Gips anträgt. Eine Erweiterung erfuhr das bildhauerisch-plastische Arbeiten in der Moderne mit dem künstlerisch-kreativen Zusammenfügen ganz verschiedener Materialien in der Objektkunst. Die Methode der Assemblage ist hier hervorzuheben.

Der Bildhauer *„ist ein Künstler, der mit dem Hammer, Schlägel, Meißel und Messer, nach einem vorgezeichneten Risse, oder wirklichen Original, und nach einem in Wachs, Ton oder Gyps* [sic] *gemachten Modell, in Steine, Sand, Marmor, Alabaster, Holz, Metall etc. Bilder schnitzet, hauet, gräbt und schneidet."* (Zitat aus Oeconomische Encyclopädie von Johann Georg Krünitz[1] )

## Bildhauerei als Werk eines Bildhauers

Bildhauer, sein Werk erschaffend

Schon in der Altsteinzeit gaben Menschen Steinen eine Form. Diese Faustkeile wurden zwar als Werkzeuge geschaffen, können jedoch streng genommen als die ersten Skulpturen der Menschheitsgeschichte angesehen werden (siehe auch Venus vom Hohlen Fels, Löwenmensch). Steinschlagen zu ornamentalen Zwecken wurde jedoch erst in der späten Jungsteinzeit aufgenommen. Im Laufe der Jahrtausende wurden Alltagsutensilien immer aufwendiger gestaltet, da sie nicht mehr nur ihren eigentlichen Zweck erfüllen sollten, sondern auch der Zierde dienten. Cro-Magnon-Menschen benutzten dann bereits Gravierwerkzeuge wie Stichel, um Knochen und Elfenbein zu gravieren und zu skulptieren. Es wurden auch leichter zu bearbeitende Materialien wie Ton oder Holz verwendet, allerdings sind diese Artefakte heute größtenteils nicht mehr erhalten. Beispielhaft für die plastische Gestaltungskunst des frühen modernen Menschen sind die Knochen- und Elfenbeinskulpturen des Aurignacien im Lohne-Tal, die Frauenstatuetten des Gravettien oder die Reliefs des Magdalénien (Bisondarstellungen in den Volp-Höhlen).

Auch die Pharaonen im alten Ägypten ließen kleinere und größere Skulpturen aus wertvollen Gesteinen wie Lapislazuli und Jaspis fertigen, wie auch als Beigabe zu den Grabstätten. Die wichtigsten Werkzeuge basierten auf härteren Steinsorten und oder bestanden aus Holz; diese wurde vielseitig eingesetzt, so als Untersatz zum Rollen oder Ziehen schwerer Steinblöcke, als Griff an den Werkzeugen oder zum Absprengen von Steinfragmenten, indem man es mit Wasser übergoss und die Raumausdehnung in einer Fuge nutzte.

Im Antiken Griechenland schuf man lebensnahe Statuen aus Marmor und Ton, die leider zu einem Großteil nicht erhalten geblieben sind; von einigen Werken sind aber römische Kopien bekannt.

Im fernen Osten dagegen wurde eher mit Jade, Elfenbein und Bronze gearbeitet. Das Motiv waren oft Tiere, wie beispielsweise Pferde, Büffel, Bären, Nashörner, Elefanten und Tiger. In Nordamerika töpferten Indianer neben Tiermodellen auch Gegenstände für den täglichen Gebrauch, wie Schalen, und Musikinstrumente aus Ton. Bemerkenswerte Beispiele der Bildhauerei sind in der hethitischen Steinmetzwerkstatt von Yesemek in der Türkei zu sehen.

Im Altertum wurde das Spektrum der Bearbeitungsverfahren dann um den Guss von Metallen in vorgefertigte Formen erweitert. Während des europäischen Mittelalters benutzte man bereits eine Vielzahl von Werkzeugen, die in ähnlicher Form auch noch heute verwendet werden.

## Bildhauerei als Gattungsbezeichnung

Die Bildhauerei ist eine der ältesten bildenden Künste der Kulturgeschichte. Der Unterschied von bildhauerischen Arbeiten zur Malerei besteht in der Dreidimensionalität der Kunstwerke. In der Bildhauerei werden Formen und Gebilde unter Verwendung verschiedener Materialien und durch unterschiedliche Bearbeitungstechniken von Bildhauern räumlich erfahrbar gemacht. Die geschaffenen Skulpturen oder Plastiken können realistisch darstellen, die Realität kreativ verändern oder völlig abstrakt sein. Die Bandbreite der verwendeten Materialien reicht von klassischen Stoffen, wie Stein, Holz, Elfenbein, Metall, Ton und Gips, über Glas, diverse Kunststoffe bis hin zu Textilien und Papier. Synonyme Bezeichnung für den Holzbildhauer ist (Holz-)Bildschnitzer.

Je nach räumlicher Ausformung unterscheidet man Vollplastik, Hochrelief und Flachrelief. Diese Formen des Reliefs können mit Architektur und Baukunst verbunden sein. Denkmäler sind sich an antiken Vorbildern orientierende selbständige Plastiken und Architekturen mit städtebaulichem Bezug oder in Parklandschaften. Hier schließen moderne Installationen, Rauminstallationen, Land-Art oder auch die Konzeptkunst an.

*Hauen* ist auch die alte Bezeichnung für die dreidimensionale Treibarbeit von Kupferblechen, die bei Monumentalausführungen von tragenden Gerüsten stabilisiert wird. Die Treibtechnik wird auch als die alte Gürtlertechnik bezeichnet. Daher hat sich der Begriff der Bildhauerei auch auf monumentale Treibarbeiten ausgedehnt sowie auf die Werkstätten und Firmen, die solche ausführen (*Metallbildhauerei* oder *Formschmiede*).

Im Gegensatz dazu wird in den Kunstgießereien das flüssige Metall, zumeist Bronze, zum vom Bildhauer entworfenen Modell und danach in der Gießerei geschaffenen Gussform vergossen. Dabei werden meist die Techniken des Sandgusses und des Wachsgusses verwendet.

## Herausragende Bildhauer

- Phidias (5. Jh. v. Chr.), attischer Bildhauer, maßgebend beteiligt an den Skulpturen des Parthenon.
- Polyklet (um 480 v. Chr. bis gegen Ende 5. Jh. v. Chr.), griechischer Bildhauer, bekannt wegen seiner Bronzebildwerke.
- Praxiteles (4. Jh. v. Chr.), griechischer Bildhauer, wohl bedeutendster Bildhauer der Spätklassik.
- Niccolò Pisano (1205/07–1278), italienischer Bildhauer, bedeutender Vertreter der mittelalterlichen Bildhauerei.
- Donatello (um 1386–1466), italienischer Bildhauer, Meister der italienischen Bildhauerkunst der Frührenaissance.
- Veit Stoß (um 1447–1533), Meister der deutschen Spätgotik.
- Tilman Riemenschneider (1460–1531), Meister der deutschen Renaissance.
- Michelangelo (1475–1564), italienischer Bildhauer, Hauptmeister der Hochrenaissance.
- Benvenuto Cellini (1500–1571), Bildhauer des italienischen Manierismus.
- Gian Lorenzo Bernini (1598–1680), Bildhauer des italienischen Barock.
- Antonio Canova (1757–1822), italienischer Bildhauer, führender Vertreter des italienischen Klassizismus.
- Johann Gottfried Schadow (1764–1850), deutscher Bildhauer, wichtiger Vertreter des deutschen Klassizismus.
- Bertel Thorvaldsen (1770–1844), dänischer Bildhauer, führender Vertreter des europäischen Klassizismus
- Auguste Rodin (1840–1917), französischer Bildhauer, Wegbereiter der modernen Bildhauerei.
- Aristide Maillol (1861–1944), französischer Bildhauer, Wegbereiter der modernen Bildhauerkunst
- Ernst Barlach (1870–1938), deutscher Bildhauer, Vertreter des Realismus und Expressionismus.
- Constantin Brâncuşi (1876–1957), rumänischer Bildhauer, Wegbereiter der modernen Plastik.
- Marcel Duchamp (1887–1968), französisch-amerikanischer Objektkünstler
- Alexander Calder (1898–1976), US-amerikanischer Bildhauer der Moderne, kinetische Kunst.
- Henry Moore (1898–1986), britischer Bildhauer, Durchbruch zur Abstraktion.
- Marino Marini (1901–1980), italienischer Bildhauer der Moderne
- Alberto Giacometti (1901–1966), schweizerischer Bildhauer, bedeutender Vertreter der Plastik des Surrealismus.
- Fritz Wotruba (1907–1975), österreichischer Bildhauer, exponierter Vertreter geometrischer Abstraktion.

- Eduardo Chillida (1924–2002), baskischer Bildhauer
- Sol LeWitt (1928–2007), US-amerikanischer Bildhauer, ein Hauptvertreter des Minimalismus
- Richard Serra (* 1939), US-amerikanischer Bildhauer, führender Vertreter des Minimalismus in der Plastik.
- Bruce Nauman (* 1941), US-amerikanischer Bildhauer und Konzeptkünstler
- Anish Kapoor (* 1954), indischer Bildhauer, Vertreter der Monumentalkunst.

## Siehe auch

- Liste von Bildhauern
- Berliner Bildhauerschule
- Bronzeguss
- Skulptur
- Plastik
- Skulptur.Projekte
- Direct carving
- Bildhauer in Gröden

## Literatur


- Philippe Clérin: *Das große Buch des Modellierens und Bildhauens*, Bern 2003, ISBN 3-258-06222-6
- Eduard Trier: *Moderne Plastik von Auguste Rodin bis Marino Marini*, Verlag Gebr. Mann Berlin 1954, 103 Seiten
- Eduard Trier: *Bildhauertheorien im 20. Jahrhundert*, Verlag Mann, Berlin 1999, ISBN 3-786-11879-5
- Dietrich Mahlow: *100 Jahre Metallplastik*, 2 Bände, Metallgesellschaft AG, Frankfurt 1981; ISSN 0369-2345
- Georg Kaspar Nagler: *Die Monogrammisten und diejenigen bekannten und unbekannten Künstler aller Schulen, welche sich zur Bezeichnung ihrer Werke eines figürlichen Zeichens, der Initialen des Namens, der Abbreviatur desselben &c. bedient haben. Mit Berücksichtigung von Buchdruckerzeichen, der Stempel von Kunstsammlern, der Stempel der alten Gold- und Silberschmiede, der Majolicafabriken, Porcellan-Manufacturen u.s.w. Nachrichten über Maler, Zeichner, Bildhauer, Architekten, Kupferstecher, Formschneider, Briefmaler, Lithographen, Stempelschneider, Emailleure, Goldschmiede, Niello-, Metall- und Elfenbein-Arbeiter, Graveure, Waffenschmiede u.s.w. Mit den rasonirenden Verzeichnissen der Werke anonymer Meister, deren Zeichen gegeben sind, und der Hinweisung auf die mit Monogrammen oder Initialen bezeichneten Produkte bekannter Künstler ... auch Ergänzung ... des Neuen allgemeinen Künstler-Lexicons, und Supplement zu den bekannten Werken von A. Bartsch, Robert-Dumesnil, C. le Blanc, F. Brulliot, J. Heller u.s.w.*
  - *Erster Band* [2], München: Georg Franz, 1858
    - auch als Nachdruck ab 1991 erhältlich[3]


## Einzelnachweise

[1] Oeconomische Encyclopädie (http://www.kruenitz1.uni-trier.de/home.htm), Universität Trier

[2] http://books.google.de/books?id=fSpJAAAAcAAJ&pg=PA505&dq=nagler+monogrammisten+guttenberg&hl=de&sa=X&ei=j_cbT5vuFI2SOpGv0bkL&ved=0CDYQ6AEwAA#v=snippet&q=albert%20christop%20reindel&f=false

[3] Angaben (https://portal.dnb.de/opac.htm?query=Die+Monogrammisten+und+diejenigen&method=simpleSearch) der Deutschen Nationalbibliothek

# Malerei

Die **Malerei** zählt neben der Architektur, der Bildhauerei, der Grafik und der Zeichnung zu den klassischen Gattungen der bildenden Kunst. Malerei ist das Anbringen von Farben mittels Pinsel, Spachtel oder anderer Gegenstände auf einen Farbträger. Neben der Tafel- und Wandmalerei unterscheidet man ferner die Glas- und Buchmalerei, des Weiteren die kunstgewerblichen Malereien auf Ton oder Keramik (z. B. Griechische Vasenmalerei).

*Las Meninas*, Diego Velázquez, 1656–1657

## Vorgeschichte

Das älteste Zeugnis der Malerei sind die Höhlenmalereien mit Tierdarstellungen aus der letzten Eiszeit und dem Jungpaläolithikum.

Höhlenmalerei aus Lascaux

Malereien und Zeichnungen, aber auch Reliefs und Plastiken, sind als künstlerische Ausdrucksformen aus der Zeit von vor 35.000 bis 10.000 Jahren bekannt. Europäische Höhlenmalereien wurden vor allem in Spanien und Frankreich entdeckt, so die Wandbilder in der Höhle von Lascaux in Südfrankreich im Jahr 1940. Sie zeigen Tiermotive. Rinder, Hirsche und Pferde wurden in beeindruckender Weise dargestellt und gehören zu den ältesten bekannten Malereien der Menschheit.

Bei den Kulturen in Vorderasien war die Malerei, und wohl besonders die Wandmalerei sicherlich auch einst weit verbreitet, doch ist relativ wenig erhalten geblieben. Aus dem Palast von Mari stammen einige Beispiele, aus den Palästen der Hethiter gibt es zahlreiche Fragmente, die aber kaum ein Bild der einst vorhandenen Bemalung erlauben. Von den Assyrern sind schließlich weitere Beispiele, vor allem von Wandmalerei bekannt.

Auch aus Afrika, Asien und Australien sind frühe Felsmalereien bekannt. Im Nahen Osten gibt es schon für das Neolithikum zahlreiche Belege für frühe Malereien. Hier ist vor allem das Aufkommen von bemalter Keramik und die Wandmalerei zu nennen. Zahlreiche Reste von Wandmalereien fanden sich in Çatalhöyük (heutige Türkei) und datieren um 6000 v. Chr.

## Altertum

Später begegnet uns die Malerei im Orient (ab 10.000 v. Chr.) und in Ägypten (ab 3000 v. Chr.) als Wandmalerei, in der Minoischen Kunst auf Kreta (2000 v. Chr.) als Freskomalerei.

Die Malerei der alten Ägypter ist vor allem von Wandmalereien aus Grabkapellen, von Särgen und von der Bemalung von Totenbüchern bekannt.

Im 3. Jahrhundert nach Christus bezeichnete der griechische Schriftsteller Philostratos die Malerei als eine Erfindung der Götter (*Eikones 1*). Durch diese und andere Aussagen antiker Autoren ist bezeugt, dass die Malerei besonders hoch angesehen war, höher sogar als die Bildhauerei. In dem antiken Griechenland wurde als Bildträger hauptsächlich Holz verwendet, außerdem Stein, Ton und Stuck. Die Verwendung von Elfenbein, Glas und Leinwand tritt kaum auf, jedoch sind nur wenige Reste der antiken griechischen Malerei erhalten. Nach dem Untergang der minoisch-mykenischen Kultur mit ihrer qualitätvollen Freskomalerei (zum Beispiel Knossos) setzte die griechische Wandmalerei erst wieder im 8. Jh. v. Chr. ein.

Die Anzahl und die Art der archäologischen Zeugnisse der römischen Malerei unterscheiden sich wesentlich von der griechischen Malerei. Erhalten sind zahlreiche Zeugnisse römischer Wandmalerei, wobei es offensichtlich ein römisches Phänomen ist und nicht etwa nur Zufall der Überlieferungssituation. Plinius beklagt in seinen *naturalia historia 35, 118* den eindeutigen Wechsel von der Tafel- zur Wandmalerei.

## Mittelalter

Die Malerei der Antike überlebte vor allem in den Wandmalereien der Kirchen und Vignetten von Büchern. So war im Mittelalter die Buchmalerei von überragender Bedeutung. Die Tafelmalerei als Malerei auf eigenständigem Maluntergrund – wie Holztafel oder später Leinwand – entwickelte sich erst im Mittelalter.

Die europäische Malerei war bis ins Mittelalter, den Auftraggebern entsprechend, fast ausschließlich religiös geprägt. Es kam zur Ausmalung von Kirchen und Klöstern und zur Ausschmückung von Kirchenchören und Andachtskapellen mit Altarbildern. Andere Sujets wie Porträtmalerei, Genrebilder, Landschaftsmalerei oder Stillleben kamen erst im späten Mittelalter und in der Malerei der Renaissance hinzu.

## Neuzeit

### Renaissance und Barock

Tizian, Kaiser Karl V. nach der Schlacht bei Mühlberg, 1548

Eine bedeutende Entwicklung nahm die Malerei in der Renaissance mit der nachhaltigen Weiterentwicklung der Techniken der Ölmalerei, der Zentralperspektive, der Darstellung allegorischer Motive der Antike und bei der Betonung individueller Charaktere in der Menschendarstellung unter Zuhilfenahme der Kenntnisse der Anatomie.

Jan van Eyck (um 1390–1441) schuf erstmals selbständige Bildnisse und Porträts; Albrecht Dürer (1471–1528) malte 1493 das erste bekannte autonome Selbstbildnis in Europa; Albrecht Altdorfer (um 1480–1538) machte als erster Maler die Landschaft zum Hauptthema.

Vor allem die italienische Malerei der Hochrenaissance in den Städten Florenz, Venedig und Rom brachte bedeutende Werke der Maler Leonardo da Vinci (1452–1519), Michelangelo (1475–1564), Raffael (1483–1520) und Tizian (1477–1576) hervor, die in Perspektive, Form, Farbe, Ausdruckskraft und malerischer Brillanz beispielgebend sind und die Bildende Kunst Europas bis heute nachhaltig beeinflusst haben.

Im 17. Jahrhundert, dem beginnenden Zeitalter des Barock, malten zahlreiche niederländische Maler Stillleben. Jan Vermeer (1632–1675) war zur selben Zeit ein Meister der Vedutenmalerei und Genremalerei. Weitere bedeutende Maler sind in Italien Michelangelo da Caravaggio, in Spanien El Greco und Diego Velázquez, in Frankreich Nicolas Poussin und Claude Lorrain, und in den Niederlanden Peter Paul Rubens und Rembrandt, der als Meister des Chiaroscuro (*Helldunkel*) gilt.

## Moderne

Mit dem Aufkommen der Fotografie musste sich die Malerei neuen Herausforderungen und Aufgaben stellen, die nicht ohne Einfluss auf ihre Entwicklung im 19. Jahrhundert blieben. Bis Mitte des 19. Jahrhunderts entstanden die Bilder überwiegend in Künstlerateliers. Das Braith-Mali-Museum in Biberach an der Riß beherbergt solche Originalateliers.

Kubistisches Bild von Juan Gris (1916), *Les raisins*

Mit den französischen Malern des Impressionismus beginnt die Freilichtmalerei. Zu dieser Richtung gehören Camille Pissarro (1830–1903), Édouard Manet (1832–1883), Edgar Degas (1834–1917), Paul Cézanne (1839–1906), Alfred Sisley (1839–1899), Claude Monet (1840–1926), Berthe Morisot (1841–1895) und Pierre-Auguste Renoir (1841–1919). Paul Cézanne kann schon, wie in gewissem Maße auch Vincent van Gogh, Paul Gauguin und Edvard Munch, als Wegbereiter der Moderne bezeichnet werden. Gerade Cézannes Werke markieren den Übergang, löst er sich doch zunehmend von der Wiedergabe der Realität und wendet sich den Mitteln der Malerei, der reinen Form und Farbe, zu.

Wichtige Strömungen der Moderne sind in der ersten Hälfte des 20. Jahrhunderts der Fauvismus, der Kubismus, der Dadaismus, der Surrealismus und die Russische Avantgarde. Nationale Besonderheiten sind der Expressionismus und die Neue Sachlichkeit (Deutschland), der Futurismus (Italien), der Kubo-Futurismus, Konstruktivismus und der Suprematismus (Russland) sowie der Vortizismus (England). Eine weitere Entwicklung der Kunst der Moderne ist die Abstrakte Malerei, die sich wiederum in Form unterschiedlicher Stile darstellt. Weitere wichtige Stilrichtungen des 20. Jahrhunderts sind der Tachismus und weitgehend nach 1950 das Informel.

## Postmoderne und zeitgenössische Kunst

Bedeutende Kunstströmungen der zweiten Hälfte des 20. Jahrhunderts sind der amerikanische Abstrakte Expressionismus und der Minimalismus. Die von Großbritannien ausgehende Pop Art erlebte insbesondere in den USA ihre Höhepunkte. Parallel entwickelten sich Fluxus, Happening und Performance. Neben all diesen Strömungen entwickelte sich auch ein moderner Realismus, für den beispielhaft der Fotorealismus steht.

In Anbetracht der Entwicklung der Kunstauffassung und beispielsweise des Minimalismus und der Konzeptkunst wurde vielfach und voreilig das Ende der Malerei ausgerufen, bis schließlich die „ Neuen Wilden“ bzw. „Jungen Wilden“ in den 1980er Jahren die Kunstszene eroberten und die Malerei eine Neubelebung erfuhr, zum Beispiel durch die auch kommerziell erfolgreichen postmodernen Realisten („Kapitalistischer Realismus“) und Ironikern Martin Kippenberger, Gerhard Richter und Sigmar Polke. Zu Beginn des 21. Jahrhunderts behauptet sich die Malerei neben vielen anderen Kunstformen (einschließlich digitaler Medien, Rauminstallation, Videokunst) – bedingt auch durch einen Kunstmarkt, der weiterhin nach (repräsentativen) handwerklich hergestellten Tafelbildern verlangt – weiterhin als zeitgenössisches künstlerisches Medium. Sie steht für eine Nachfrage nach vermeintlicher „Authentizität“ und der Figur des Künstler-Genies.

Der Malerei haben sich weiterhin viele junge – eher wieder realistisch, gegenständlich malende – Künstler verschrieben (siehe: Neue Leipziger Schule).

Legendäre Maler wie Kasimir Malewitsch, Pablo Picasso (1881–1973), Piet Mondrian (1872–1944) haben die Malerei des 20. Jahrhunderts künstlerisch entscheidend geprägt.

Bedeutende Maler nach 1945 sind neben vielen anderen: Andy Warhol, Robert Rauschenberg, Frank Stella, Barnett Newman, Jasper Johns, Asger Jorn, Georg Baselitz, Jörg Immendorff, Sigmar Polke, Martin Kippenberger, Albert Oehlen, Markus Oehlen, Jackson Pollock, Günther Förg, Gerhard Richter, Wolf Vostell und Imi Knoebel.

Aus soziologischer Sicht gehört die breite Masse an Malern besonders oft zu den Working Poor, das heißt zu den Personen, die trotz Arbeit in Armut leben.[1]

## Maltechniken

Maltechniken des Altertums

Die bevorzugten Maltechniken im Altertum waren die Enkaustik und die Temperamalerei. Es wurde auf Holz, Ton (Vasenmalerei), Stein oder auf den frischen Putz gemalt (siehe Freskenmalerei). Aufgrund der geringen Menge von archäologischen Zeugnissen lässt sich das Farbenspektrum der Antike nur sehr unzureichend rekonstruieren. Es wurde jedoch beobachtet, dass sich die Farben Rot und Blau am besten erhalten haben. (Näheres siehe im Artikel → Malerei der Antike)

## Schutzpatron

Der Evangelist Lukas ist der Schutzpatron der Kunstmaler.

## Siehe auch

- Straßburger Manuskript, Trattato della Pittura, Abstrakte Malerei, Harmonie (Malerei), Digitales Malen
- Kategorien:
  - Techniken der Malerei
  - Stilrichtungen in der Malerei
  - Artikel über Maler (und die alphabetische Liste von Malern)
  - Artikel über Gemälde
  - Kategorie:Bildende Kunst

## Literatur

Allgemeines

- Wendy Beckett: *Die Geschichte der Malerei. 8 Jahrhunderte in 455 Meisterwerken.* Verlag K. Müller, Köln 2004, ISBN 3-89893-387-3.
- Ernst Gombrich: *Die Geschichte der Kunst.* Phaidon, Berlin, ISBN 978-0-7148-9137-8
- Egon von Vietinghoff: *Handbuch zur Technik der Malerei.* DuMont, Köln 1983, ISBN 3-7701-1519-8

Altertum

- Hugo Blümner: *Technologie und Terminologie der Gewerbe und Künste bei Griechen und Römern.* Olms, Hildesheim 1995, ISBN 3-487-02384-9 (4 Bde., Repr. d. Ausg. Leipzig 1884), *Siehe Bd. 3, S. 159–187.*
- Vinzenz Brinkmann (Hrsg.): *Bunte Götter. Die Farbigkeit antiker Skulptur.* Staatliche Antikensammlungen und Glyptothek, München 2003, ISBN 3-933200-08-3 (Ausstellungskatalog)
- Vinzenz Brinkmann: *Die Polychromie der archaischen und frühklassischen Skulptur.* Biering & Brinkmann, München 2003, ISBN 3-930609-19-3
- Valentina Manzelli: *La policromia nella statuaria greca arcaica.* L'Erma, Rom 1994, ISBN 88-7062-854-X.

- Harald Mielsch: *Römische Wandmalerei*. Theiss, Stuttgart 2001, ISBN 3-8062-1632-0.
- Ingeborg Scheibler: *Griechische Malerei der Antike*. Beck, München 1994, ISBN 3-406-38492-7.
- Monika Trümper: *Griechische Malerei*. In: Tonio Hölscher: *Klassische Archäologie Grundwissen*. Theiss, Stuttgart 2002, ISBN 3-8062-1653-3, S. 277–292.
- Annegret Laabs/Uwe Gellner, (Hg.): "Heute: Malerei", JOVIS Verlag Berlin 2012, ISBN 978-3-86859-247-4


## Einzelnachweise

[1] laut dem Mikrozensus: Armut trotz Erwerbstätigkeit (http://web.archive.org/web/20070610213019/http://www.gesis.org/Dauerbeobachtung/GML/Service/Veranstaltungen/Nutzerkonferenz2003/paper/text_Strengmann-Kuhn.pdf) Download am 25. September 2012

# Havel

**Havel**

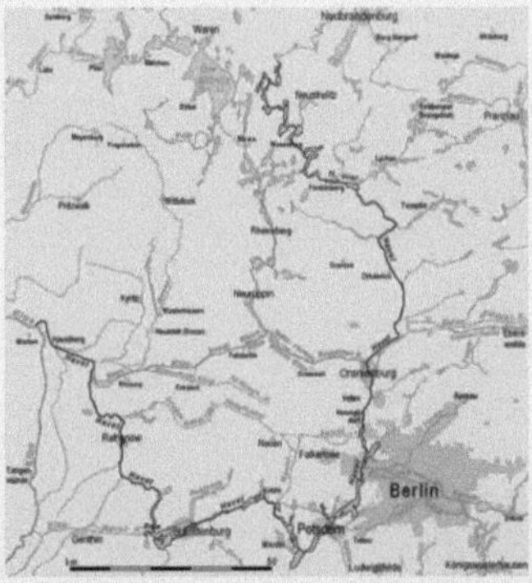


Flussläufe der Havel (dunkelblau) und des Rhin (blaugrün)

| Daten | |
|---|---|
| Gewässerkennzahl | DE: 58 |
| Lage | Mecklenburg-Vorpommern, Brandenburg, Berlin und Sachsen-Anhalt |
| Flusssystem | Elbe |
| Abfluss über | Elbe → Nordsee |
| Flussgebietseinheit | Elbe |
| Quelle | Bei Ankershagen (MV) [//toolserver.org/~geohack/geohack.php?pagename=Havel&language=de&params=53.4677777778_N_12.9355555556_E_region:DE-MV_type:waterbody&title=Quelle+Havel 53° 28′ 4″ N, 12° 56′ 8″ O] |
| Quellhöhe | 62.6 m ü. NN |
| Mündung | Bei Werben (Elbe) (LSA) in die ElbeKoordinaten: [//toolserver.org/~geohack/geohack.php?pagename=Havel&language=de&params=52.8752777778_N_12.0044444444_E_region:DE-ST_type:waterbody 52° 52′ 31″ N, 12° 0′ 16″ O] [//toolserver.org/~geohack/geohack.php?pagename=Havel&language=de&params=52.8752777778_N_12.0044444444_E_region:DE-ST_type:waterbody&title=M%C3%BCndung+Havel 52° 52′ 31″ N, 12° 0′ 16″ O] |
| Mündungshöhe | 22 m ü. NN |

| | |
|---|---|
| Höhenunterschied | 40.6 m |
| Länge | 334 km[1]<br>(inkl. Spree 560 km) |
| Einzugsgebiet | 23858 km²[1] |
| Abfluss am Pegel Havelberg[2]<br>$A_{Eo}$: 24297 km²<br>Lage: 2.7 km oberhalb der Mündung | NNQ 7.24 $m^3/s$<br>MNQ 1990/1999 14 $m^3/s$<br>MQ 1990/1999 88.8 $m^3/s$<br>Mq 1990/1999 3.7 l/s km²<br>MHQ 1990/1999 188 $m^3/s$<br>HHQ 276 $m^3/s$ |
| Rechte Nebenflüsse | Rhin, Dosse |
| Linke Nebenflüsse | Woblitz, Briese, Tegeler Fließ, Spree, Nuthe, Plane, Buckau |
| Großstädte | Berlin, Potsdam |
| Mittelstädte | Oranienburg, Hohen Neuendorf, Hennigsdorf, Werder, Brandenburg, Rathenow |
| Kleinstädte | Wesenberg, Fürstenberg, Zehdenick, Ketzin, Pritzerbe, Premnitz, Havelberg, Werben |
| Schiffbar | 285 km; bis zum Useriner See |

Havelbucht am „Steilen" bei Deetz

Die **Havel** ['haːfəl] ist ein Fließgewässer im Nordosten Deutschlands und mit 334 Kilometern Länge der längste rechtsseitige Nebenfluss der Elbe. Die direkte Entfernung zwischen Quelle und Mündung beträgt allerdings nur 69 Kilometer. Die Havel entspringt in Mecklenburg-Vorpommern, durchfließt Brandenburg und Berlin und mündet in Sachsen-Anhalt in die Elbe. Sie fließt zunächst durch zahlreiche kleine Seen in südlicher, dann in westlicher und schließlich in nordwestlicher Richtung. Dabei beträgt der Höhenunterschied lediglich 40,6 Meter. Mit durchschnittlich 108 Kubikmetern pro Sekunde ($m^3/s$) hat die Havel nach Moldau (150 $m^3/s$) und Saale (115 $m^3/s$) die drittgrößte Wassermenge unter den Nebenflüssen der Elbe. 285 Flusskilometer verlaufen in Brandenburg. Der größte Teil des Flusslaufs ist schiffbar. Fast im gesamten Verlauf regulieren Wehre und Schleusen die Wassertiefe und Wasserführung. Trotz des Ausbaus zur Wasserstraße hat die Havel dank der zahlreichen natürlichen Seen, durch die sie fließt, ein beachtliches Speichervermögen und hält ihren Wasserstand auch bei längeren Trockenperioden. Gefährlich hohe Wasserstände sind selten und werden meist im Havelunterlauf von Elbhochwasser ausgelöst. Etliche Seitenkanäle verkürzen den Wasserweg für die Binnenschifffahrt.

Größter Nebenfluss der Havel ist die Spree, die an ihrer Mündung mehr als doppelt so viel Wasser wie die Havel selbst führt (38 $m^3/s$ gegenüber 15 $m^3/s$) und diese zudem auch in der Länge übertrifft (380 km).

2004 wurde die Havel von den Naturfreunden Deutschlands und dem Deutschen Anglerverband zur *Flusslandschaft des Jahres* gekürt. Der Fluss wird seit 2009 durch den Havelradweg begleitet.

# Name

Der Name der Havel (sorbisch: *Habola*) soll noch aus der vorslawischen, germanischen Besiedlungsphase stammen und somit der ältesten Schicht von Territorialbezeichnungen auf dem Gebiet des Landes Brandenburg und der Stadt Berlin zugehören, abgeleitet vom germanischen *Habula*. Er ist mit *Hafen* und *Haff* etymologisch verwandt. Der Wortstamm *Haf* bezeichnet eine Bucht oder Ausbuchtung. Auch irdene, bauchige Keramik wurde im deutschen Sprachraum zu früheren Zeiten oft als „Hafen" bezeichnet. Dieser Interpretation zufolge deckt sich die Namensgebung mit der Gestalt der Havel als buchtenreichem Fluss.

# Flusslauf

## Obere Havel

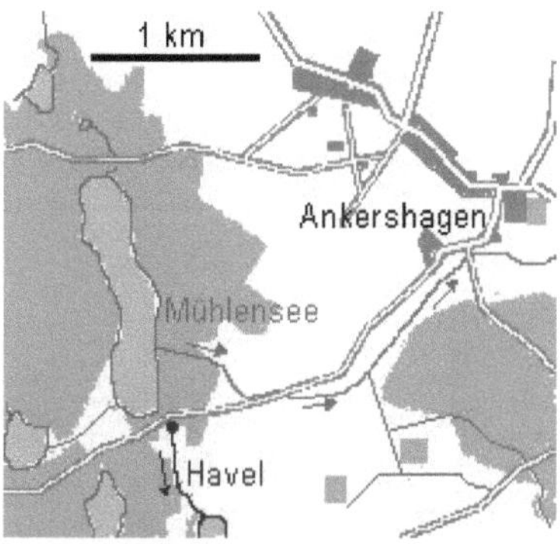

Havelquelle bei Ankershagen

Heutige Havelquelle, mit Blick durch den Wald zum Ankershagener Mühlensee

Die Havel entspringt in der Mecklenburgischen Seenplatte. Als Quellgebiet gilt heute das Diekenbruch bei Ankershagen im Nordosten des Müritz-Nationalparks. Der historische Quellsee der Havel ist allerdings der Bornsee. Nur wenige Meter nördlich befindet sich ihr historisches Quellseengebiet um den heute in die Ostsee entwässernden Mühlensee. Die Quellseen der Havel liegen südöstlich direkt neben der Wasserscheide von Nord- und Ostsee. Die Havel fließt über die Elbe in die Nordsee, während alle Flüsse, die weiter nordöstlich entspringen, in die Ostsee fließen.[3]

Die ersten von der Havel durchflossenen Seen sind der Dambecker- und der Röthsee. Hier ist die Havel noch ein grabenähnliches Fließ. Ab dem Käbelicksee bei Kratzeburg hat sie bereits eine Breite von drei bis vier Metern und ist ein beliebtes Paddelgewässer. Zwischen dem folgenden Granziner- und dem Pagelsee ist die Havel ein in eine schmale Rinne gezwängter Wildwasserbach. Das Befahren des Bachlaufes ist in diesem Abschnitt nicht gestattet. Für den Landtransport der Boote steht eine Lorenverbindung zur Verfügung. Dem Pagelsee folgen der Zotzensee, der Jäthensee und der Useriner See. Der Flusslauf der Havel zwischen diesen Seen ist bereits teilweise kanalartig ausgebaut. Ab dem Useriner See, 12 km von ihrer Quelle entfernt, ist die Havel ein schiffbarer Fluss von bis zu 10 m Breite und darf mit motorbetriebenen Booten befahren werden. Am Großen Labussee befindet sich die erste Schleuse der Havel, die Schleuse Zwenzow. Es folgt die Quassower Havel und der Woblitzsee bei Wesenberg. Über den in den Woblitzsee von Norden einmündenden Kammerkanal und den Zierker See ist die Havel mit Neustrelitz, der ehemaligen Landeshauptstadt von

Die Hastbrücke in Zehdenick

Mecklenburg-Strelitz, verbunden. Vom Woblitzsee an ist die Havel, einschließlich des Kammerkanals, mit mehreren Staustufen als Obere Havel-Wasserstraße ausgebaut. In Mecklenburg streift sie noch den Drewensee und den Wangnitzsee und fließt durch den Kleinen und Großen Priepertsee sowie den Ellbogensee und den Ziernsee. Bereits im Land Brandenburg streift sie den Menowsee und durchfließt den Röblinsee und Baalensee.

Am Ostrand der Stadt Fürstenberg streift die Havel den Schwedtsee und erreicht hinter Fürstenberg den Stolpsee bei der Klosterruine Himmelpfort. 15 km südlich davon, nördlich von Zehdenick, wurde in ihrer Niederung früher viel Ton abgebaut (jetzt touristischer Ziegeleipark). Zum Transport von Brennmaterial und Ziegeln wurde ab Zehdenick südwärts nach Liebenwalde 1880-1882 der Voßkanal gebaut, neben dem die alte Havel unter dem Namen „Schnelle Havel" als stark mäandrierendes und nicht schiffbares Flüsschen erhalten geblieben ist. So fließt der Hauptanteil des Havelwassers ab Zehdenick durch den Voßkanal und Malzer Kanal und speist seit 1914 die Scheitelhaltung des Oder-Havel-Kanals; über die Kanalstufe Lehnitz fließt das Havelwasser südlich Oranienburg wieder dem Havelbett zu. Unmittelbar südlich von Liebenwalde zweigt der Kanal "Langer Trödel", ein Abschnitt des Finowkanals, eines Vorgängerbaues des Oder-Havel-Kanals, vom Voßkanal nach Osten in Richtung Oder ab. Der Malzer Kanal, die Verlängerung des Voßkanals nach Süden, trifft südlich von Liebenwalde auf den Oder-Havel-Kanal. Der Malzer Kanal ist hier das nördliche Reststück eines Kanals von Malz her, damals als Verbindung zum "Langen Trödel"; der Malzer Kanal ist zum größeren Teil 1914 in den Oder-Havel-Kanal aufgegangen.

Die Schnelle Havel fließt nach Verlassen des Eberswalder Urstromtales parallel zum Oder-Havel-Kanal bis zur Einmündung des südlichen Reststücks des Malzer Kanals am Nordrand von Friedrichsthal. Von hier bis zur ehemaligen Schleuse Sachsenhausen wird sie als Friedrichsthaler Havel bezeichnet, anschließend als Oranienburger Havel bis Hohen Neuendorf, dann als Spandauer Havel bis zur Spreemündung. Hinter Hennigsdorf, am Nieder Neuendorfer See, zweigt von der Havel der Havelkanal nach Westen ab, 1951/52 von der DDR zur Umschiffung West-Berlins angelegt; er mündet zusammen mit dem Sacrow-Paretzer Kanal bei Paretz wieder in die Havel ein.

Die Schnelle Havel, die nicht schiffbare alte Havel, bei Schweitzerhütte nördlich von Oranienburg-Friedrichsthal

## Mittlere Havel

Havel am ‚Großen Fenster' in Berlin

Von der Nordwestecke Berlins durch Potsdam und bis unterhalb der Stadt Brandenburg fließt die Havel durch eine lange Kette teilweise recht großer Seen. Weitere Seen haben hier durch kleinere oder künstliche Gewässer Verbindung zum Fluss. Bei Potsdam sind die Seen an vielen Stellen von bewaldeten Moränenhügeln umgeben. Bei Brandenburg liegen sie überwiegend in einer flachen Niederung, in der es nur inselhaft Moränenhügel gibt. Zwischen Hennigsdorf und Spandau sind das der Niederneuendorfer, Tegeler und Spandauer See. Gegenüber der Insel Großer Wall zweigt der Berlin-Spandauer Schifffahrtskanal in südöstlicher Richtung ab. Unterhalb der Schleuse Spandau gegenüber der Spandauer Altstadt mündet die Spree in die Havel. Von hier an bildet die Havel bis zu ihrer Mündung in die Elbe zusammen mit einigen Kanälen die Untere Havel-Wasserstraße. Kurz nach der Mündung der Spree passiert die Havel die Tiefwerder Wiesen, das letzte natürliche Berliner Überschwemmungs- und Hechtlaichgebiet. Dann kommen der Große Wannsee, die Pfaueninsel und der Jungfernsee, aus dem nach Westen der Sacrow-Paretzer Kanal abzweigt. Zwischen Wannsee und Tiefem See gibt es noch eine kleine Seenkette östlich des Glienicker Forstes. Durch deren bekanntestes Glied, den Griebnitzsee, geht der Teltowkanal, der im Südosten Berlins Verbindung zur Dahme und über den Britzer Verbindungskanal zur Spree hat.

Ab dem Jungfernsee bis zum Göttinsee wird ein etwa 29 Kilometer langer Flussabschnitt Potsdamer Havel genannt.

Die „Neue Fahrt" in Potsdam an der Freundschaftsinsel

Am Göttinsee münden in die Havel ein: der Havelkanal und der Sacrow-Paretzer Kanal, durch den der größte Teil der Frachtschifffahrt den großen Potsdamer Havelbogen abkürzt. Dann fließt die Havel westwärts. Dabei verästelt sie sich sowohl zwischen Ketzin und dem Trebelsee als auch in Brandenburg, dessen Dom auf einer Insel steht. Gut ein Kilometer vor der Vorstadtschleuse Brandenburg zweigt der Brandenburger Stadtkanal als Zufahrt zur Stadtschleuse in südwestlicher Richtung ab und mündet nach 4,1 Kilometern in die Brandenburger Niederhavel ein. Der Brandenburger Stadtkanal ist auch der Zulauf zu den innerstädtischen Regulierungsbauwerken der Staustufe Brandenburg. Nach rechts zweigen von ihm ab: die Stimmingsarche mit Wehr zum Kleinen Beetzsee und mit dem Nebenarm Krakauer Havel, es folgen die drei ehemaligen Mühlenarme Altstädtischer Streng, Domstreng und Neustädtischer Streng (auch Näthewinde) mit Durchlässen zur Brandenburger Niederhavel. Kurz unterhalb der Vorstadtschleuse mündet von Norden her der Beetzsee ein; an gleicher Stelle zweigt nach Westen der Silokanal ab und fließt nach Südwesten die hier als Brandenburger Niederhavel bezeichnete Havel weiter und mündet nach etwa sieben Kilometern in den Breitlingsee. Zwischen Brandenburg und seinem Ortsteil Plaue an der Havel durchfließt die Havel den Plauer See (Brandenburg), der zusammen mit dem Quenz-, dem Breitling- und dem Möserschen See einen einzigen großen buchten- und inselreichen See ergibt. Vom Plauer See zweigt der Elbe-Havel-Kanal ab, der durch den Großen Wendsee in Richtung Magdeburg verläuft.

### Untere Havel

Vom Plauer See fließt die Havel in mal mehr nördlicher, mal mehr westlicher Richtung am Pritzerber See und an den Städten Premnitz und Rathenow entlang in Richtung Havelberg. Bis zur Grenze Sachsen-Anhalts gehört hier der Flusslauf zum Naturpark Westhavelland, dem größten Naturpark im Land Brandenburg, der sich vom Beetzsee über den Rhin erstreckt, im Süden mehr von sandigen Hügeln (‚Ländchen'), im Norden mehr von feuchten Niederungen (‚Luchen') geprägt.

Havelberg: Stadtgraben (Havelarm) und Dom

Nördlich von Rathenow liegen knapp östlich des Flusses Hohennauener See und Gülper See, beide mit Verbindung zur Havel. Der Verlauf der Landesgrenze deutet hier an, wie gewunden der Flusslauf einst war. Nach der Einmündung von Rhin und Dosse erreicht die Havel in Sachsen-Anhalt die Stadt Havelberg, die am Rand der Elbaue liegt.

Da die Untere Havel ein geringeres Gefälle hat als die Elbe, wurde Anfang des 20. Jahrhunderts der Gnevsdorfer Vorfluter angelegt. Dieser Kanal ermöglicht es, das Wasser der Havel erst zehn Kilometer flussabwärts der natürlichen Mündung in die Elbe zu leiten. Dadurch liegt jetzt bei Havelberg der mittlere Wasserspiegel der Havel unter demjenigen der Elbe. Ein Schleusenkanal ermöglicht der Schifffahrt, diesen Höhenunterschied zu überwinden. Bei bedrohlichen Elbhochwassern wiederum können ausgedehnte Bereiche der Havelniederung als Polder zum Hochwasserschutz für die Elbe geflutet werden.

## Binnen-Feuchtgebiet

Die geschützte Untere Havelniederung bildet zusammen mit den angrenzenden Luchlandschaften Rhinluch, Havelländisches Luch, Dossebruch und Jäglitzniederung das größte zusammenhängende Binnen-Feuchtgebiet des westlichen Mitteleuropas.

Basierend auf dieser Naturnähe wurde 2005 damit begonnen, die Renaturierung der Havel in die Wege zu leiten. Akteure sind das Bundesamt für Naturschutz (BfN), die Länder Brandenburg und Sachsen-Anhalt sowie der Naturschutzbund (NABU). Innerhalb der nächsten Jahrzehnte soll das Gewässer die ursprüngliche Gestalt (weitläufige Auen, kurvigerer Flussverlauf, weitgehender Verzicht auf Uferbefestigungen) wiedererhalten. Profitieren werden seltene Vogelarten, aber auch Fischotter, Biber und Flussneunaugen.

## Geschichte

Geschichte und wirtschaftliche Entwicklung Brandenburgs sind eng mit der Havel verknüpft. Zur Zeit der slawischen Besiedlung bildeten Havel und Nuthe die Grenze zwischen den Hevellern, die in der Zauche und im Havelland siedelten, und den Sprewanen auf östlicher Seite. Wo Fernhandelswege die Havel kreuzten, hatten die Slawen Burgen und solide Holzbrücken, in Plaue (heute Ortsteil von Brandenburg), Brandenburg (Dominsel), Potsdam (die Lange Brücke) und Spandau (Funde am Burgwall).

Sacrower Kirche am Jungfernsee 1990. Im Hintergrund noch der alte DDR-Grenzzaun

Der deutschen Besiedlung des Havellandes gingen mehr als zwei Jahrhunderte kriegerischer Auseinandersetzungen voraus: 928/929 eroberte der deutsche König Heinrich I. Brennabor und besiegte die

Heveller. Sein Sohn Otto I. der Große (röm. Kaiser ab 962) gründete 937 die Nordmark. Mit dem Großen Slawenaufstand von 983 wurde das Land östlich der Elbe zunächst wieder unabhängig. Der Askanier Albrecht der Bär begann 1134 mit der erneuten Eroberung, ab 1157 als Markgraf. Nach seinem Sieg über die Heveller in Spandau 1157 begann die Einwanderung von Deutschen in die Mark Brandenburg. An der Havelbucht Jürgenlanke erinnert das Schildhorn-Denkmal an die Schildhornsage und den Sieg Albrechts.

Werder: Inselstadt mit Heilig-Geist-Kirche und Bockwindmühle

Mit der mittelalterlichen Kolonisation nahm die Bedeutung der Havel als Transportweg zu, da die Region zunehmend Massengüter wie Getreide und Holz exportierte. In dieser Blütezeit von Handel und Gewerbe entstand aber ein Nutzungskonflikt zwischen Transport und Energiegewinnung. Für den Betrieb von Mühlen wurden in Spandau, Brandenburg und Rathenow Staudämme angelegt, welche die Schifffahrt mittels Umflutkanälen und einfachen Schleusen passieren musste.[4] Der Mühlenstau in Brandenburg hob den Wasserspiegel flussaufwärts bis nach Spandau. Möglicherweise verwandelten diese Mühlenstaus älteres, slawisches Kulturland wieder in Feuchtbiotope. Ein bedeutender Wirtschaftsfaktor der Region war lange Zeit die Fischerei.

Der Dreißigjährige Krieg reduzierte die Einwohnerzahl von Städten wie Potsdam und Rathenow auf einen Bruchteil ihrer ursprünglichen Bevölkerung.

Vom 18. Jahrhundert bis in die DDR-Zeit wurden systematisch Feuchtgebiete trockengelegt. Mit dem Aufstieg Brandenburg-Preußens zur führenden Macht in Deutschland und der preußischen Könige zu deutschen Kaisern wurde das Havelland zur Hauptstadtregion. Die Sommerresidenz Potsdam wurde zum ‚preußischen Versailles', umgeben von Schlossparks, Mustergütern und herrschaftlichen Jagden. Sogar in kleinen Dörfern traten neben die einfachen Bauernkaten stuckverzierte Wohnhäuser und die eine oder andere ‚byzantinische' Dorfkirche (beispielsweise die Heilandskirche am Port von Sacrow). Der Bedarf der Hauptstadt ließ die Gegend um Werder und Ketzin zum Obstbaugebiet werden. Und nördlich von Zehdenick an der oberen und bei Deetz, Ketzin und Glindow der mittleren Havel entstanden große Tongruben und Ziegeleien.

## Schifffahrt

Als Bundeswasserstraße ist die Havel einbezogen in die Obere Havel-Wasserstraße[5] vom Useriner See (Schleuse Zwenzow) bis Zehdenick. Von Zehdenick bis Oranienburg fließt Havelwasser durch die künstlichen Gewässerbetten der Oberen Havel-Wasserstraße, Voßkanal und Malzer Kanal, und weiter durch den Oder-Havel-Kanal bis wieder zum natürlichen Gewässerbett der Havel südlich Oranienburg. Von dort bis zur Spreemündung bilden der untere Teil der ausgebauten Oranienburger Havel und ab Hohen Neuendorf die Spandauer Havel bis zur Spreemündung Teilstrecken der Havel-Oder-Wasserstraße[5] . Zur nicht mehr durchgehend befahrbaren Alten Havel-Oder-Wasserstraße gehören die Friedrichsthaler Havel und der obere Teil der Oranienburger Havel. Von der Spreemündung bis zur Mündung der Havel in die Elbe bildet die Havel die Untere Havel-Wasserstraße[5] , einschließlich Sacrow-Paretzer Kanal und Silokanal.

## Geplanter Ausbau der Unteren Havel-Wasserstraße

Am ‚Deetzer Durchstich'

Das „Verkehrsprojekte Deutsche Einheit Nr. 17" sah auf der Strecke Wolfsburg-Magdeburg-Berlin den Ausbau von 280 km Wasserweg vor. Die gesamte betroffene Strecke sollte auf 4 m Tiefe und je nach Uferprofil auf 42–55 m (in Kurven bis zu 72 m) Wasserspiegelbreite ausgebaggert werden. Damit sollte ermöglicht werden, dass hier Schubverbände von 180 m Länge, 11,40 m Breite und 2,80 m Abladetiefe, entsprechend Binnenwasserstraßenklassifizierung Vb, fahren können. Die Havel würde von diesen Ausbaumaßnahmen in ihrem mittleren Bereich von der Einmündung des Havelkanals und des Sacrow-Paretzer Kanals bei Paretz bis zum Silokanal in Brandenburg an der Havel betroffen sein. Gegenwärtig sind entsprechend der Binnenschifffahrtsstraßen-Ordnung, Kapitel 22 *Untere Havel-Wasserstraße und Havelkanal*, für den Bereich von km 20,00 bis km 66,70 (ab der Spreemündung) Größen der Fahrzeuge und Verbände (Schubverbände und gekuppelte Fahrzeuge) von 125 m Länge und 9 m Breite bzw. 156 m Länge und 8,25 m Breite zugelassen.

Die Havel wurde für 2004/2005 als dritter Fluss zu Deutschlands Flusslandschaft des Jahres gewählt. Die Preisverleihung sollte unter anderem auch als Protest gegen den geplanten Havelausbau verstanden werden, der die Flusslandschaft erheblich beschädigen würde. Seit 1992 setzt sich ein *Aktionsbündnis gegen den Havelausbau* aus über 30 Organisationen für den Erhalt der natürlichen Vielfalt und Schönheit des Flusses ein.

# Nebenwasserläufe und Kanalanschlüsse

Wentowkanal

Mündung des Döllnfließes in den Voßkanal

Von der Quelle flussabwärts:

- Kammerkanal[6]
- Fließgraben (Voßwinkel)
- Wesenberger Schleusenkanal (paralleler Schifffahrtsweg)
- Schwaanhavel
- Müritz-Havel-Wasserstraße
- Thymenbach
- Woblitz (Lychener Gewässer)
- Gallenbeek
- Templiner Wasser (Templiner Gewässer)
- Tornowfließ
- Wentowkanal (Wentow-Gewässer)
- Welsengraben (bei Mildenberg)
- Voßkanal und Malzer Kanal (Seitenkanäle)
- Hundebuschgraben (über Voßkanal bei Zehdenick)
- Auslasskanal (vom Voßkanal)
- Döllnfließ (über Voßkanal bei Bischofswerder)
- Langer Trödel (über Malzer Kanal)
- Fließgraben (bei Oranienburg-Friedrichsthal)
- Malzer Kanal (bei Malz)
- Oranienburger Kanal (parallel zur Oranienburger Havel)
- Ruppiner Kanal (über Oranienburger Kanal)
- Oder-Havel-Kanal (südlich Oranienburg)
- Briese (über die Alte Oranienburger Havel bei Hohen Neuendorf)

Die Potsdamer Havel im Winter (Tiefer See)

Nuthe-Mündung, Potsdam gegenüber der Freundschaftsinsel

Ansicht von Geltow, Blick über die Potsdamer Havel von der Bundesstraße 1 kurz vor der Baumgartenbrücke

Wehr Gnevsdorf am Gnevsdorfer Vorfluter

- Veltener Stichkanal
- Havelkanal (Fließrichtung vom Nieder Neuendorfer See (Havel) zum Sacrow-Paretzer Kanal bei Paretz in die Havel)
- Tegeler Fließ (vom Tegeler See)
- Teufelsseekanal
- Aalemannkanal
- Berlin-Spandauer Schiffahrtskanal (parallel zur Spree, bis Schleuse Plötzensee auch noch als Hohenzollernkanal bezeichnet)
- Nordhafen Spandau
- Spree
- Griebnitzkanal (DDR bis 1951, BRD bis 1992: Prinz-Friedrich-Leopold-Kanal)
- Großer Graben (über Krampnitz- und Lehnitzsee)
- Sacrow-Paretzer Kanal (Abkürzung des Potsdamer Havelbogens vom Jungfernsee zur Havel bei Paretz)
- Teltowkanal (über Griebnitzsee und Glienicker Lake), unter anderem mit Resteinspeisungen der Bäke
- Nuthe
- Stadtkanal (Mündung in die Neustädter Havelbucht in Potsdam)
- Schafgraben in Potsdam
- Wentorfgraben zwischen Petziensee und Schwielowsee
- Fercher Mühlenfließ (Mündung in den Schwielowsee)
- Strenggraben (vom Glindowsee, siehe auch Strengbrücke)
- Wublitz
- Emster Kanal (über Krumme Havel)
- Brandenburger Stadtkanal
- Silokanal (Parallelkanal in der Stadt Brandenburg zum Quenzsee)
- Plane und Temnitz (über Breitlingsee)
- Buckau (über Breitlingsee)
- Elbe-Havel-Kanal (über Großen Wendsee)
- Woltersdorfer Altkanal (ehem. Plauer Kanal, über Großen Wendsee)
- Stremme (bei Milow)
- Stremme (bei Rathenow)
- Rhin (westliche Rhinmündung über den Hohennauener See und Hohennauener Kanal)
- Rhin (Alter Rhin über den Gülper See)
- Alte Dosse
- Neue Dosse
- Neue Jäglitz
- Havelberger Schleusenkanal (zur Elbe)
- Gnevsdorfer Vorfluter

## Orte

Von der Quelle flussabwärts:

- Pieverstorf
- Dambeck
- Kratzeburg
- Dalmsdorf
- Granzin
- Blankenförde
- Zwenzow
- Userin
- Groß Quassow
- Wesenberg
- Priepert
- Fürstenberg/Havel
- Himmelpfort
- Zootzen
- Bredereiche
- Zehdenick
- Krewelin
- Liebenwalde
- Oranienburg
- Birkenwerder
- Hohen Neuendorf
- Hennigsdorf
- Berlin, hier die Ortsteile:
  - Heiligensee
  - Konradshöhe
  - Hakenfelde
  - Tegel
  - Haselhorst
  - Spandau
  - Wilhelmstadt
  - Charlottenburg
  - Grunewald
  - Gatow
  - Kladow
  - Nikolassee
  - Wannsee
- Potsdam
- Caputh
- Ferch
- Geltow
- Werder (Havel)
- Töplitz
- Phöben
- Ketzin
- Roskow
- Groß Kreutz
- Brandenburg an der Havel
- Briest
- Pritzerbe
- Döberitz (Premnitz)
- Premnitz
- Milow
- Bützer
- Böhne
- Rathenow
- Grütz
- Schollene
- Parey
- Molkenberg
- Gülpe
- Garz
- Strodehne
- Jederitz
- Havelberg

## Die Schleusen der Havel ab Oranienburg

| Ort | Name der Schleuse | Wasserstraßen-kilometer | Daten | Verkehrsfreigabe/Baujahr | Bild | Anrufkanal |
|---|---|---|---|---|---|---|
| Oranienburg OT Lehnitz | Schleuse Lehnitz I | Oder-Havel-Kanal HOW 28,60 | L 85 m / B 10 m / Fallhöhe 5,65 m | 1909/1910 nicht in Betrieb |  | |
| | Schleuse Lehnitz II | HOW 28,60 | L 125 m / B 11,92 m / Fallhöhe 5,65 m | 1940 |  | **UKW 18** |
| Berlin | Schleuse Spandau | Spandauer Havel HOW 0,58 | L 115 m / B 12,5 m / Fallhöhe 2,4 m | 15. Juli 2002 |  | **UKW 23** |
| Brandenburg an der Havel | Vorstadtschleuse Brandenburg (Doppelschleuse) | UHW 55,55 | Nordkammer L 170 m / B 12 m / Fallhöhe 1,2 m | 1883 Ersatz 30. Oktober 1970 | 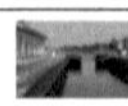 | **UKW 20** |

| | | | Südkammer L 210 m /B 17,5 m / Torweite 9,9 m / Fallhöhe 1,2 m | 30. Juni 1909 |  | **UKW 20** |
|---|---|---|---|---|---|---|
| | Stadtschleuse Brandenburg | Brandenburger Stadtkanal 57,94 | L 22,10 m / B 5,15 m / Fallhöhe 1,2 m | 1548 erste Schleuse<br>1926 Umbau<br>1996 Neubau |  | |
| Bahnitz | Schleuse Bahnitz | UHW 81,95 | L 215 m / B 23 m / Torweite 10 m / Fallhöhe 1,3 m | 1910 |  | **UKW 04** |
| Rathenow | Hauptschleuse Rathenow | UHW 103,30 | L 220 m / B 15 m / Torweite 9,6 m / Fallhöhe 1,00 m | 13. April 1901 |  | **UKW 03** |
| | Stadtschleuse Rathenow | Rathenower Stadtkanal 104,55 | L 71,5 / B 8,4 m / Fallhöhe 1,00 m | 1559 erste Schleuse<br>1884<br>Erneuerung 1988 |  | |
| Grütz | Schleuse Grütz | UHW 116,98 | L 215 m / B 23 m / Torweite 10 m / Fallhöhe 0,6 m | 1911 |  | **UKW 02** |
| Garz | Schleuse Garz | UHW 129,02 | L 215 m / B 23 m / Torweite 10 m / Fallhöhe 0,9 bis 1,4 m | 1912 | 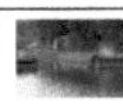 | **UKW 01** |
| Havelberg | Schleuse Havelberg | UHW 147,09 | L 225 m / B 20 m / Torweite 12 m / max. Fallhöhe 5,35 m | 4. Mai 1936 | | **UKW 21** |

- Die Schleusen der Unteren Havel zwischen Bahnitz und Garz werden fernbedient von der Schleusenbetriebszentrale Rathenow und sind auch über Telefon[7] [8] zu erreichen.

# Trivia

Im Januar 2012 erhielt ein bis dahin unbenanntes Tal auf dem Mars den Namen "Havel Vallis".[9]

# Bilder

Ehemaliges Ziegeleiwerk IV in Zehdenick

Staugeregelte Havel zwischen Oranienburg und Hennigsdorf

Fähre Caputh auf der Potsdamer Havel

Potsdamer Havel bei Phöben

Seilfähre Ketzin auf der Havel

Dom in Brandenburg an der Havel

Blick auf Havelberg

Havelberger Dom

## Literatur


- Manfred Reschke: *Die Havel. Natur und Kultur zwischen Müritz und Havelberg*. Trescher Verlag, Berlin 2012. ISBN 978-3-89794-206-6.
- Hans-Joachim Uhlemann: *Berlin und die Märkischen Wasserstraßen*. DSV-Verlag, Hamburg 1994. ISBN 3-88412-204-5.


## Karten


- Folke Stender (Redaktion): *Sportschifffahrtskarten Binnen 1*. Nautische Veröffentlichung Verlagsgesellschaft. ISBN 3-926376-10-4.
- Autorenkollektiv W. Ciesla, H. Czesienski, W. Schlomm, K. Senzel, D. Weidner: *Schiffahrtskarten der Binnenwasserstraßen der Deutschen Demokratischen Republik 1:10.000, Band 3*. Herausgeber: Wasserstraßenaufsichtsamt der DDR, Berlin 1988. (keine ISBN)
- *Radwander- und Wanderkarte mit Zick-Zack-Faltung Havelradweg* mit Begleitheft, Verlag Dr. Andreas Barthel, ISBN 978-3-89591-172-9.


## Einzelnachweise


[1] Gewaessersteckbrief-Elbe, Plan Hochwasservorsorge Dresden, 2010 (http://www.dresden.de/media/pdf/umwelt/Gewaessersteckbrief-Elbe.pdf) Auf: dresden.de (PDF-Datei)

[2] Bewirtschaftungsmöglichkeiten im Einzugsgebiet der Havel (http://opus.kobv.de/ubp/volltexte/2006/817/pdf/BUB18_gesamt_high.pdf) Axel Bronstert und Sibylle Itzerott, Potsdam 2006 (PDF-Datei)

[3] *Die Havelquelle.* Private Website (http://www.havelquelle.sirutor-und-compur.de/)

[4] Winfried Schich: *Die Havel als Wasserstraße im Mittelalter* (http://edoc.hu-berlin.de/humboldt-vl/schich-winfried/PDF/Schich.pdf) (PDF)

[5] Verzeichnis E, Lfd. Nr. 39, 21, 60 der Chronik (http://www.wsv.de/wasserstrassen/chronik/index.html), Wasser- und Schifffahrtsverwaltung des Bundes

[6] Reichsverkehrsblatt A 1936 S. 31

[7] Wasser- und Schifffahrtsamt Brandenburg: Außenbezirk Rathenow (http://www.wsv.de/wsa-brb/wir_ueber_uns/Aussenbezirke_und_Bauhof/ABz3/index.html)

[8] ELWIS: Untere Havel-Wasserstraße (UHW) (http://www.elwis.de/Adressen/schleusen/schl_untere_havel/index.html)

[9] International Astronomical Union (WGPSN) (http://planetarynames.wr.usgs.gov/Feature/14918?__fsk=-810896403)

## Weblinks

- Blaues Band – Die Untere Havel (http://www.blaues-band.de/havel/index.htm?havel_bld.htm)
- BfN Renaturierung der Unteren Havel (http://www.bfn.de/0203_havelniederung.html)
- Nabu Renaturierung der Unteren Havel (http://www.nabu.de/unterehavel)
- Tierwelt der Unteren Havel (http://www.untere-havel.info/)
- Havelschleusen-Seite, Info über die tatsächliche Havelquelle (http://www.oldradioworld.de/locks/lock.htm)

# München

## Basisdaten

- **Bundesland:** Bayern
- **Koordinaten:** [//toolserver.org/~geohack/geohack.php?pagename=M%C3%BCnchen&language=de&p [illegible] 44444 N_11.5752777 48° 8′ N, 11° 35′ O]
- **Regierungsbezirk:** Oberbayern
- **Höhe:** 518 m ü. NN
- **Fläche:** km²
- **Einwohner:** *(31. Dec 2011)*
- **Postleitzahl:** 80331–81929
- **Vorwahl:** 089
- **Kfz-Kennzeichen:** M
- **Gemeindeschlüssel:** 09162000
- **Stadtgliederung:** 25 Stadtbezirke
- **Adresse:** Marienplatz 8
  80331 München
- **Webpräsenz:** www.muenchen.de [1]
- **Oberbürgermeister:** Christian Ude (SPD)

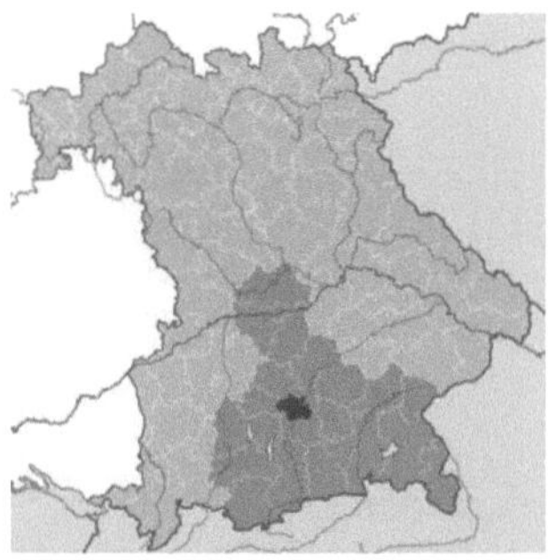

Lage der Stadt München im Freistaat Bayern

Landeshauptstadt München

Offizielles Logo der Landeshauptstadt München

**München** ist die Landeshauptstadt des Freistaates Bayern. Sie ist mit mehr als 1,4 Millionen Einwohnern[2] (davon rund 25 Prozent Ausländer[3] ) die größte Stadt Bayerns und nach Berlin und Hamburg die drittgrößte Stadt der Bundesrepublik Deutschland. München ist eine kreisfreie

Stadt und zudem Sitz des Landkreises München, des Landratsamts München sowie der Bezirksregierung von Oberbayern. Die Stadt ist außerdem Zentrum der Planungsregion München, in der mehr als 2,7 Millionen Menschen leben,[4] und der europäischen Metropolregion München mit rund 5,6 Millionen Einwohnern.

Luftbild der Münchner Innenstadt mit Marienplatz, Neuem Rathaus und Liebfrauendom (2009)

München wurde 1255 bayerischer Herzogssitz, war 1328 kaiserliche Residenzstadt und wurde 1506 alleinige Hauptstadt Bayerns. Die Stadt ist Sitz zahlreicher nationaler und internationaler Behörden, wichtiger wissenschaftlicher Hochschulen und bedeutender Museen und Theater. Durch eine große Anzahl sehenswerter Bauten, internationaler Sportveranstaltungen, Messen und Kongresse sowie das Oktoberfest ist München ein Magnet für den Tourismus. München eine der wirtschaftlich erfolgreichsten und am schnellsten wachsenden Großstädte Deutschlands und Sitz zahlreicher Konzerne und Versicherungen.

Panorama (Sicht von St. Peter)

In der Städteplatzierung des Beratungsunternehmens Mercer belegt München nach Lebensqualität und persönlicher Sicherheit unter fünfzig Großstädten weltweit jeweils den vierten und elften Platz.[5]

# Geographie

## Geologie

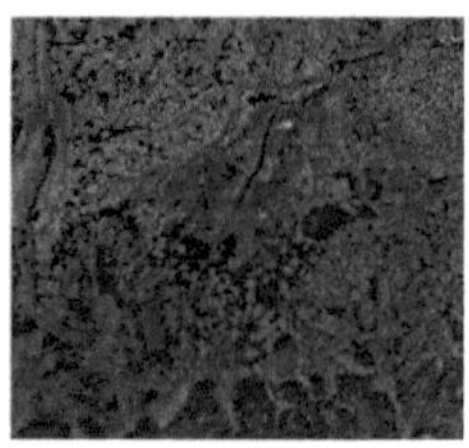

Satellitenfoto der Region München

Das Alpenvorland zwischen Kalkalpen und Donau, in dem sich auch München befindet, liegt auf einem tiefen Senkungsbecken, das seit Millionen von Jahren hauptsächlich aus Abtragungen der Alpen aufgefüllt wird. Im Tertiär wurden dort überwiegend Sand- und Geröllmassen durch Flüsse aus den Alpen abgelagert. Während der nachfolgenden Eiszeiten, deren letzte vor etwa 10.000 Jahren endete, bildeten sich im Alpenbereich große Gletscher- und Schmelzwasserströme, die im Voralpenland Moränenhügel und Schotterebenen zurückließen. Die 55 km breite *Münchner Ebene,* welche an den Endmoränen des

Isarvorlandgletschers ansetzt, ist eine schiefe Ebene mit einem Höhenunterschied von 300 Metern zwischen Holzkirchen im Süden und Moosburg im Norden, deren Oberflächenformen in erster Linie durch den würmeiszeitlichen Schotter gebildet werden. Allein in München beträgt der Höhenunterschied zwischen dem höchsten Punkt der Stadt (nahe dem Gutshof Warnberg im Süden) und dem äußersten Norden des Stadtgebiets gut 100 Meter. Im Süden der Ebene sind die Flüsse, insbesondere die Isar, tief eingeschnitten. Auf diesen Schotterböden findet man wie im Süden von München vermehrt Wälder, wie den Perlacher Forst und den Forstenrieder Park, auch weil der Grundwasserspiegel hier relativ tief liegt. Im Norden der Stadt dagegen, wo sich der Grundwasserspiegel nahe der Oberfläche befindet, liegen große Niedermoore, wie das Dachauer Moos im Nordwesten und das Erdinger Moos im Nordosten.

## Topographie

Die höchste Stelle Münchens liegt an der äußersten südlichen Stadtgrenze im Stadtteil Solln. Sie befindet sich rund 600 m südlich vom Gutshof Warnberg (etwa 579 m ü. NN) direkt südlich zweier am Waldrand des Forstenrieder Parks gelegenen Fußballplätze und liegt auf 580.5 m ü. NN.[6] Der tiefste Punkt liegt an der äußersten nördlichen Stadtgrenze im Stadtteil Feldmoching an der östlich vom Naturschutz- und Waldgebiet Schwarzhölzl gelegenen Regattaanlage Feldmoching-Oberschleißheim, deren Wasserspiegel sich auf etwa 480 m ü. NN[6] befindet.

Die Isar durchfließt das Stadtgebiet auf einer Länge von 13,7 km von Südwest nach Nordost, parallel dazu läuft bis Sendling der Isar-Werkkanal. In der Isar liegen die Museumsinsel mit dem Deutschen Museum und unmittelbarer Nähe flussabwärts die Praterinsel. Weitere Fließgewässer sind die Würm, die aus dem Starnberger See kommend den Westen Münchens durchfließt, der Hachinger Bach, der im Südosten bei Perlach in das Stadtgebiet eintritt und nördlich von Neuperlach unterirdisch weitergeführt wird, sowie etliche von der Isar abzweigende Stadtbäche wie der Eisbach und der Auer Mühlbach. Seen im Münchner Stadtgebiet sind der Kleinhesseloher See im Englischen Garten, der See im Olympiagelände, die Dreiseenplatte mit Lerchenauer, Fasanerie- und Feldmochinger See im Norden sowie im Westen der Langwieder See und der Lußsee, die zur Langwieder Seenplatte gehören. Im Süden liegt in der Nähe des linken Isarufers der Hinterbrühler See.

## Ausdehnung

Die Gesamtfläche der Stadt München beträgt 31.041,91 Hektar. Davon entfallen 44,1 % auf Gebäude und zugehörige Freiflächen, 17,2 % auf Verkehrsflächen, 15,5 % auf Landwirtschaftsflächen, 15,5 % auf Erholungsflächen, 4,1 % auf Waldflächen, 1,3 % auf Wasserflächen und weitere 2,2 % auf Flächen anderer Nutzung. (Stand: 1. Januar 2007) Die Grenze der Stadt umfasst 118,9 km. Die größte Ausdehnung des Stadtgebiets beträgt von Nord nach Süd 20,7 km und von Ost nach West 26,9 km. (Stand 31. Dezember 2007)[7]

Panoramabild Münchens, aufgenommen vom Olympiaturm

## Bezirke und Nachbargemeinden

Die kreisfreie Stadt München ist nicht in amtlich benannte Gemeindeteile unterteilt, in dem bayernweiten Verzeichnis ist dort als einziger Ort München genannt.[8] Das Stadtgebiet ist stattdessen in Stadtbezirke eingeteilt, deren Zahl bis zum Zweiten Weltkrieg auf 41 gestiegen war. Bei einer Neugliederung des Stadtgebiets 1992/96 wurde diese Zahl auf die heutige Zahl von 25 Stadtbezirken verringert.

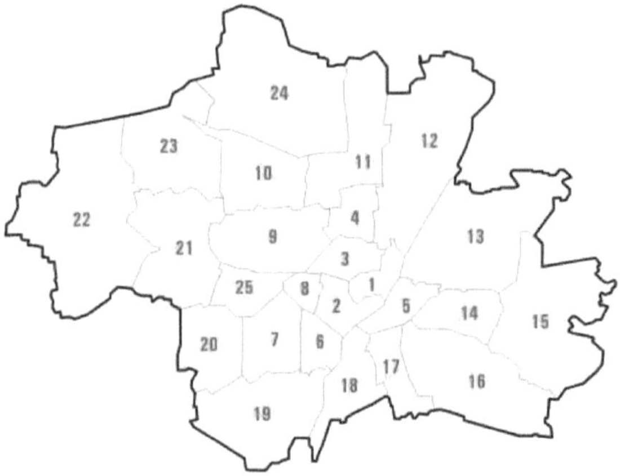


| Nr. | Stadtbezirk | Einwohner[9] (31. Dez. 2011) | Ausländer[10] |
|---|---|---|---|
| 1 | Altstadt-Lehel | 19.707 | 22,1 % |
| 2 | Ludwigsvorstadt-Isarvorstadt | 48.231 | 26,2 % |
| 3 | Maxvorstadt | 49.498 | 22,9 % |
| 4 | Schwabing-West | 63.644 | 20,2 % |
| 5 | Au-Haidhausen | 57.297 | 21,7 % |
| 6 | Sendling | 39.002 | 24,8 % |
| 7 | Sendling-Westpark | 53.271 | 24,2 % |
| 8 | Schwanthalerhöhe | 28.678 | 33,5 % |
| 9 | Neuhausen-Nymphenburg | 92.139 | 21,5 % |
| 10 | Moosach | 49.384 | 27,2 % |
| 11 | Milbertshofen-Am Hart | 70.470 | 36,2 % |
| 12 | Schwabing-Freimann | 66.706 | 23,3 % |
| 13 | Bogenhausen | 79.175 | 18,8 % |
| 14 | Berg am Laim | 41.342 | 27,5 % |
| 15 | Trudering-Riem | 64.983 | 18,7 % |
| 16 | Ramersdorf-Perlach | 105.900 | 28,8 % |
| 17 | Obergiesing-Fasangarten | 50.656 | 28,6 % |
| 18 | Untergiesing-Harlaching | 50.455 | 20,2 % |
| 19 | Thalkirchen-Obersendling-Forstenried-Fürstenried-Solln | 85.458 | 20,9 % |

| 20 | Hadern | 47.459 | 22,0 % |
|---|---|---|---|
| 21 | Pasing-Obermenzing | 67.878 | 17,7 % |
| 22 | Aubing-Lochhausen-Langwied | 39.789 | 20,3 % |
| 23 | Allach-Untermenzing | 29.693 | 16,6 % |
| 24 | Feldmoching-Hasenbergl | 57.183 | 27,4 % |
| 25 | Laim | 52.733 | 22,8 % |
|  | Landeshauptstadt München | 1.410.741 | 23,7 % |

Folgende Städte, Gemeinden und gemeindefreien Gebiete grenzen an die Stadt München (sie werden nach dem Uhrzeigersinn, beginnend im Norden genannt):

- *Landkreis München*:

  Oberschleißheim, Garching bei München, Ismaning, Unterföhring, Aschheim, Feldkirchen, Haar, Putzbrunn, Neubiberg, Unterhaching, Perlacher Forst, Grünwald, Pullach im Isartal, Forstenrieder Park, Neuried, Planegg, Gräfelfing

- *Landkreis Fürstenfeldbruck*:

  Germering, Puchheim, Gröbenzell, Olching

- *Landkreis Dachau*:

  Karlsfeld, Bergkirchen

## Klima

Die Stadt München liegt im Übergangsbereich zwischen dem feuchten atlantischen und dem trockenen Kontinentalklima, es herrscht warmgemäßigtes Klima. Die Winter sind vergleichsweise kalt, jedoch sind Temperaturen unter –25 Grad Celsius eher selten. Weitere wesentliche wetterbestimmende Faktoren sind die Alpen als mitteleuropäische und die Donau als regionale Wetterscheide. Aufgrund dieser Konstellation ist das Wetter relativ wechselhaft. An durchschnittlich zehn Tagen im Jahr herrscht der Föhn, ein warmer, trockener Fallwind vom Alpenhauptkamm, der so gute Fernsicht bewirkt, dass vom Stadtgebiet die Bayerischen Alpen deutlich zu sehen sind. Die bisher höchste, offiziell vom Deutschen Wetterdienst gemessene Temperatur in der offiziellen DWD-Wetterstation in München war 37,1 Grad Celsius vom 13. August 2003. Der Kälterekord liegt bei –30,5 Grad Celsius vom 21. Januar 1942. München wurde durch seine Lage im gewitterintensivsten Freistaat Bayern von heftigen Unwettern getroffen. Bemerkenswert ist hier das Hagelunwetter vom 12. Juli 1984, bei dem Schäden in Höhe von 3 Mrd. DM entstanden. München ist durch die Nähe zu den Alpen die schneereichste Großstadt Deutschlands.

Eine Auswertung der Wetterstatistiken hat ergeben, dass der südliche Teil der Stadt am sonnigsten ist. Im nördlichen Teil tritt relativ häufig Nebel auf. Die Westhälfte ist niederschlagsärmer als der Osten der Stadt. Dies ist grundsätzlich auch eine Folge der Höhenunterschiede innerhalb der Stadt, die ein entsprechendes Kleinklima generieren, sowie der Trennung der Stadt in Ost-West-Richtung durch die Isar.

| München | | | | | | | | | | | |
|---|---|---|---|---|---|---|---|---|---|---|---|
| Klimadiagramm | | | | | | | | | | | |
| J | F | M | A | M | J | J | A | S | O | N | D |
| unknown operator: u'\u2212'unknown operator: u'\u2212' bis 3 48 | unknown operator: u'\u2212'unknown operator: u'\u2212' bis 4 45 | 0 bis 9 58 | 3 bis 13 70 | 7 bis 18 93 | 10 bis 21 128 | 13 bis 23 132 | 12 bis 23 111 | 9 bis 19 86 | 5 bis 13 65 | 0 bis 7 71 | unknown operator: u'\u2212'unknown operator: u'\u2212' bis 4 61 |
| Temperatur in °C, Niederschlag in mm | | | | | | | | | | | |
| **Quelle:** DWD, Daten: 1971-2000[11] | | | | | | | | | | | |

**Monatliche Durchschnittstemperaturen und -niederschläge für München**

| | Jan | Feb | Mär | Apr | Mai | Jun | Jul | Aug | Sep | Okt | Nov | Dez | | |
|---|---|---|---|---|---|---|---|---|---|---|---|---|---|---|
| Max. Temperatur (°C) | 2.7 | 4.3 | 9.0 | 12.5 | 18.0 | 20.5 | 23.1 | 23.0 | 18.8 | 13.2 | 6.9 | 3.7 | **Ø** | **13** |
| Min. Temperatur (°C) | −3.7 | −3.2 | 0.1 | 2.8 | 7.2 | 10.4 | 12.6 | 12.3 | 8.9 | 4.7 | 0.2 | −2.3 | **Ø** | **unknown operator: u'strong'** |
| Niederschlag (mm) | 48.0 | 45.2 | 57.7 | 69.9 | 93.4 | 127.6 | 131.6 | 110.5 | 86.3 | 65.4 | 71.0 | 60.8 | **Σ** | **967.4** |
| Regentage (d) | 10.0 | 8.6 | 10.5 | 10.9 | 11.6 | 13.8 | 12.0 | 11.4 | 9.6 | 9.1 | 10.7 | 11.2 | **Σ** | **129.4** |

**Quelle:** DWD, Daten: 1971-2000[12]

# Bevölkerung

## Einwohnerentwicklung

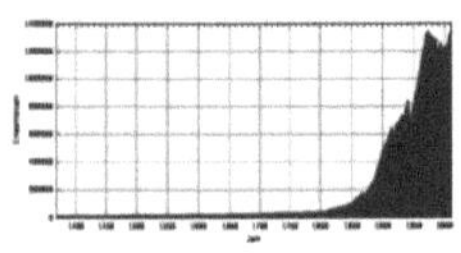
Bevölkerungsentwicklung Münchens

1852 überschritt die Einwohnerzahl der Stadt die Grenze von 100.000, wodurch sie zur Großstadt wurde. Danach stieg die Einwohnerzahl stark an, so dass 1883 in München bereits 250.000 Menschen lebten. Bis 1901 verdoppelte sich diese Zahl dann auf etwa 500.000. Damit war München nach Berlin und Hamburg die drittgrößte Stadt im Deutschen Reich geworden. 1933 stieg die Bevölkerungszahl auf 840.000 und 1957 auf über eine Million. Einen ersten Höhepunkt in der Einwohnerzahl gab es im olympischen Jahr mit 1.338.924 am 31. Dezember 1972.

Danach ging es auf und ab in der Einwohnerentwicklung; jedoch hat sich etwa ab dem Jahr 2000 wieder ein stabiler Aufwärtstrend etabliert. Im November 2011 wurde erstmals die 1,4-Millionen-Grenze überschritten. Im September 2012 hatte München mit 1.431.624 Einwohnern (mit Hauptwohnsitz in München) die bislang höchste Einwohnerzahl seiner Geschichte.[2] Derzeitige Prognosen gehen von einer Fortführung dieses Trends aus und prophezeien einen Anstieg in den nächsten Jahrzehnten auf 1,6 Millionen Einwohner. Damit ist München eine der am schnellsten wachsenden Großstädte Deutschlands.

Mit 4.574 Einwohnern je km² hat München die höchste Bevölkerungsdichte aller deutschen Großstädte.

In der Planungsregion München leben 2.654.726 Menschen (31. Dezember 2009), in der Metropolregion München (d. h. Oberbayern und Teile der Regierungsbezirke Niederbayern und Schwaben) 5.203.738 Menschen (Stand 2006).

München ist eine der wenigen deutschen Städte, in der die Zahl der Neugeborenen die der Gestorbenen übersteigt. In den letzten Jahren zeichnete sich sogar ein regelrechter Baby-Boom ab. Im Jahr 2009 wurden so viele Kinder in München geboren wie seit 1969 nicht mehr.[13] [14] Hinzu kommt eine starke Zuwanderung aus dem In- und Ausland.

## Bevölkerungsstruktur

München hat einen Ausländeranteil von 24,4 Prozent (30. September 2012).[3] Die größten Gruppen der melderechtlich in München registrierten Ausländer kamen am 31. Dezember 2011 aus der Türkei (40.582), Kroatien (23.713), Österreich (21.056), Italien (21.679), Griechenland (22.432), Polen (16.853), Bosnien und Herzegowina (15.679), Serbien (15.001), Rumänien (10.329) und dem Irak (10.125).[15]

## Dialekt

Der Münchner Dialekt gehört der Mittelbairischen Mundart an und ist durch den starken Zuzug aus anderen Gebieten vom Aussterben bedroht. Wie das bayerische Kultusministerium im Januar 2001 im Landtag mitteilte, ist die Mundart der Landeshauptstadt den Einwohnern unter 20 Jahren bereits fremd.

## Religionen

Da Oberbayern wie der ganze südbayerische Raum historisch katholisch geprägt ist, ist die römisch-katholische Kirche auch in München stark vertreten. München ist seit 1821 auch der Sitz des Erzbistums München und Freising.

St. Maximilian vom Alten Peter gesehen

Ende 2011 waren 36,2 % der Einwohner römisch-katholisch, 13,3 % evangelisch (einschließlich evangelische Freikirchen), 0,3 % jüdisch und 50,3 % gehörten anderen Konfessionen bzw. Religionen an oder waren konfessionslos.[16] Dabei sinkt die Zugehörigkeit der Protestanten und insbesondere der Katholiken, während der Anteil an Konfessionslosen zunimmt.

Der zweite Ökumenische Kirchentag fand vom 12. bis 16. Mai 2010 in München statt.

München hat eine jüdische Gemeinde mit etwa 9.700 Mitgliedern, von denen heute die meisten osteuropäischer Herkunft (Ukraine und Russland) sind, sowie eine kleinere liberal-jüdische Gemeinde.

Es wird von etwa 100.000 in München lebenden Muslimen ausgegangen.[17] 2005 wurde unter dem Schlagwort *Sendlinger Moscheenstreit* die Kontroverse um ein Neubauprojekt für eine Moschee bundesweit bekannt.

Neue Hauptsynagoge am St.-Jakobs-Platz

Im Juni 1945 wurde in München die Ukrainisch Orthodoxe Kirche der Hl. Maria-Schutz durch die vielen Zwangsarbeiter aus der Ukraine, die während des Zweiten Weltkriegs nach Bayern gebracht wurden, gegründet. Anfangs zählte die Gemeinde über 5.000 Mitglieder, worauf hin im Stadtteil Ludwigsfeld eine zweite Kirchengemeinde, die den Aposteln Petrus und Paulus gewidmet war, gegründet wurde und bis heute existiert.

Die Kirche Jesu Christi der Heiligen der Letzten Tage ist in München mit vier Gemeinden in zwei Gemeindehäusern vertreten.

Der Verein der Mandäer in Deutschland in München kümmert sich um den Aufbau einer funktionierenden mandäischen Gemeinde.

### Persönlichkeiten

Der Magistrat der Stadt München kann Personen, die sich in hohem Maße um das Wohl der Stadt verdient gemacht haben, zu Ehrenbürgern ernennen.

Söhne und Töchter der Stadt sind in München geborene Personen, unabhängig davon, ob sie ihren späteren Wirkungskreis in München hatten oder nicht. Außerdem gibt es Persönlichkeiten, die nicht in München geboren sind, aber in der Stadt gelebt und gewirkt haben.

## Geschichte

### Die Stadtgründung

München wurde 1158 zum ersten Mal als *forum apud Munichen*[18] urkundlich im Augsburger Schied erwähnt, nachdem der Herzog von Bayern und Sachsen, Heinrich der Löwe, einen Übergang der Salzstraße über die Isar ungefähr an der Stelle der heutigen Ludwigsbrücke errichtet und nahe dem Übergang einen Markt gegründet hatte. Mit dem Augsburger Schied erhielt München von Kaiser Barbarossa das Markt-, Münz- und Zollrecht zugesprochen. Die Freisinger Bischöfe waren jedoch proportional an den Erträgen beteiligt. Auch ein erst später erwähnter Brückenzoll für die Nutzung der Münchner Isarbrücke wurde bis zur Mitte des 19. Jahrhunderts vom Bischof von Freising erhoben. - Der Stadtname "München" wird mangels einer besseren Erklärung üblicherweise als "Markt bei den Mönchen" gedeutet. Dem widerspricht allerdings die Lautung des Stadtnamens "Minga" in reinster Dialektstufe.

## München im Mittelalter

Als Heinrich 1180 vom Kaiser geächtet wurde, fiel Bayern an die Wittelsbacher und München an den Bischof von Freising. 1240 kam auch München in Wittelsbacher Besitz und wurde bereits 1255 nach der ersten Landesteilung herzogliche Residenz.

Alter Hof

Seit 1314 war Herzog Ludwig IV. deutscher König, seit 1328 auch römisch-deutscher Kaiser, und München wurde als seine Residenz durch einen neuen zweiten Mauerring erheblich erweitert. Zu dieser Zeit übernahm München die Farben des alten Reiches, Schwarz und Gold, als Stadtfarben.

Seit dem Ende des 14. Jahrhunderts kam es wiederholt zu Aufständen der Bürgerschaft gegen die Herzöge, die daraufhin ihren Regierungssitz vom Alten Hof in die neue Residenz am Stadtrand verlegten. Wegen der Bedrohung durch die Hussiten wurde 1429 die Stadtbefestigung durch einen äußeren Mauerring verstärkt.

1442 wurden die jüdischen Bürger aus der Stadt vertrieben. Bis zur zweiten Hälfte des 18. Jahrhunderts leben daraufhin keine Juden mehr in München (siehe hierzu: Geschichte der Juden in München).

Im Jahre 1468 wurde der Grundstein zur neuen Marienkirche „Frauenkirche" gelegt, deren Bau nur zwanzig Jahre dauerte.

## Haupt- und Residenzstadt Bayerns

Nachdem München in der Spätgotik eine neue kulturelle Blütezeit erlebt hatte, wurde die Stadt 1506 mit der Wiedervereinigung des Landes durch Albrecht IV. Hauptstadt von ganz Bayern. In der Folgezeit ging der Einfluss der Bürgerschaft immer weiter zurück und die Wittelsbacher bestimmten fortan die Entwicklung der Stadt. München wurde unter der Herrschaft von Wilhelm IV. und Albrecht V. ein Zentrum der Renaissance, aber auch der Gegenreformation. 1589 wurde das Hofbräuhaus durch Wilhelm V. gegründet. Zwei frühe Stadtansichten sind bei Georg Braun, Franz Hogenberg: „Civitates orbis terrarum" von 1572f abgebildet.[19]

Unter Herzog Maximilian I. von Bayern wurde München 1623 kurfürstliche Residenzstadt, musste aber 1632 die Besatzung schwedischer Truppen erdulden. München musste ein hohes Lösegeld bezahlen und Geiseln stellen, um seiner Zerstörung zu entgehen. Wenig später brach die Pest aus und tötete ein Drittel der Bevölkerung. Nach dem Ende des Dreißigjährigen Kriegs 1648 erholte sich die Stadt aber schnell und öffnete sich unter Kurfürst Ferdinand Maria dem italienischen Barock.

Marienplatz (Kupferstich von Matthäus Merian, etwa 1650)

1704 kam München im Spanischen Erbfolgekrieg für mehrere Jahre unter habsburgische Besatzung, da sich Kurfürst Maximilian II. Emanuel mit Frankreich verbündet hatte. Ein Aufstand der Bürger und Bauern wurde in der Sendlinger Mordweihnacht blutig beendet.

Nach der Kaiserkrönung von Kurfürst Karl Albrecht besetzten habsburgische Truppen 1742 für zwei Jahre erneut die Stadt. Maximilian III. Joseph gab die Großmachtspolitik seiner Vorgänger auf und widmete sich inneren Reformen, so wurde die Bayerische Akademie der Wissenschaften 1759 in München gegründet. 1789 erfolgte auf Befehl Karl Theodors die Anlage des Englischen Gartens in den Isarauen und wenig später wurde die mittelalterliche Stadtbefestigung geschleift.

Obwohl München bereits 1328 kaiserliche Residenzstadt wurde, begann der Aufstieg zur Großstadt erst 450 Jahre später. Gegen Ende des 18. Jahrhunderts wuchs München rapide, was 1806 noch beschleunigt wurde, als München die Hauptstadt des napoleonischen Königreichs Bayern wurde. Hatte München 1700 gerade einmal 24.000 Einwohner, so verdoppelte sich die Bewohnerzahl bald alle 30 Jahre, sodass 1871 170.000 Menschen in München lebten und 1933 840.000.

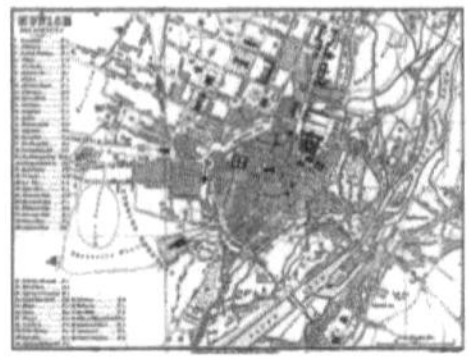

Stadtplan Münchens, 1858

Unter der Regierung von König Ludwig I. von Bayern (1825–1848) wurde München zu einer weithin bekannten Kunststadt. Die Klassizisten Leo von Klenze und Friedrich von Gärtner gestalteten die Ludwigstraße, den Königsplatz und die Erweiterung der Residenz.

Ludwigs Sohn Max II. (1848–1864) förderte insbesondere die Geisteswissenschaften, trat aber ebenfalls als Bauherr hervor, im neuen, an die englische Gotik erinnernden „Maximilianstil", entstanden unter anderem die Bauten an der Maximilianstraße, heute eine der exklusivsten und teuersten Einkaufsstraßen des Kontinents.

Unter seinem Bruder Prinzregent Luitpold (1886–1912) erlebte München dann einen gewaltigen wirtschaftlichen und kulturellen Aufschwung. Es entstanden unter anderem die Prinzregentenstraße und das Prinzregententheater. Schwabing erlebte um die Jahrhundertwende eine Blüte als Künstlerviertel, in dem zahlreiche bedeutende Literaten und Maler der Zeit verkehrten. 1896 wurde die Münchner Kulturzeitschrift *Die Jugend* erstmals herausgegeben, die namensgebend für den Jugendstil wurde. 1911 wurde die Künstlervereinigung *Der Blaue Reiter* gegründet. In seiner Erzählung *Gladius Dei* hat Thomas Mann für diese Epoche das geflügelte Wort *München leuchtete* geprägt.

## Revolution, Weimarer Republik und Nationalsozialismus

1916, während des Ersten Weltkrieges wurde München bei drei französischen Luftangriffen durch Bomben getroffen, die keine großen Schäden anrichteten. Die sich verschlechternde Versorgungslage dagegen stellte ein großes Problem für die Bevölkerung dar.

Nach dem Ende des Krieges kam es 1919, kurz nachdem die Monarchie abgeschafft wurde, in München zu revolutionären Umständen. Die in zwei unterschiedliche Phasen unterteilten Revolutionsversuche, beziehungsweise auch die Münchner Räterepublik, scheiterten. In den folgenden Jahren wurde München zunehmend eine Brutstätte für nationalsozialistische Aktivitäten. 1923 scheiterte der Marsch Hitlers auf die Feldherrnhalle und damit auch der Hitlerputsch. München blieb jedoch stets der Sitz der NSDAP.

1933 wurde München, wie viele andere Städte nach der Machtergreifung, offiziell gleichgeschaltet. Die Stadt sollte großflächig umgebaut werden; zuständiger Architekt war Hermann Giesler.

1935 verlieh Hitler München den Titel *Hauptstadt der Bewegung*. 1938 wurde das Münchner Abkommen abgeschlossen, das den Anschluss des Sudetenlands an das Deutsche Reich festlegte. Die Bezeichnung wurde bis zum Ende der Zeit des Nationalsozialismus beibehalten.

Am 1. Dezember 1937 zog die Rasseorganisation Lebensborn in das Haus von Thomas Mann, das sich Ecke der damaligen Föhringer Allee (seit 1955: Thomas-Mann-Allee) und der Poschingerstraße befand. Die Zentrale der SS-Organisation blieb bis zum 31. Dezember 1939 im Gebäude.[20]

Wie alle großen deutschen Städte wurde München durch alliierte Luftangriffe im Zweiten Weltkrieg stark getroffen (Luftangriffe auf München). Bis Kriegsende wurde die historische Altstadt zu 90 % und die Stadt insgesamt zu 50 % zerstört. Schätzungen zufolge fanden etwa 6.000 Menschen den Tod und etwa 15.000 wurden verletzt.

## München als moderne Großstadt

Allianz Arena

BMW Welt

Nach dem weitgehend am historischen Stadtbild orientierten Wiederaufbau entwickelte sich München nach dem Zweiten Weltkrieg zum High-Tech-Standort, außerdem siedelten sich zahlreiche Unternehmen der Dienstleistungsbranche an, so zum Beispiel Medien, Versicherungen und Banken. In den ersten Nachkriegsjahrzehnten profitierte München indirekt auch von der deutschen Teilung, da zahlreiche Unternehmen aus der SBZ/DDR und aus Berlin in den Süden umsiedelten. Eines der bekanntesten unter ihnen ist Siemens.

Auch der Tourismus erlebte in der an bedeutenden Museen (zum Beispiel Alte, Neue und Pinakothek der Moderne, Deutsches Museum) und Sehenswürdigkeiten reichen Stadt einen Aufschwung.

Im Jahre 1972 war München Gastgeber der XX. Olympischen Sommerspiele, die durch eine Geiselnahme palästinensischer Terroristen überschattet wurden, in deren Verlauf alle Geiseln, mehrere Terroristen und ein Polizist ums Leben kamen. Für die Spiele wurde der Öffentliche Nahverkehr mit U- und S-Bahnen massiv ausgebaut, die teilweise weit ins Umland hineinreichen. Teile der Innenstadt wurden in dieser Zeit zu einer Fußgängerzone umgestaltet.

Der vor den Toren Münchens gelegene neue Flughafen München „Franz Josef Strauß“ wurde 1992 eröffnet, während der bisherige Flughafen München-Riem zeitgleich geschlossen wurde. Auf dessen Gelände entstand später die Messestadt Riem mit dem Riemer Park, der 2005 im Rahmen der Bundesgartenschau 2005 eröffnet wurde.

Insbesondere seit dem Jahrtausendwechsel wurden auch in München zahlreiche Hochhäuser gebaut, beispielsweise das 146 m hohe Hochhaus Uptown, die Zwillingstürme Highlight Towers, das 2008 fertiggestellte SV-Hochhaus oder der Skyline Tower. Seit einem Bürgerentscheid im Jahr 2004, in dem sich die Mehrheit der teilnehmenden Münchner Wähler gegen den Bau von Gebäuden mit einer Höhe von mehr als 100 Metern aussprach, wurde in der bayerischen Landeshauptstadt kein Hochhaus mehr errichtet, das die Türme der Frauenkirche (99 und 100 Meter) überragt.

# Politik

Oberbürgermeister Christian Ude (SPD)

**Stadtratswahl 2. März 2008**

40

20

39.8 %

27.7 %

13.0 %

6.8 %

3.7 %

1.9 %

1.7 %

1.6 %

3.8 %

SPD

CSU

Grüne

FDP

Linke

RosaListe

ÖDP

FW

Sonst.

**Gewinne und Verluste**

Sitzverteilung

Als Landeshauptstadt ist München der Sitz des Bayerischen Landtages und der Bayerischen Staatsregierung. Ferner ist die Stadt München Sitz der Regierung von Oberbayern, des Bezirks Oberbayern, des Landkreises München und des Landratsamtes München. Daneben ist die Stadt Sitz nationaler und internationaler Staatsorgane, wie beispielsweise des Bundesfinanzhofs und des Europäischen Patentamts.

Traditionell dominieren vor allem in der Kommunalpolitik, in geringerem Maß auch in der Bundes- und Landespolitik in München die Mitte-Links-Parteien, was in Bayern eher selten ist. So war das einzige von der SPD gewonnene Direktmandat in Bayern bei den Bundestagswahlen 2002 und 2005 der Wahlkreis München-Nord. 2009 aber konnte Johannes Singhammer das Mandat für die CSU zurückgewinnen.

Seit 1993 wird München von Oberbürgermeister Christian Ude (SPD) regiert. Ihm zur Seite stehen die zweite Bürgermeisterin Christine Strobl (SPD) sowie der dritte Bürgermeister Hep Monatzeder (Grüne). Seit 1996 wird der Münchner Stadtrat von einer Koalition aus SPD, Grünen und Rosa Liste geführt.

## Wappen und Flagge

Großes Stadtwappen

Stadtflagge

Stadtflagge (angelehnt an die Staatsflagge Bayerns)

Das Wappen der Stadt München zeigt in Silber einen Mönch mit goldgeränderter schwarzer Kutte und roten Schuhen, in der Linken ein rotes Eidbuch haltend, die Rechte zum Schwur erhoben. Die Stadtfarben sind schwarz-gelb. Bei dem heutigen Stadtwappen handelt es sich um das so genannte „kleine Wappen", das 1957 vom Stadtrat festgelegt wurde. Das so genannte „große Wappen" zeigt in Silber ein offenes rotes Stadttor zwischen zwei roten Zinnentürmen mit von Schwarz und Gold mehrfach zickzackartig gebänderten Dächern; oben ein wachsender, golden gekrönter und bewehrter goldener Löwe; im Tor der Mönch des kleinen Wappens. Im amtlichen Verkehr wird das große Wappen nicht mehr verwendet.

Aus dem Mönch im Wappen entwickelte sich im Laufe der Zeit das Münchner Kindl.

Die Münchner Stadtfarben sind seit der Zeit Kaiser Ludwigs des Bayern die Farben des Alten Reichs: Schwarz und Gold. Die Münchner Stadtflagge zeigt diese beiden Farben längsgestreift. In Analogie zu der Staatsflagge Bayerns wird jedoch auch eine rautierte Fassung verwendet. Gelegentlich ist auch das kleine Stadtwappen in der Mitte der Flagge abgebildet.

## Städtepartnerschaften

- seit 1954: Edinburgh,[21] Vereinigtes Königreich
- seit 1960: Verona,[22] Italien
- seit 1964: Bordeaux,[23] Frankreich
- seit 1972: Sapporo,[24] Japan
- seit 1989: Cincinnati,[25] Vereinigte Staaten
- seit 1989: Kiew,[26] Ukraine
- seit 1996: Harare,[27] Simbabwe

Wandskulptur von Münchens Partnerstädten im Neuen Rathaus

## Patenschaften

Am 17. August 1952 wurde die Patenschaft für die vertriebenen Sudetendeutschen aus der Stadt und dem Kreis Aussig an der Elbe übernommen.

Um den Wiederaufbau im ehemaligen Jugoslawien zu unterstützen, hat München 1999 eine Patenschaft für die bosnische Gemeinde Vogošća und 2000 für die serbische Gemeinde Subotica übernommen.[28]

# Architektur

## Bauwerke nach Epochen

### Romanik und Gotik – Mittelalter

Altes Rathaus

Der Marienplatz gilt als Mittelpunkt Münchens und liegt, umgeben von dem Neuen und dem Alten Rathaus, im Zentrum der Altstadt. Wenige Schritte davon entfernt liegt die Peterskirche, die älteste Kirche der Altstadt, deren erster Bau noch aus der Romanik stammte. Heute steht dort ein gotischer Neubau, der im Inneren barockisiert wurde. Seit dem Abbruch der St.-Jakobs-Kirche 1955 gibt es in der Innenstadt kein romanisches Bauwerk mehr, mehrere im Kern romanische Kirchen in den einstigen Vororten haben sich jedoch erhalten, so Hl. Kreuz in Fröttmaning mit seinem Fresko, St. Johann Baptist in Johanneskirchen, St. Martin in Moosach und St. Nikolaus in Englschalking. Bemerkenswert ist auch eines der seltenen romanischen Kruzifixe in der Kirche Heilig Kreuz des Stadtteils Forstenried.

Aus der Zeit der Gotik dagegen haben sich neben der Peterskirche viele Bauwerke erhalten. Von der einstigen Stadtbefestigung stammen das Isartor, das Sendlinger Tor, das Karlstor und der Löwenturm am Rindermarkt. Die wichtigsten Profanbauten der Gotik sind der Alte Hof, das Alte Rathaus mit seinem Tanzsaal, das Zeughaus, das heute ein Teil des Stadtmuseums ist, sowie die nahe dem Marienplatz gelegene gotische Frauenkirche mit ihren zwei markanten Türmen. Eine weitere gotische Hallenkirche ist die in der Barockzeit umgestaltete Heiliggeistkirche am Viktualienmarkt. Erhalten haben sich auch die spätgotischen Friedhofskirchen der Frauenkirche und von St. Peter, die Salvatorkirche und die Heiligkreuzkirche. In der einstigen Augustinerkirche befindet sich heute das Deutsche Jagd- und Fischereimuseum.

Sankt Peter

In den Stadtteilen haben sich ebenfalls mehrere gotische Kirchen erhalten, auch hier wurden einige in der Barockzeit verändert, wie beispielsweise die Wallfahrtskirche St. Maria Ramersdorf. Die Schlosskapelle von Schloss Blutenburg und die Filialkirche St. Wolfgang in Pipping haben ihren gotischen Originalzustand dagegen bewahrt und gelten heute als beste Zeugnisse spätgotischer Architektur in München. Die Burg Grünwald ist die einzige mittelalterliche Burg, die in der näheren Umgebung von München bestehen blieb.

### Renaissance und Manierismus

War die Architektur der spätmittelalterlichen Stadt in erster Linie noch durch die bürgerliche Kunst geprägt, so bestimmte mit der Wiedervereinigung Bayerns immer stärker der Hof die architektonische Entwicklung der Stadt.

Bedeutende Bauwerke der Renaissance sind insbesondere die Michaelskirche, die größte Renaissancekirche nördlich der Alpen, die sich daran anschließende Alte Akademie, der Innenhof der Alten Münze sowie einige Trakte der Residenz. Von der Maxburg, einem Stadtpalast der Renaissance, hat sich nur der Turm erhalten.

Alte Münze

Das in der Renaissancezeit umgebaute Weinstadl ist als eines der ältesten noch bestehenden Bürgerhäuser erhalten. Das 1589 gegründete Hofbräuhaus befindet sich heute in einem Bau des 19. Jahrhunderts am Platzl.

### Barock und Rokoko

Früheste Barockkirche der Stadt ist die heute säkularisierte Karmelitenkirche, noch in der Tradition einheimischer Bauhütten entstanden. Mit dem Bau der Theatinerkirche (St. Kajetan) zog dann der italienische Barock in München ein, der für mehrere Jahrzehnte bestimmend wurde, bis die französisch geschulten Architekten Joseph Effner und François de Cuvilliés Hofbaumeister wurden. Zahlreiche weitere Kirchen aus der Barockzeit sind in der Stadt zu finden, so die Bürgersaalkirche und die Dreifaltigkeitskirche, darüber hinaus mehrere Adelspaläste, insbesondere das Palais Porcia, das Alte und das Neue Preysing Palais sowie das Palais Holnstein, die heutige Residenz des Erzbischofs. Hauptwerke des süddeutschen Barocks sind auch die Schlösser Nymphenburg und Schleißheim. Wesentlich kleiner ist das gleichzeitig entstandene Schloss Fürstenried im Südwesten der Stadt.

Theatinerkirche

Nahe dem Sendlinger Tor liegt die Asamkirche, die im Inneren in prunkvollem Spätbarock gestaltet wurde. Mit St. Anna im Lehel entstand die erste Rokokokirche Bayerns. Die bedeutendste Rokokokirche außerhalb der Innenstadt ist St. Michael in Berg am Laim. Prunkstücke des Rokoko sind auch die Amalienburg im Nymphenburger Schlosspark und das Cuvilliés-Theater in der Residenz. Das Neue Landschaftsgebäude zeigt bereits den Übergangstil vom späten Rokoko zum Klassizismus.

**Klassizismus, Historismus und Jugendstil**

Mit dem Nationaltheater nahe der Residenz entstand ein Hauptwerk des Klassizismus. Von der Residenz führen auch die vier großen von den Bayerischen Königen angelegten Prachtstraßen in die Stadtteile. Insbesondere König Ludwig I. griff bereits als Kronprinz in die Planungen ein. Durch seine Architekten Leo von Klenze und Friedrich von Gärtner ließ er zahlreiche klassizistische Prachtbauten errichten.

Friedensengel

Nach Westen Richtung Nymphenburg führt die von den Zerstörungen des Zweiten Weltkriegs gezeichnete Brienner Straße, unterbrochen vom sternförmigen Karolinenplatz mit seinem Obelisken und dem Königsplatz mit dem Prachttor der Propyläen und der Glyptothek. Von der lockeren frühklassizistischen Bebauung hat sich unter anderen das Almeida Palais erhalten.

Neues Rathaus

Nach Norden Richtung Schwabing entstand die Ludwigstraße zwischen Feldherrnhalle und Siegestor. An ihr liegen die Bayerische Staatsbibliothek, die Ludwigskirche und die Ludwig-Maximilians-Universität. Etwa gleichzeitig entstand an der Theresienwiese die Bavaria vor der Ruhmeshalle.

Südlich der Residenz, vor der Oper, beginnt die in der Mitte des 19. Jahrhunderts als Paradestraße gestaltete Maximilianstraße. Sie führt von der Altstadt nach Osten über die Isar in Richtung des Maximilianeums, dem Sitz des bayerischen Landtages. Hier liegen auch das später im Jugendstil umgestaltete Münchner Schauspielhaus, das Regierungsgebäude von Oberbayern und das Völkerkundemuseum. Heute ist sie eine luxuriöse Einkaufsmeile.

Schließlich entstand die vom frühklassizistischen Prinz-Carl-Palais am Hofgarten nach Osten führende Prinzregentenstraße, an der das Nationalmuseum, die Schackgalerie, die Villa Stuck und das Prinzregententheater liegen. An ihrer Isarterrasse befindet sich der Friedensengel.

Von den Konstruktionen aus Glas- und Eisenmaterial, die zu ihrer Entstehungszeit Mitte des 19. Jahrhunderts als technische Meisterwerke galten, hat sich die Schrannenhalle am Viktualienmarkt teilweise erhalten, während der Glaspalast 1931 abbrannte. Seit Ende des 19. Jahrhunderts entstanden viele Kirchen und Prachtbauten des Historismus, so das neugotische Neue Rathaus am Marienplatz, St. Paul, der neubarocke Justizpalast am Stachus, das Armeemuseum am Hofgarten (heute befindet sich hier die Bayerische Staatskanzlei) und die im Neurenaissancestil erbaute Akademie der Bildenden Künste in Schwabing. Dort liegen auch noch mehrere Wohnhäuser im Jugendstil.

Unweit des Deutschen Museums und des Kulturzentrums Gasteig, befindet sich in der Au mit dem nach vierjähriger Bauzeit 1901 eröffneten und im Jugendstil ausgestatteten Müllerschen Volksbad das älteste öffentliche Hallenbad Münchens.

In München finden sich etwa 1.200 Brunnen, davon etwa 700 städtische. Der älteste ist der Fischbrunnen auf dem Marienplatz. Weitere markante Brunnen sind insbesondere der Wittelsbacherbrunnen am Lenbachplatz und der

Vater-Rhein-Brunnen auf der Museumsinsel, beides Werke von Adolf von Hildebrand.

**Moderne**

Münchens Architektur seit Beginn des 20. Jahrhunderts wurde stark von Stadtplanern und Architekten wie Theodor Fischer und German Bestelmeyer bestimmt, die zahlreiche Gebäude in der Stadt errichteten. Die Borstei ist eine denkmalgeschützte Wohnsiedlung im Stadtteil Moosach, die zwischen 1924 und 1929 erbaut wurde.

Olympiaturm

Von den Bauten aus der Zeit des Nationalsozialismus haben sich unter anderem das Haus der Kunst und die Parteigebäude am Ostrand des Königsplatzes erhalten.

Im Zweiten Weltkrieg wurde der größte Teil der Münchner Gebäude in 66 Luftangriffen stark beschädigt oder gar zerstört. Nur 2,5 % der Gebäude blieben unversehrt und fast die Hälfte der Baumasse wurde vernichtet. Besonders stark betroffen waren die Bahnhofsgegend, die Altstadt und Schwabing. Fast alle historischen Gebäude, die heute das Münchner Stadtbild prägen, wurden nach dem Krieg wieder aufgebaut, nach alten Plänen rekonstruiert oder im Stil der Altstadt neu gebaut.

Highlight Towers

In den Jahrzehnten nach dem Zweiten Weltkrieg entstanden nur vereinzelt bedeutsame Beispiele moderner Architektur, die teilweise sogar wieder abgerissen wurden wie etwa das spektakuläre Landesversorgungsamt der Brüder Luckhardt im Jahr 1989. Zu den wichtigeren Werken gehören der Kaufhof am Stachus von Theo Pabst, erster Münchner Kaufhausneubau nach Kriegsende, das von ihm zusammen mit Sep Ruf errichtete Justizgebäude Neue Maxburg in München, und der Neubau der Matthäuskirche von Gustav Gsaenger. Bedeutsame Beispiele moderner Architektur in München sind vor allem auch die Sportstätten (siehe unten).

Museum Brandhorst

Seit den 1990er Jahren erfasste die Stadt jedoch eine zweite Gründerzeit, die zunehmend anspruchsvollere Architektur hervorbrachte. Als gelungenstes sakrales Bauwerk gilt die Herz-Jesu-Kirche.

Die relativ wenigen Hochhäuser in München liegen bis auf das Alte Technische Rathaus aus den zwanziger Jahren des 20. Jahrhunderts und dem Central Tower München außerhalb der Innenstadt. Auch wurde 2004 in einem Bürgerentscheid die Höhe künftiger Hochhäuser auf 100 Meter begrenzt. Architektonisch am erwähnenswertesten sind der BMW-Vierzylinder am Olympiapark, neben dem im Oktober 2007 die futuristische BMW Welt eröffnet wurde, sowie das Hypo-Haus im Arabellapark und die im Norden von Schwabing gelegenen Highlight Towers. Das mit 146 Meter höchste Hochhaus der Stadt ist das Uptown München. 2007 wurde mit dem Bau des 84 Meter hohen Skyline Tower begonnen, der im August 2009 Richtfest feierte. Höchstes Bauwerk der Stadt ist der 291 Meter hohe Olympiaturm.

Am 9. November 2006 wurde das neue Jüdische Zentrum am St.-Jakobs-Platz in der Innenstadt eröffnet – ein Ensemble aus neuer Hauptsynagoge Ohel Jakob, dem Gemeindehaus der Israelitischen Kultusgemeinde München und dem städtischen Jüdischen Museum (eröffnet am 22. März 2007). Es ist das größte jüdische Zentrum Europas und beherbergt erstmals alle jüdischen Einrichtungen der Israelitischen Kultusgemeinde an einem Ort – mitten im Zentrum der Stadt. Entworfen wurde das Ensemble von den Architekten Wandel, Hoefer und Lorch, die auch schon die Dresdner Synagoge umgebaut haben. Herausstechendstes Merkmal des Ensembles sind die verschieden bearbeiteten Außenwände aus hellem Travertinstein, die besonders an der Hauptsynagoge an die Klagemauer in

Jerusalem erinnern sollen.

Viel Beachtung fand der Bau des Museum Brandhorst, das nach Plänen des Architekturbüros Sauerbruch Hutton im Kunstareal München erbaut und 2009 eröffnet wurde. Es befindet sich in unmittelbarer Nähe zur Pinakothek der Moderne, die vom Architekten Stephan Braunfels entworfen wurde und 2002 ihre Pforten öffnete.

180-Grad-Panorama von der Frauenkirche aus in Blickrichtung Südosten

## Parks

Die älteste Gartenanlage ist der Hofgarten aus der Renaissancezeit mit dem Dianatempel. Nordöstlich schließen sich der Finanzgarten und der seit 1789 gestaltete Englische Garten an, der München vom Zentrum bis an die nördliche Stadtgrenze durchzieht, und mit 4,17 km² Fläche sogar den Central Park in New York übertrifft. Im Westen der Altstadt am Stachus befindet sich der Alte Botanische Garten, in dem bis zu seiner Zerstörung durch Feuer der Glaspalast stand. Erhalten hat sich das klassizistische Eingangstor von Herigoyen mit einer von Johann Wolfgang Goethe eigens verfassten Inschrift.

Der Schlosspark Nymphenburg entstand im Westen von Schloss Nymphenburg im französischen Stil. Im 19. Jahrhundert wurde er bis auf das „Grand Parterre" in einen englischen Landschaftspark verwandelt. Nördlich schließt sich der Botanische Garten an. Südöstlich von Nymphenburg liegt der ehemals kurfürstliche Hirschgarten. Gleich drei barocke Schlösser befinden sich an der nördlichen Stadtgrenze im Park von Schloss Schleißheim, neben Herrenhausen ist er der einzige erhaltene große Barockgarten in Deutschland.

Bedeutend ist auch der Olympiapark, der neben mehreren Seen auch einen hervorragenden Blick über die Stadt vom Olympiahügel bietet. Daneben existieren zahlreiche weitere Parks und Grünflächen, wie zum Beispiel der Luitpoldpark, der West- und der Ostpark. Die vielen Parks machen München im Sommer zu einer äußerst grünen Stadt und ermöglichen im Winter sogar auf eigens gespurten Loipen das Langlaufen. Grünanlagen besonderer Art sind der aufgelassene Alte Südliche Friedhof mit zahlreichen Prominentengräbern sowie der ebenfalls aufgelassene Alte Nördliche Friedhof.

Die Isarauen sind eine lang gezogene, schmale Parklandschaft entlang des Gebirgsflusses, der anlässlich der Bundesgartenschau 2005 teilweise renaturiert wurde. Die Stadt kann, von Nord nach Süd stets an der Isar, durchgehend im Grünen durchgelaufen oder -geradelt werden. Die eigentlichen Isarauen zwischen Deutschem Museum und der Isarinsel Flaucher sind beliebter Ort zum Grillen und Baden (auch FKK). Südlich vom Flaucher liegt der Tierpark Hellabrunn.

Für die Bundesgartenschau 2005 wurde im Stadtteil Messestadt Riem mit dem Riemer Park eine weitere, ausgedehnte Parkanlage im Osten Münchens angelegt.

Schlosspark Nymphenburg

# Kultur

## Museen

Deutsches Museum

München ist international bekannt für seine Sammlungen der alten und klassischen Kunst, die in staatlichen, städtischen und privaten Museen wie Galerien präsentiert werden.

So gehören zum Beispiel die Alte und die Neue Pinakothek, sowie die Pinakothek der Moderne und das Lenbachhaus zu den weltweit renommiertesten Museen. Zusammen mit der Glyptothek, der Staatlichen Antikensammlungen und dem Museum Brandhorst bilden all diese das Kunstareal München. Auch das Staatliche Museum Ägyptischer Kunst erhält derzeit einen Neubau im Kunstareal.

Münchner Stadtmuseum

Eine weitere Museumslandschaft neben dem Kunstareal ist das Lehel mit dem Haus der Kunst, dem Bayerischen Nationalmuseum, der Archäologischen Staatssammlung, der Schackgalerie, der Galerie der Künstler und dem Völkerkundemuseum. Östlich der Isar an der Prinzregentenstraße liegt das einzigartige Jugendstilgebäude Villa Stuck mit einer Gemäldesammlung mit Franz von Stucks Werken sowie hochkarätigen Wechselausstellungen. In Oberföhring findet sich die Sammlung Goetz, die hochkarätige Wechselausstellungen in einem Museumsbau von Herzog & de Meuron präsentiert.

Das Münchner Stadtmuseum befindet sich im ehemaligen Zeughaus am St.-Jakobs-Platz und beherbergt eine Reihe von verschiedenen Sammlungen und Museen: Die Sammlung für Skulpturen und angewandte Kunst, das Filmmuseum, das Fotomuseum, die Sammlung für Grafik, Plakat, Gemälde, die Sammlung für Mode und Textilien, die Musiksammlung (Musikinstrumentensammlung), die Sammlung für Puppentheater und Schaustellerei sowie die Sammlungen zur Stadtkultur und Volkskunde. Aus den Beständen der verschiedenen Sammlungen werden regelmäßig Ausstellungen kuratiert, die entweder sammlungsspezifisch (zum Beispiel im Fotomuseum) oder sammlungsübergreifend (zum Beispiel die Ausstellung „Typisch München") konzipiert sind.

Gegenüber dem Münchner Stadtmuseum befindet sich ein weiteres städtisches Museum: Das Jüdische Museum, das dort mit der neuen Synagoge und dem jüdischen Gemeindezentrum das neue Jüdische Zentrum bildet. Darüber hinaus unterhält die Stadt München verschiedene Galerien wie etwa die Lothringer13, die Kunstarkaden, die Rathausgalerie, das MaximiliansForum oder die Artothek, wo Kunstwerke entliehen werden können.

Das Residenzmuseum befindet sich in der ehemaligen Residenz der Wittelsbacher in Münchens Altstadt und ist eines der bedeutendsten Schlossmuseen Europas. Festsäle, Prunkräume oder Hofkapellen bayerischer Herrscher vermitteln einen Einblick in historische Raumensembles verschiedener Epochen mit bedeutenden Exponaten der Wittelsbacher Sammlungen von Silber, Porzellan, Miniaturen, Gemälden, antiken Skulpturen, Bronzeplastiken, Tapisserien, Möbeln, Uhren, Kerzenleuchtern und Lüstern. Auch die Staatliche Münzsammlung ist in der Residenz untergebracht.

Im Schloss Nymphenburg befinden sich das Marstallmuseum, die Nymphenburger Porzellansammlung aber auch das naturkundliche Museum Mensch und Natur.

Darüber hinaus gibt es in der Stadt weitere Museen für die bisher nicht zusammengefassten naturwissenschaftlichen Sammlungen des Staates, so das Paläontologische Museum, das Museum Reich der Kristalle, sowie für die Anthropologische, die Geologische, die Botanische und die Zoologische Staatssammlung. Ein Publikumsmagnet, auch durch die prominente Lage in der Innenstadt, ist das Deutsche Jagd- und Fischereimuseum.

Alte Pinakothek

Das Deutsche Museum mit zum Teil einmaligen technischen Exponaten gehört mit über einer Million Besucher pro Jahr zu den meistbesuchten Museen Europas und ist das größte technisch-naturwissenschaftliche Museum der Welt. Zweigstellen sind die Flugwerft Schleißheim und das neu eröffnete Verkehrsmuseum an der Theresienwiese. Daneben gibt es mit dem BMW Museum und dem Museum im SiemensForum München Sammlungen zur Firmengeschichte in München ansässiger Technikkonzerne.

## Bildende Kunst

In der Spätgotik gab es in München eine erste kulturelle Blüte, als unter anderem Erasmus Grasser und Jan Polack in der Stadt arbeiteten. In der Renaissancezeit wurde die Stadt zu einem Zentrum der Bildhauer, das von Hubert Gerhard und Hans Krumpper geprägt wurde. Als Maler waren in dieser Zeit Barthel Beham, Hans von Aachen und Peter Candid in München tätig.

*Pfalzgraf Ottheinrich*, Barthel Beham, 1535

Im 18. Jahrhundert erlebte die Stadt ein Goldenes Zeitalter der Bildenden Kunst das von Persönlichkeiten wie Cosmas Damian Asam, Egid Quirin Asam, Johann Michael Fischer, François de Cuvilliés, Ignaz Günther, Johann Baptist Zimmermann und Johann Baptist Straub bestimmt wurde.

Zu einer neuen Blüte des Erzgusses kam es zu Beginn des 19. Jahrhunderts durch Ludwig von Schwanthaler. Seine Zeitgenossen waren die Münchner Künstler Carl Rottmann, Lovis Corinth, Wilhelm Leibl und Carl Spitzweg.

Das Schaffen der nächsten Malergeneration zog sich teilweise bis in zwanziger Jahre des 20. Jahrhunderts. Unter ihnen waren unter anderem die Münchner „Malerfürsten" Friedrich August von Kaulbach, Franz von Lenbach und Franz von Stuck.

*Der arme Poet*, Carl Spitzweg, 1839

Diese Generation arrivierter und etablierter Münchner Künstler blickte meist nur abfällig auf die Werke, die von Künstlern angefertigt wurden, die dem Blauen Reiter zugeordnet werden. Der Blaue Reiter wurde 1911 ins Leben gerufen und ließ München schließlich zu einem Zentrum moderner Kunst aufsteigen. Mitglieder waren Paul Klee, Wassily Kandinsky, Alexej von Jawlensky, Gabriele Münter, Franz Marc, August Macke und Alfred Kubin.

1919 wurden die ersten Studios der Bavaria Film in Geiselgasteig – einem Ortsteil der Gemeinde Grünwald im Süden Münchens – errichtet.

## Literatur

Im 19. Jahrhundert lebten unter anderen Heinrich Heine, Friedrich Hebbel und Hans Christian Andersen für längere Zeit in München.

Das literarische Leben der Stadt mit seinem Zentrum in Schwabing nahm in den letzten Jahrzehnten des Königreiches Bayern einen großen Aufschwung und wurde geprägt von Schriftstellern wie Paul Heyse, Lena Christ, Ludwig Thoma, Thomas Mann, Rainer Maria Rilke und Frank Wedekind.

In der Weimarer Republik waren die bekanntesten literarischen Münchner Repräsentanten Lion Feuchtwanger, Annette Kolb, Bertolt Brecht und Oskar Maria Graf.

Später gelangte der in München geborene Schriftsteller Eugen Roth zu literarischem Ruhm, und viele Schriftsteller wie Erich Kästner, Wolfgang Koeppen und Michael Ende lebten und arbeiteten in der Stadt.

## Theater, Oper, Ballett

München besitzt eine sehr reichhaltige Theater-, Ballett- und Opernkultur mit fünf staatlichen, drei städtischen und über 50 privaten Bühnen.

Das musikalische Leben der Stadt hat eine lange Tradition. Hier wirkten bedeutende Komponisten wie Orlando di Lasso, Carl Maria von Weber, Gustav Mahler, Richard Strauss und Carl Orff. Im Salvatortheater wurde 1775 Wolfgang Amadeus Mozarts *La finta giardiniera* uraufgeführt, 1781 folgte im Cuvilliés-Theater die Weltpremiere seines *Idomeneo*. Im Nationaltheater kamen unter Ludwig II. mehrere Opern Richard Wagners zur Uraufführung. Im Musiktheater sind vor allem die Bayerische Staatsoper und das Staatstheater am Gärtnerplatz zu nennen, die jeweils über eine eigene Ballettkompanie verfügen: das Bayerische Staatsballett und das TanzTheaterMünchen. Die von Hans Werner Henze gegründete Münchner Biennale widmet sich modernem Musiktheater.

Nationaltheater München

Münchner Kammerspiele

In der Sparte Sprechtheater sind die bedeutendsten Bühnen der Stadt das Bayerische Staatsschauspiel, die Münchner Kammerspiele und das Münchner Volkstheater. Seit den Premieren von Gotthold Ephraim Lessing 1775 haben viele bekannte Autoren in München ihre Stücke zur Uraufführung gebracht, darunter Christian Friedrich Hebbel, Henrik Ibsen und Hugo von Hofmannsthal. Von den privaten Bühnen ist das Metropol-Theater bereits mehrfach ausgezeichnet worden. Boulevardtheater bietet die Komödie im Bayerischen Hof – meist mit prominenten Schauspieler/innen in den Hauptrollen.

Im Kinder- und Jugendtheater spielt die Schauburg der Stadt München eine zentrale Rolle. Daneben gibt es noch verschiedene andere private Bühnen für Kinder, wie etwa das Münchner Theater für Kinder oder das Münchner Marionettentheater. Das Marionettentheater Kleines Spiel spielt dagegen nahezu ausschließlich am Abend und für Erwachsene.

Im Kabarettbereich sind die Münchner Lach- und Schießgesellschaft, das Lustspielhaus oder der Schlachthof wichtige Bühnen der Stadt. Unter den Münchner Kabarettisten ragen z. B. Karl Valentin, Dieter Hildebrandt oder Gerhard Polt hervor.

Die bedeutendsten Spielstätten sind das Nationaltheater München (Bayerische Staatsoper, Bayerisches Staatsballett), das Residenztheater (Bayerisches Staatsschauspiel), das Staatstheater am Gärtnerplatz (Oper, Operette, Tanz und

Musical), das Prinzregententheater (u. a. Bayerische Theaterakademie August Everding, staatliche Theater, Konzerte), das Schauspielhaus (Münchner Kammerspiele), die Schauburg (auch: SchauBurg), das Münchner Volkstheater sowie das Deutsche Theater – das größte Gastspieltheater Deutschlands, das derzeit renoviert wird.

## Orchester und Chöre

Die Münchner Philharmoniker, das Symphonieorchester des Bayerischen Rundfunks und das Bayerische Staatsorchester zählen zu den bedeutendsten deutschen Orchestern und arbeiten regelmäßig mit den international renommierten Dirigenten zusammen, aber auch die Münchner Symphoniker oder das Münchener Kammerorchester genießen einen sehr guten Ruf.

Münchner Philharmoniker im Gasteig

Wichtige Chöre sind u. a. der Philharmonische Chor München, der Chor des Bayerischen Rundfunks, der Münchener Bach-Chor, der orpheus chor münchen oder der Tölzer Knabenchor, dessen Studio sich in München/Solln befindet und bei dem die Mehrheit der Knaben aus München stammt.

Die wichtigsten Spielstätten für Orchester und Chöre in München sind die Philharmonie im Gasteig (2387 Plätze), das Prinzregententheater (1081 Plätze) oder der Herkulessaal (1270 Plätze) in der Münchner Residenz. Bis heute fehlt jedoch München ein optimal klingender Konzertsaal, was häufig zu Debatten führt. Für eine mögliche Sanierung der Philharmonie im Gasteig, um diese akustisch aufzuwerten, fehlen der Stadt München derzeit die finanziellen Mittel. Die Bayerische Staatsregierung favorisiert einen kompletten Neubau eines Konzertsaals mit ca. 1800 Plätzen, bei dem unterschiedliche Orte diskutiert werden (u. a. der Finanzgarten oder der Apothekenhof der Residenz).

## Kulturelle und regelmäßige Veranstaltungen

Überregional bekannte kulturelle Veranstaltungen sind unter anderem die Opernfestspiele, die Tanzwerkstatt Europa und das Filmfest.

Das Oktoberfest

Zu Beginn des Jahres finden zur Faschingszeit der Tanz der Marktfrauen, das Faschingstreiben am Viktualienmarkt sowie am Aschermittwoch das traditionelle Geldbeutelwaschen am Fischbrunnen auf dem Marienplatz statt. Im Februar und März folgt dem Aschermittwoch die „Starkbierzeit“, die mit verschiedenen Veranstaltungen begangen wird – zum Beispiel mit dem Derblecken auf dem Nockherberg, das alljährlich vom Bayerischen Rundfunk übertragen wird.

Im März locken neben dem St. Patrick's Day auch die Münchner Bücherschau junior Besucher an, die als Großveranstaltung neben Kinder- und Jugendliteratur auch die Leseförderung in den Mittelpunkt stellt. Zur Osterzeit findet in München am Karsamstag ein Ostermarsch statt. Im April findet das Frühlingsfest auf der Theresienwiese statt – ein Volksfest, jedoch kleiner als das berühmte Oktoberfest.

Am ersten Mai findet das Kultur- und Familienfest am Marienplatz statt. Es folgt am ersten Maiwochenende der Beginn der ersten neuntägigen Auer Dult (Maidult) des Jahres. Seit 1988 findet alle zwei

Jahre ein internationales Festival für neues Musiktheater statt: die Münchener Biennale. Zwischen Mai und August findet die Münchner Bladenight statt, Europas größte Nachtskate-Veranstaltung.

Anfang Juni findet mit dem StuStaCulum Deutschlands größtes von Studenten organisiertes Musik- und Theaterfestival im Münchner Stadtteil Freimann statt. Mitte Juni wird alljährlich an einem Wochenende zwischen Marienplatz und Odeonsplatz der Münchner Stadtgeburtstag gefeiert. Darüber hinaus finden im Juni verschiedene Festivals statt: das Streetlife-Festival, das Comicfestival München, das Munich International Short Film Festival sowie Ende Juni/Anfang Juli das Filmfest München, das zweitgrößte Filmfestival Deutschlands.

Auer Dult auf dem Mariahilfplatz im Münchner Stadtteil Au

Im Juni und Juli findet das Tollwood-Festival auf dem Olympiapark Süd sowie die Münchner Opernfestspiele statt.

Wichtige Veranstaltungen im Juli sind der Christopher Street Day, der traditionelle Kocherlball, das Japanfest München am dritten Sonntag beim Japanischen Teehaus hinter dem Haus der Kunst. Ende Juli zieht die zweite Auer Dult (Jakobidult) sowie Bell'Arte – Musikalischer Sommer im Brunnenhof der Münchner Residenz Besucher an.

In den ersten zehn Augusttagen findet an verschiedenen Veranstaltungsorten in München die Tanzwerkstatt Europa statt, ein Festival für internationalen zeitgenössischen Tanz. Im Olympiapark wird ebenfalls im August das Sommerfest sowie das LILALU & Kultur- und Familienfestival veranstaltet.

Mitte September findet das zweite Streetlife-Festival statt und das Oktoberfest beginnt auf der Theresienwiese, die *(Wiesn)*, die bis zum ersten Sonntag im Oktober andauert.

Mitte Oktober beginnt die dritte, neuntägige Auer Dult (Kirchweihdult) und im November findet die Münchner Bücherschau im Gasteig statt. Im November und Dezember findet alle zwei Jahre das Theaterfestival Spielart statt. Kurz vor dem ersten Adventssonntag beginnt das Winter-Tollwood auf der Theresienwiese, das bis Neujahr andauert. Darüber hinaus gibt es in der Adventszeit auf verschiedenen Plätzen in München Christkindlmärkte (zum Beispiel Marienplatz, Weißenburger Platz).

### Kulinarische Spezialitäten

Die Weißwurst wurde 1857 in München erfunden und ist die wohl berühmteste kulinarische Spezialität. Weiter sind zum Beispiel der Leberkäs bzw. die Leberkässemmel, die Brezn, die Ausgezogene (ein rundes Schmalzgebäck) und das Münchner Bier zu nennen.

## Wirtschaft und Infrastruktur

Laut einer Vergleichsstudie (von den Zeitschriften Wirtschaftswoche, der Initiative Neue Soziale Marktwirtschaft (INSM) und der Kölner IW Consult GmbH) hat München unter den fünfzig größten deutschen Städten die zweithöchste Wirtschaftskraft. Die neueste Studie der Initiative Neue Soziale Marktwirtschaft und des Magazins *Wirtschaftswoche* erklärte München prognostisch erneut zur wirtschaftlich erfolgreichsten Stadt Deutschlands. Die Studie bewertet wirtschaftliche und strukturelle Indikatoren wie Produktivität, Bruttoeinkommen, Investitionen, Innovationen, Arbeitslosenquote und Zahl der Hochqualifizierten.

## Tourismus

Die Sehenswürdigkeiten und die Einkaufsmöglichkeiten in der Stadt aber auch ihre Messen und Kongresse ziehen zahlreiche Touristen und Geschäftsreisende an. Die Fachjury des National Geographic Traveler setzte München 2008 im weltweiten Ranking der besten 110 historischen Orte auf Rang 30.[29]

Die Zahl der Übernachtungen wuchs 2009 auf 9,9 Millionen (Plus von 0,6 Prozent).[30] Davon reisten 4,4 Millionen aus dem Ausland an (Minus von 3 Prozent gegenüber 2008). Die US-Amerikaner waren mit 597.000 Übernachtungen (Minus von 2,4 Prozent) die größte ausländische Reisegruppe, gefolgt von Italienern (518.000) und Briten (341.000). Eine Besonderheit Münchens in den Sommermonaten sind die vielen arabischen Touristen aus der Golfregion (271.000 Übernachtungen), die in der Innenstadt nicht nur einkaufen, sondern sich häufig während ihres Aufenthalts in Münchner Kliniken medizinisch versorgen lassen. 2011 machten nach Angaben des Tourismusamtes 102.000 Touristen aus den Golfstaaten in München Urlaub. [31]

## Einzelhandel

Der Einzelhandel in München ist vielseitig. Von der preiswerten Kategorie bis hin zur Luxuskategorie sind alle Kategorien abgedeckt. Mit der Neuhauser Straße und der Kaufingerstraße ist München gleich zweifach unter den fünf meistbesuchten Einkaufsstraßen Deutschlands vertreten. Laut einer Untersuchung von Jones Lang LaSalle hatte die Neuhauser Straße mit 13.515 Passanten pro Stunde die bundesweit zweithöchste Besucherfrequenz. Nur die Schildergasse in Köln war mit 14.265 Passanten pro Stunde häufiger besucht. Nach der Zeil in Frankfurt am Main (13.035 Passanten) war die Kaufingerstraße mit 12.975 Passanten pro Stunde auf Platz 4 vertreten. Beide Einkaufsstraßen befinden sich in der günstigen bis mittleren Preiskategorie.[32]

Die Kaufingerstraße ist eine bekannte Einkaufsstraße in München

## Verkehr

### Luftverkehr

Der 29 km nordöstlich von der Stadtmitte im Erdinger Moos gelegene Flughafen München (internationaler Flughafen-Code: *MUC* (IATA-Code) *EDDM* (ICAO-Code)) ist mit fast 35 Millionen Passagieren im Jahr 2008 der zweitgrößte Flughafen Deutschlands und der siebtgrößte Europas. Seit der Entscheidung der Lufthansa, München als zweites Drehkreuz neben Frankfurt zu etablieren, wird der Flughafen international immer besser angebunden; über 20 Langstreckenflugzeuge sind dort stationiert. Das Kontinentalnetz der Lufthansa in München ist sogar umfangreicher als bei jedem anderen deutschen Flughafen. Der Flughafen ist über die Autobahn A 92 zu erreichen; als öffentliche Verkehrsmittel stehen vor allem die S-Bahn-Linien S1 und S8 zur Verfügung, die den Flughafen mit der Münchner Innenstadt verbinden.

Flughafen München

Weitere Flughäfen in der Münchner Umgebung sind die für die allgemeine Luftfahrt – zum Teil nur eingeschränkt – nutzbaren Flugplätze Oberpfaffenhofen und Schleißheim. Der 90 km entfernte Flughafen Memmingen wird von Ryanair als *Flughafen München-West* vermarktet.

### Schienenverkehr

Auf der Schiene ist München gut an das internationale Streckennetz angeschlossen. Es bestehen Direktverbindungen (teilweise per Nachtzug) zu deutschen und europäischen Großstädten. Neben dem Hauptbahnhof gibt es mit Bahnhof München-Pasing und München Ost zwei weitere Fernbahnhöfe im Münchner Stadtgebiet. Der Eisenbahngüterverkehr nutzt den Rangierbahnhof München Nord Rbf.

Münchner Hauptbahnhof

Fernverkehrsverbindungen

Folgende Fernverkehrsverbindungen passieren den Münchner Hauptbahnhof oder beginnen dort:

- TGV: *München* – Stuttgart – Karlsruhe – Strasbourg – Paris
- ICE-Linie 11: Berlin – Frankfurt am Main – *München* – Innsbruck
- ICE-Linie 25: Hamburg – Nürnberg – *München* – Garmisch-Partenkirchen
- ICE-Linie 28: *München* – Augsburg – Nürnberg – Leipzig – Berlin
- ICE-Linie 41: *München* – Ingolstadt – Nürnberg – Würzburg – Frankfurt am Main
- ICE-Linie 42: *München* – Stuttgart – Frankfurt – Köln – Dortmund – Amsterdam
- ICE-Linie 116: *München* – Salzburg – Linz – Wien
- RJ 63: *München Hbf* – Salzburg Hbf – Linz Hbf – Wien Westbf – Budapest
- EC-Linie 88: *München* – Lindau – Zürich
- EC-Linie 89: *München* – Bozen – Verona

Nachtzüge

Diese Nachtzüge bieten unter anderem Direktverbindungen mit folgenden Städten:

- Bologna – Florenz – Rom
- Verona – Venedig
- Ruhrgebiet – Amsterdam
- Paris
- Bremen – Hamburg
- Berlin
- Wien – Budapest
- Ljubljana – Zagreb/Rijeka

### Überregionaler Busverkehr

Frontansicht ZOB München von der Hackerbrücke (2012)

geohack/geohack.php?pagename=M%C3%BCnchen&language=de&params=48.14205_N_11.548562_E_dim:500_region:DE-BY_type:landmark&title=Lage ⊙]

Der Zentrale Omnibusbahnhof München (ZOB) stellt einen wichtigen Verkehrsknotenpunkt für Bus und Bahn im nationalen wie internationalen Verkehr dar.

Das neue Gebäude für den ZOB ist zentral an der Hackerbrücke gelegen und wurde am 11. September 2009[33] eröffnet. Der ZOB bietet durch seine direkte Lage neben dem S-Bahn-Haltepunkt *Hackerbrücke* eine optimale Anbindung an das Münchner Umland sowie den Münchner Flughafen. Wie beim Vorgängerstandort befindet sich der Münchner Hauptbahnhof in unmittelbarer Nähe.

### Öffentlicher Personennahverkehr

Im öffentlichen Personennahverkehr betreibt die S-Bahn München ein Netz von zehn S-Bahn-Linien, wobei alle Hauptlinien im Bereich der Innenstadt in einem zentralen Stammstreckentunnel gebündelt sind. Um diesen bis an das technisch Machbare ausgelasteten Tunnel zu entlasten, wird derzeit der Bau einer parallel verlaufenden zweiten Stammstrecke vorbereitet.

MVV-Schienennetz mit Metrobuslinien

Derzeit planen die Stadt München und der Freistaat Bayern den Bau einer Express-S-Bahn vom Münchner Hauptbahnhof zum Münchner Flughafen (Stand: Dezember 2009).

Die MVG (Münchner Verkehrsgesellschaft, eine Tochter der Stadtwerke München), betreibt sechs U-Bahnlinien, elf Straßenbahnlinien und ein umfangreiches Busnetz mit 66 Linien.[34] Von 1948 bis 1966 verkehrte außerdem der Oberleitungsbus München in der Stadt.

Der Verkehr im Busnetz ist dabei zu etwa 45 % an private Kooperationspartner ausgelagert. Das U-Bahn-Netz Münchens ist mit 94,7 km das drittlängste Deutschlands (unterirdisch mit 86 km sogar das zweitlängste) und befördert täglich etwa 960.000 Menschen.[34]

Alle öffentlichen Verkehrsmittel Münchens fahren zum einheitlichen Tarif innerhalb des Münchner Verkehrs- und Tarifverbunds (MVV).

### Straßenverkehr

München hält mehrere Rekorde zum Verkehrsfluss. In den *1960ern* wurde der Stachus das verkehrsreichste Straßenkreuz Europas. Die Donnersbergerbrücke gilt heute als die meistbefahrene Autobrücke Europas.

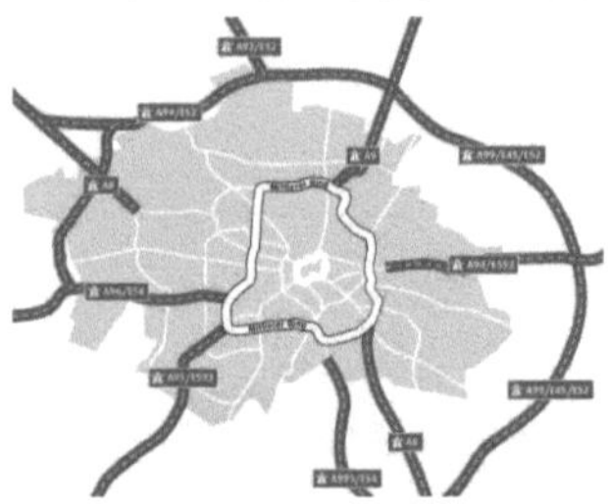

Autobahnen und Mittlerer Ring

Das Straßennetz Münchens litt unter Fehlplanungen eines lange Zeit vorherrschenden städtebaulichen Zentrismus. Die Stadt befürchtete wirtschaftliche Verluste, wenn insbesondere der neu aufkommende Urlauberverkehr nach Italien nicht mehr in der Stadt anhalten, sondern sie umfahren würde. Deshalb wurde der bereits in der Vorkriegszeit trassierte Münchner Autobahnring nicht zügig in den 1950ern in Angriff genommen. Zögerlich wurde in den 1960ern als Ersatz der Mittlere Ring (Bundesstraße B 2 R) gebaut. Der die Stadt umgebende Autobahnring, die Bundesautobahn A 99, ist bis heute nicht vollständig geschlossen. Darüber hinaus führen insgesamt sieben Bundesstraßen durch München, wobei die B 471 weitgehend parallel zum heutigen Autobahnring verläuft.

In München wurde ab dem 1. Oktober 2008 eine Umweltzone eingerichtet. Sie umfasst die Straßen innerhalb des Mittleren Rings. Der Mittlere Ring selbst gehört nicht zur Umweltzone, um nachteilige Verlagerungen des Verkehrsflusses zu vermeiden. Die Umweltzone darf nur mit Kraftwagen mit einer Feinstaubplakette befahren werden.[35]

Folgende Bundesstraßen führen durch München:

- B 2 Grenze/PL – Berlin – Leipzig – Nürnberg – Augsburg – München – Garmisch-Partenkirchen – Grenze/A
- B 2 R Mittlerer Ring/München

- B 11 Grenze/CZ – Landshut – München – Kochel am See – Grenze/A
- B 12 Lindau (Bodensee) – München *(als A94/A96)* – Passau – Grenze/CZ
- B 13 Würzburg – Ingolstadt – München – Bad Tölz
- B 304 Dachau – München – Freilassing
- B 471 – Vorläufer des heutigen Autobahnrings, die weitgehend parallel zu diesem verläuft.

Autobahnen, die in München beginnen oder dorthin führen, sind die:

- A 8 Karlsruhe – Stuttgart – Ulm – Augsburg – München – Salzburg
- A 9 München – Nürnberg – Leipzig – Berlin; über die A 93 nach Regensburg bzw. Hof/Oberfranken
- A 92 München – Landshut – Deggendorf
- A 94 *(im Bau)* München – Passau/Wien
- A 95 München – Garmisch-Partenkirchen
- A 96 München – Memmingen – Lindau (Bodensee)
- A 99 Autobahnring München
- A 995 München – Kreuz München-Süd/A8

**Fahrradverkehr**

Radweg in der Münchner Goethestraße

Das Münchner Radwegenetz ist mehr als 1.200 Kilometer lang, was mehr als 50 Prozent der gesamten Länge des Münchner Straßennetzes entspricht. 212 Einbahnstraßen sind in beide Fahrtrichtungen offen und auf 17 Fahrradstraßen haben die Radfahrer Vorrang. Für Radfahrer gibt es im Stadtgebiet etwa 25.000 Fahrradständer und an Haltestellen des öffentlichen Nahverkehrs (MVV) befinden sich darüber hinaus 50.000 Stellplätze für Fahrräder („Bike-and-ride-Stellplätze") (Stand: 2010).

Von 1992 bis 2010 wurden für neue Fahrradständer sowie den Ausbau des Radwegenetzes 32 Millionen Euro investiert. Seit 2007 wird Schritt für Schritt das Wegweisersystem des Münchner Radlnetzes verbessert, indem die alten Schilder durch neue grün-weiße Beschilderungen ersetzt werden, deren Schrift doppelt so groß ist und die Ziele sowie Entfernungsangaben enthalten. Ausgeschilderte Fahrradrouten verbinden Knotenpunkte der Stadt auf Wegen, die gut für Radfahrer geeignet sind, indem sie Behinderung durch Kraftverkehr, Fußgänger sowie Ampeln minimieren. Ferner führt um die Stadt herum der RadlRing München.

2010 machte der Fahrradverkehr 14 Prozent des Verkehrsaufkommens in München aus. Aus Klimaschutzgründen will die Stadt bis 2015 den Anteil des Fahrradverkehrs auf 17 Prozent steigern und setzt dafür zusätzliche finanzielle Mittel für die Infrastruktur, Öffentlichkeitsarbeit sowie Events ein. So wurden zum Beispiel die Gelder zur Förderung des Radverkehrs ab 2010 auf 4,5 Millionen Euro verdreifacht. Seit dem Sommer 2010 nennt sich München „Radlhauptstadt".[36]

## Gesundheitswesen

München hat 45 Krankenhäuser (Liste der Krankenhäuser in München) mit insgesamt 11.533 aufgestellten Betten (Stand 2009). In freier Praxis sind 3.610 Ärzte (383 Einwohner je Arzt) und 1.284 Zahnärzte (1.077 Einwohner je Zahnarzt) tätig (Stand 2010).[37]

## Ansässige Unternehmen

BMW-Zentrale mit BMW-Vierzylinder und BMW Museum

Wichtige Wirtschaftszweige in München sind Tourismus, Fahrzeug- und Maschinenbau, Elektrotechnik sowie Software- und IT-Industrie. Die hohe Dichte an IT-Unternehmen hat München auch den Spitznamen „Isar Valley" eingebracht. München ist auch wichtiger Finanzstandort und das Versicherungszentrum Deutschlands. Weiter ist die Stadt ein wichtiger Standort für Biotechnologie, die sich allerdings im schon zur Nachbargemeinde Planegg gehörenden Ortsteil Martinsried konzentriert.

Als Medienstandort ist die Stadt von deutschlandweiter Bedeutung. In München haben weltweit nach New York die meisten Verlage ihren Sitz. Fernseh- und Filmindustrie sind ebenfalls in der Stadt und im unmittelbaren Umland stark vertreten (Fernsehindustrie in Unterföhring und Filmindustrie in Geiselgasteig, zu Grünwald).

Siemens-Zentrale am Wittelsbacherplatz

München ist mit der von Messe München GmbH betriebenen Neue Messe München ein bedeutender Messestandort.

Mit Allianz SE, BMW, Linde AG, Munich Re und Siemens haben fünf DAX-Unternehmen in München ihren Hauptsitz. Damit belegt die Stadt vor Düsseldorf und Frankfurt am Main mit je drei DAX-Unternehmen den Spitzenplatz in dieser Statistik. Weiter befindet sich in der Stadtrandgemeinde Neubiberg der Firmensitz des DAX-Unternehmens Infineon. Unter den Städten mit Global-500-Unternehmen lag München 2009 weltweit auf Rang 8.[38]

Auch die Konzernzentrale von MAN befindet sich in München, allerdings ist das Unternehmen seit September 2012 nicht mehr im DAX vertreten.

In München und im nahen Münchner Umland haben zahlreiche Unternehmen ihren Firmensitz. Besonders nach dem Zweiten Weltkrieg haben viele Firmen ihre Zentrale aus Berlin oder Ostdeutschland nach München verlegt.

## Medien

### Fernsehen und Hörfunk

BR-Hauptfunkhaus, München

München ist Sitz des Bayerischen Rundfunks, der Programmdirektion des ARD-Gemeinschaftsprogramms Das Erste und des ZDF-Landesstudios Bayern. Ferner gibt es in München und im direkten Umland zahlreiche private Fernseh- und Hörfunkanbieter wie ProSiebenSat.1 Media (ProSieben, Sat.1, kabel eins), Tele München Gruppe, Sport1, Sky Deutschland, München TV. Zwei landesweite Privatradiostationen haben in München ihren Sitz: Antenne Bayern und egoFM, außerdem gibt es fünf lokale Radiosender: Radio Gong 96,3, Radio Arabella 105.2, Energy München, 95.5 Charivari und Radio2day 89,0.

### Verlage

München ist mit etwa 250 ansässigen Verlagen ein wichtiger Standort der Printmedien (beispielsweise Burda Verlag, Süddeutscher Verlag, IDG). Neben New York City hat die Landeshauptstadt den Ruf als führende Buchverlagsstadt der Welt.

In München finden sich unter anderem folgende Verlage: Deutscher Taschenbuch Verlag, Langenscheidt Verlag, Bonnier, C. H. Beck Verlag, Carl Hanser Verlag, Droemer Knaur, Elsevier, Gräfe und Unzer Verlag, Oldenbourg Verlag, Piper Verlag, Prestel Verlag, Random House Verlagsgruppe, Verlag Antje Kunstmann.

Zur Geschichte des Buchhandels in München siehe Artikel Münchner Buchhandel 1500–1850.

### Zeitungen

Neben der auch bundesweit bedeutsamen *Süddeutschen Zeitung (SZ)* sind noch der *Münchner Merkur*, die *Abendzeitung (AZ)* und die *Tageszeitung (TZ)* als Tageszeitungen zu nennen.

### Medienausbildung

Die Deutsche Journalistenschule bildet in München Journalisten für sämtliche Medien aus. Die Münchner Hochschule für Film und Fernsehen bildet zukünftige Filmemacher aus, von denen viele später auch für das Fernsehen und den Hörfunk arbeiten. Darüber hinaus bilden auch Münchner Zeitungen, TV- und Radiosender in Volontariaten künftige Medienmacher aus.

## Verschuldung

| Jahr | Schuldenstand (in Mio. EUR)[39] |
|---|---|
| 2012 (Planung) | 1.361 |
| 2011 | 1.673 |
| 2010 | 2.223 |
| 2009 | 2.306 |
| 2008 | 2.305 |
| 2007 | 2.905 |
| 2006 | 3.335 |
| 2005 | 3.414 |
| 2004 | 3.380 |

| | |
|---|---|
| 2003 | 3.068 |
| 2002 | 2.446 |
| 2001 | 2.153 |
| 2000 | 2.111 |

Die Stadt München kann seit 2006 sämtliche investiven Maßnahmen ohne Nettoneuaufnahme von Krediten finanzieren. Seit dem Schuldenhöchststand von 3,4 Mrd. Euro im Jahr 2005 hat die Stadt bis zum Jahresende 2011 über 1,7 Mrd. Euro Kredite getilgt. Im Jahr 2011 konnte der Schuldenstand des Hoheitshaushalts durch eine Tilgung von 550 Mio. Euro von 2.223 Mio. Euro auf 1.673 Mio. Euro zum 31. Dezember verringert werden. Damit lag er auf dem niedrigsten Stand seit 1995. Die Pro-Kopf-Verschuldung bezogen auf den Hoheitshaushalt in München lag zum Jahresende 2011 bei rund 1.186 Euro.[40]

Den Schulden steht allerdings ein großes Aktivvermögen in Form von städtischen Beteiligungen wie etwa an Wohnungen oder den Stadtwerken gegenüber.[41]

## Öffentliche Einrichtungen

In München haben verschiedene Ämter, Gerichte sowie Körperschaften und öffentlich-rechtliche Anstalten ihren Sitz, unter anderem die Regierung von Oberbayern und das Europäische Patentamt.

Die Stadtverwaltung München ist in elf Fachreferate aufgeteilt und hat zahlreiche Dienstgebäude im Stadtgebiet.

### Gerichte und Staatsanwaltschaften

München ist ein wichtiger Standort für Gerichte in Bayern, wie etwa dem Bayerischen Verfassungsgerichtshof, dem Bayerischen Verwaltungsgerichtshof oder dem Bayerischen Landessozialgericht. Der Bundesfinanzhof als einer der fünf obersten Gerichtshöfe Deutschlands, sowie das Bundespatentgericht haben ebenfalls ihren Sitz in München. Der Justizpalast am Stachus prägt das Stadtbild der Münchner Innenstadt. Hier fanden z. B. 1943 die Prozesse gegen die Mitglieder der Widerstandsgruppe Weiße Rose vor dem Volksgerichtshof statt, der dafür eigens aus Berlin angereist war.

Bay. Verfassungsgerichtshof und Oberlandesgericht München

Justizpalast, Landgericht

Justizpalast, Landgericht

Justizvollzugsanstalt München-Stadelheim

### Justizvollzugsanstalten

In München befindet sich eine Justizvollzugsanstalt (JVA): Die Justizvollzugsanstalt München-Stadelheim ist die größte JVA in Bayern. Der Jugend- und Frauenstrafvollzug findet in einer Außenstelle in unmittelbarer Nachbarschaft zum Hauptgelände statt.

Olympiaturm

### Versorgung mit Rundfunk- und Fernsehsendern

Im Sommer 2005 wurde der digitale Rundfunkempfang über Antenne (DVB-T) im Münchner Raum eingeführt. Der Sender ist auf dem Olympiaturm montiert, wovon auch einige UKW-Sender übertragen werden. Im Landkreis München gibt die Sendeanlage Ismaning, die den Bayerischen Rundfunk mit dem Lokalfenster München überträgt. Außerdem gibt es den Fernmeldeturm der Oberpostdirektion München in der Blutenburgstraße, der anderem die Sender EgoFM und M94.5 überträgt. Sein Signal reicht aufgrund seiner geringen Sendeleistung abhängig vom Programm jedoch nur ca. bis an die Stadtgrenzen.

Der nur 65 km entfernte Sender Wendelstein auf dem gleichnamigen Berg versorgt vor allem die südlichen Stadtteile. Drei Ausnahmen seien zu erwähnen: der Sender Zugspitze, der Sender Hochries bei Rosenheim sowie der Sender Isen bei Ebersberg. Sie versorgen München auch mit privaten Radioprogrammen.

Da München eine günstige geographische Lage vor den Alpen hat, können mehrere Sender auf Gipfeln der bayerischen und österreichischen Berge die Stadt ebenso mit Radioprogrammen versorgen.

Der reibungslose Empfang des Österreichischen Rundfunks (ORF) wird über den Sender Gaisberg bei Salzburg garantiert, der im ganzen Stadtgebiet gut zu empfangen ist.

## Bildung und Forschung

### Hochschulen und Forschungseinrichtungen

Hochschule für angewandte Wissenschaften

#### Staatliche Träger

München verfügt über zwei große Universitäten, die zugleich beide zu den neun deutschen Eliteuniversitäten gehören: Die Ludwig-Maximilians-Universität München (LMU) und die Technische Universität München (TUM). Die renommierte LMU wurde 1472 in Ingolstadt gegründet, 1802 nach Landshut und von dort 1826 nach München verlegt. Ebenso bedeutend ist die TUM, die 1868 als Polytechnische Schule München gegründet und 1872 um eine landwirtschaftliche Abteilung erweitert wurde. 1930 wurde dann die Hochschule für Landwirtschaft und Brauerei Weihenstephan eingegliedert. Seit 1970 trägt sie ihren heutigen Namen. Eine ebenso technische Ausrichtung wie die TUM hat die Hochschule für angewandte Wissenschaften/*Munich University of Applied Sciences*, die 1971 durch den Zusammenschluss von sieben Ingenieurschulen und Höheren Fachschulen gegründet wurde. Sie ist die größte Fachhochschule Bayerns und die zweitgrößte in Deutschland. Die Hochschule für Politik München (HfP) wurde im Jahre 1950 gegründete und bietet ein interdisziplinäres Studium der Politikwissenschaft, das in neun Semestern Regelstudienzeit zu dem von der Ludwig-Maximilians-Universität verliehenen akademischen Grad eines Diplomaticus scientiae politicae Universitatis (Dipl. sc. pol. Univ.) führt.

Ludwig-Maximilians-Universität München

Darüber hinaus besteht in München die Möglichkeit an verschiedenen Hochschulen künstlerische Studiengänge zu belegen. Wie etwa an der

Akademie der Bildenden Künste München, die 1808 als Königliche Akademie der Bildenden Künste gegründet wurde. 1946 wurde sie mit der Kunstgewerbeschule und der Akademie der Angewandten Kunst vereinigt und trägt seit 1953 ihren heutigen Namen. Die Hochschule für Musik und Theater München wurde 1830 als Singschule gegründet und 1867 auf Anregung Richard Wagners in die Königlich-bayerische Musikschule überführt, welche 1892 zur Staatlichen Akademie der Tonkunst erhoben wurde. 1924 erhielt sie den Namen Hochschule für Musik München und wurde 1946 wiedereröffnet. Seit 1998 trägt sie ihren heutigen Namen. Die Bayerische Theaterakademie August Everding wurde erst 1993 gegründet. Sie ist mit drei professionell ausgestatteten Theatern (Prinzregententheater, Akademietheater, Akademiestudio) und neun Studiengängen die größte Ausbildungsstätte für Bühnenberufe in Deutschland. Die Hochschule für Fernsehen und Film München wurde 1966 als staatliche Einrichtung zur Ausbildung von Redakteuren, Regisseuren und Drehbuchautoren gegründet.

Technische Universität München

Die Universität der Bundeswehr München befindet sich streng genommen nicht in München, sondern unmittelbar hinter der südlichen Stadtgrenze im benachbarten Neubiberg. Sie wurde 1973 gegründet, um Offiziere und Offiziersanwärter der Bundeswehr auszubilden. Daher können zivile Studierende dort nur im Rahmen von Industriepatenschaften oder im Rahmen von Hochschulpartnerschaften studieren.

**Private und kirchliche Träger**

Im Bereich Wirtschaft bilden die AKAD-Privathochschule, die Munich Business School (MBS) sowie die FOM Hochschule für Oekonomie & Management als private, staatlich-anerkannte Hochschulen, Studierende aus. Im Medienbereich bieten die privaten Hochschulen Macromedia Hochschule für Medien und Kommunikation (MHMK) und Mediadesign Hochschule (MDH) Studiengänge an.

In kirchlicher Trägerschaft befindet sich die Hochschule für Philosophie München, die 1925 in Pullach gegründet wurde und noch im selben Jahr die Anerkennung als Hochschule für Priesterausbildung erhielt. 1932 wurde sie zur Philosophischen Fakultät kanonischen Rechts erhoben und zog 1971 nach München um. Der Träger der Hochschule ist der Jesuitenorden. Ebenfalls in kirchlicher Trägerschaft wurde 1971 die Katholische Stiftungsfachhochschule München aus vier höheren Fachschulen für Sozialarbeit und Sozialpädagogik gegründet. Sie ist eine Fachhochschule in Trägerschaft der katholischen Kirche, welche in Benediktbeuern eine weitere Abteilung hat.

Die Ukrainische Freie Universität München (UFU) ist eine private Exil-Universität, deren Sitz nach Aufenthalten in Wien und Prag sich jetzt in München befindet.

## Akademien

Bayerische Akademie der Wissenschaften

Die Bayerische Akademie der Wissenschaften ist eine Forschungseinrichtung mit der Rechtsform einer Körperschaft des öffentlichen Rechts. Sie ist Mitglied der Union der deutschen Akademien der Wissenschaften. In sie werden Wissenschaftler und Gelehrte berufen, die durch ihre Forschungen zu einer wesentlichen Erweiterung des Wissensbestandes ihres Fachs beigetragen haben.

Die acatech – Deutsche Akademie der Technikwissenschaften ist eine wissenschaftlichen Akademie, deren Ziel es ist, eine neutrale, fakten- und wissenschaftsbasierte Bewertung von Fragen mit Technikbezug zu erarbeiten und der Gesellschaft mit Empfehlungen zur Seite zu stehen. Darüber hinaus soll der Wissenstransfer zwischen Wissenschaft und Wirtschaft erleichtert und der wissenschaftliche Nachwuchs gefördert werden.

Einen religiösen Bildungsauftrag verfolgt die Katholische Akademie in Bayern, die 1957 als „Kirchliche Stiftung des öffentlichen Rechts" gegründet wurde. Der Träger ist die Freisinger Bischofskonferenz. Gemäß der Satzung soll die Akademie dazu beitragen, „die Beziehungen zwischen Kirche und Welt zu klären und zu fördern".

Beispiele für Akademien, die berufliche Bildung bieten, sind die Bayerische Akademie für Werbung und Marketing (BAW), die 1949 als Ausbildungsinstitut für Berufe in Marketing, Kommunikation, PR und Medien gegründet wurde, die Bayerische Akademie für Außenwirtschaft (BAA) die 1989 als Ausbildungseinrichtung für Berufe der internationalen Wirtschaft und des Facility Managements gegründet wurde, sowie die Bayerische Verwaltungsschule (BVS) mit dem BVS-Bildungszentrum München, die Aus- und Fortbildung im staatlichen und kommunalen Bereich in Deutschland anbietet. Daneben bietet die Akademie des Deutschen Buchhandels Weiterbildungen innerhalb der Verlagsbranche.

## Institute

Zentralverwaltung der Max-Planck-Gesellschaft

Die Max-Planck-Gesellschaft (MPG) befindet sich mit ihrer Zentralverwaltung in München. Darüber hinaus unterhält sie in München das Institut für Ausländisches und internationales Sozialrecht, das Institut für Geistiges Eigentum, Wettbewerbs- und Steuerrecht, das Institut für Physik (Werner-Heisenberg-Institut) sowie das Institut für Psychiatrie.

Auch die Fraunhofer-Gesellschaft hat ihre Zentrale in München und unterhält hier auch Institute zu Systemen der Kommunikationstechnik (ESK) sowie zur Zuverlässigkeit und Mikrointegration – Institutsteil München (IZM-M) – sowie bis 2007 die Patentstelle für die Deutsche Forschung (PST). Die Bundeswehr unterhält in München das Institut für Mikrobiologie der Bundeswehr, das Institut für Pharmakologie und Toxikologie der Bundeswehr und das Institut für Radiobiologie der Bundeswehr.

Zentrale des Goethe-Instituts in München

Das Helmholtz Zentrum München – Deutsches Forschungszentrum für Gesundheit und Umwelt (HMGU) erforscht Grundlagen einer zukünftigen Medizin und Versorgung sowie Ökosysteme mit wesentlicher Bedeutung für die Gesundheit. Im Mittelpunkt stehen chronische, degenerative Krankheiten wie Lungenerkrankungen, Allergien, Krebs und Herz-Kreislauf-Erkrankungen, die in erheblichem Maße durch persönliche Risikofaktoren, Lebensstil und Umweltbedingungen beeinflusst werden.

Darüber hinaus befinden sich das Institut für Rundfunktechnik (IRT), das Institut für Sozialwissenschaftliche Forschung (ISF), das Deutsches Jugendinstitut (DJI), das Sprachen & Dolmetscher Institut München sowie verschiedene Kulturinstitute in München – wie das Goethe-Institut, das Spanische Kulturinstitut Instituto Cervantes, das Französische Kulturinstitut Institut français de Munich, das Britische Kulturinstitut British Council oder das Italienische Kulturinstitut Istituto Italiano di Cultura.

Das Qantm Institute ist ein privates Ausbildungsinstitut mit dem Schwerpunkt Computerspiel-Entwicklung, das mit der Middlesex Universität London zusammenarbeitet.

### Erwachsenenbildung

Die Münchner Volkshochschule bietet in eigenen Häusern und Außenstellen im gesamten Stadtgebiet jährlich ca. 14.000 Veranstaltungen für etwa 200.000 Teilnehmer. Ihre Zielgruppenangebote wenden sich an Menschen mit Behinderung, Menschen mit Migrationshintergrund, Frauen, Jugendliche, Senioren und minderjährige Flüchtlinge. In Rahmen der örtlichen Arbeitsgemeinschaft Arbeit und Leben München findet die Zusammenarbeit mit dem DGB Bildungswerk München als Erwachsenenbildungseinrichtung statt.

Der Gasteig: Hauptsitz der Münchner Volkshochschule

Im konfessionellen Bereich sind die Evangelische Stadtakademie, das Evangelische Bildungswerk, die Evangelische Familienbildungsstätte „Elly Heuss-Knapp", das Münchner Bildungswerk (Katholische Erwachsenenbildung in der Stadt und im Landkreis München), die Katholische Akademie in Bayern, die Kolping-Akademie sowie die Jüdische Volkshochschule zu nennen.

Im Bereich der Kunst- und Kulturvermittlung engagieren sich die großen Münchner Museen, Theater, Orchester und Opern in Form von Führungen bzw. Einführungsveranstaltungen – oft in enger Zusammenarbeit mit der Münchner Volkshochschule.

Darüber hinaus bieten Kulturinstitute verschiedener Länder Angebote der Erwachsenenbildung – wie das die Kulturinstitute Frankreichs (Institut français), Spaniens (Instituto Cervantes), Italiens (Istituto Italiano di Cultura), das Amerika-Haus, das polnische Kulturzentrum oder das České Centrum (Tschechisches Zentrum). Auch der Sitz des international arbeitenden Goethe Instituts befindet sich in München.

## Sport

Die größte Sportveranstaltung in München waren die Olympischen Sommerspiele 1972. Die Stadt hatte sich auch für die Olympischen Winterspiele 2018 beworben. Sie scheiterte aber an der südkoreanischen Stadt Pyeongchang, die im ersten Wahlgang gewählt wurde.[42] Regelmäßige Sportveranstaltungen sind unter anderem der München-Marathon im Oktober, der Münchner Firmenlauf im Juli und der Silvesterlauf München am 31. Dezember.

Olympiastadion München

Im Norden der Stadt liegt der für die Olympischen Sommerspiele 1972 errichtete Olympiapark. Das Ensemble aus Olympiastadion, Olympia-Schwimmhalle und Olympiahalle ist besonders wegen der gewagten Zeltdachkonstruktion, die sich in die Hügellandschaft des umgebenden Parks hervorragend einpasst, weltberühmt. Hier steht auch das bereits 1967 eröffnete Olympia-Eisstadion.

Allianz Arena

Im Mai 2005 wurde die am Nordende der Stadt gelegene Allianz Arena eröffnet, in der die Heimspiele der Fußballer des FC Bayern München und des TSV 1860 München stattfinden. Die 71.000 Zuschauer (international 68.000 Sitzplätze) fassende Arena war Austragungsort des Eröffnungsspiels der Fußball-Weltmeisterschaft 2006 sowie weiterer Spiele. Die traditionsreichste und älteste größere Sportstätte in München ist das städtische Stadion an der Grünwalder Straße. Im Jahr 2005 spielte dort noch die Profimannschaft des TSV 1860 München; seit dem Umzug in die Allianz Arena wird das Stadion nur für Jugend- und Amateurmannschaften genutzt. Öffentliche Sportstätten für die Bevölkerung sind vor allem die in den einzelnen Stadtteilen und -bezirken eingerichteten Bezirkssportanlagen und die Münchner Bäder. Für den Pferdesport gibt es die Trabrennbahn Daglfing und die Galopprennbahn Riem.

Der wohl bekannteste Sportverein Münchens ist der mehrfache Deutsche Meister FC Bayern München, der seit 1965 ununterbrochen in der Fußball-Bundesliga spielt. Der zweite große Fußballverein ist der TSV 1860 München, der derzeit in der 2. Bundesliga spielt. Der EHC Red Bull München vertritt München im Eishockey, der Münchner SC im Hallenhockey und die Munich Cowboys sowie die München Rangers im American Football. Der TSV Milbertshofen war zweimal Deutscher Mannschaftsmeister im Tischtennis, Deutscher Meister und Pokalsieger im Volleyball und Europapokalsieger im Handball. Zudem ist die Basketballabteilung des FC Bayern München neuerdings wieder in der Basketball-Bundesliga vertreten, nachdem bereits in den 50er und 60er Jahren zwei deutsche Meisterschaften sowie ein Pokalsieg errungen werden konnten.

## Literatur


- Hubert Ettl und Bernhard Setzwein (Hrsg.): *München. Reise-Lesebuch.* Text-Bildband, Hardcover, 179 S., mit Texten von Herbert Achternbusch, Carl Amery, Bruno Jonas, Hermann Lenz, Gerhard Polt und anderen und Fotos von Volker Derlath, Heinz Gebhardt, Regina Schmeken und anderen, edition lichtung, Viechtach 1999, ISBN 3-929517-28-0.
- Lion Feuchtwanger: *Erfolg.* Roman über die Situation in München in den Anfangsjahren der Weimarer Republik. (Süddeutsche Zeitung Bibliothek „München erlesen", 2008, Band 2, ISBN 978-3-86615-628-9)
- Christina Haberlik: *Das Gesicht der Stadt – Münchens schönste Fassaden.* MünchenVerlag, München 2011, ISBN 978-3-937090-31-3 (Essays zur „Fassade" und Fassadenpreise 1970-2009)
- Peter Claus Hartmann: *Münchens Weg in die Gegenwart. Von Heinrich dem Löwen zur Weltstadt.* Schnell & Steiner 2008, ISBN 978-3-7954-2009-3.
- Reinhard Heydenreuter: *Kleine Münchner Stadtgeschichte.* Friedrich Pustet, Regensburg 2007, ISBN 978-3-7917-2087-6.
- Joachim Käppner, Wolfgang Görl, Christian Mayer (Hrsg.): *München – Die Geschichte der Stadt.* Süddeutsche Zeitung Edition 2008, ISBN 978-3-86615-622-7.
- Erich Keyser: *Bayerisches Städtebuch.* Band V 2. Teilband *Ober-, Niederbayern, Oberpfalz und Schwaben.* In: *Deutsches Städtebuch. Handbuch städtischer Geschichte.* Im Auftrage der Arbeitsgemeinschaft der historischen Kommissionen und mit Unterstützung des Deutschen Städtetages, des Deutschen Städtebundes und des Deutschen Gemeindetages. Stuttgart 1974.
- Peter Klimesch: *Isarlust – Entdeckungen in München*, MünchenVerlag, München 2011, ISBN 978-3-937090-47-4. Die Münchner Isar von der Großhesseloher Eisenbahnbrücke bis zur St.-Emmeram-Brücke.
- Rüdiger Liedtke: *111 Orte in München, die man gesehen haben muss.* Emons, Köln 2012, ISBN 978-3-89705-892-7.
- Rüdiger Liedtke: *111 Orte in München, die man gesehen haben muss. Band 2.* Emons, Köln 2012, ISBN 978-3-95451-043-6.

- Hans F. Nöhbauer: *München. Eine Geschichte der Stadt und ihrer Bürger. Band 2. Von 1854 bis zur Gegenwart.* W. Ludwig, München 1992, ISBN 3-7787-2126-7.
- Gerd Otto-Rieke: *Gräber in München – Menschen, die uns bewegten.* Alabasta Verlag, München 2008, ISBN 978-3-938778-08-1.
- Benedikt Weyerer (Hrsg.: Landeshauptstadt München): *München 1919–1933 – Stadtrundgänge zur politischen Geschichte.* MünchenVerlag (vormals Buchendorfer Verlag), München 1993, ISBN 978-3-927984-18-9.
- Benedikt Weyerer (Hrsg.: Landeshauptstadt München): *München 1933–1949 – Stadtrundgänge zur politischen Geschichte.* MünchenVerlag, München 2006, 2. Auflage, ISBN 978-3-927984-40-0.

## Stadtmodelle

- Jakob Sandtner, Plastisches Stadtmodell im Maßstab 1:616, um 1570, Standort Bayerisches Nationalmuseum,[43] eine Kopie im doppelten Maßstab befindet sich im Stadtmuseum
- Johann Baptist Seitz, Anselm Sickinger und andere: Plastisches Stadtmodell, etwa 1850, Birnbaum, Maßstab 1:700, Standort Bayerisches Nationalmuseum: Relief der Haupt- und Residenzstadt München[44]
- Anton Hoermann, Friedrich Hoermann: 1915 (Maßstab 1:700)
- Deutsche Hochbildgesellschaft 1930 (Maßstab 1:2000)
- 1938/39 (Maßstab 1:1000)
- um 2000 (Maßstab 1:500), Referat für Stadtplanung, Standort Stadtmuseum

## Siehe auch

Portal: München – Übersicht zu Wikipedia-Inhalten zum Thema München

## Weblinks

- Offizielle Website der bayerischen Landeshauptstadt München [1]
- München: Amtliche Statistik [45] des LStDV
- Links zum Thema München [46] im Open Directory Project

## Einzelnachweise

[1] http://www.muenchen.de/

[2] Bevölkerungszahlen auf der Daten-Webseite der Stadt (http://www.muenchen.de/rathaus/Stadtinfos/Statistik/Bev-lkerung.html). Die Zahl der Stadt München weicht im Vergleich zu der des Statistischen Landesamts (in der Infobox angegeben) meistens um 20.000 bis 30.000 nach oben ab, da Geburts- und Sterbefälle, sowie Zu- und Abzug von Menschen mit verschiedenen Zeitverzögerungen eingerechnet werden.

[3] *Bevölkerung Ausländer* (http://www.mstatistik-muenchen.de/datamon/datamon.jsp?thema=C03). Statistisches Amt der Landeshauptstadt München. Abgerufen am 22. November 2012.

[4] Planungsverband München: Regionsdaten 2011 (http://www.pv-muenchen.de/leistung/veroeff/daten/REG_2011.pdf) (PDF)

[5] *2011 Quality of Living worldwide city rankings – Mercer survey* (http://www.mercer.com/qualityoflivingpr#city-rankings). Mercer LLC. Abgerufen am 28. November 2012

[6] Kartendienste (http://www.bfn.de/0503_karten.html) des BfN

[7] Statistisches Taschenbuch München 2008 (PDF) (http://www.muenchen.de/rathaus/dms/Home/Stadtinfos/Statistik/Taschenbuch/taschenbuch_2008.pdf)

[8] München (http://www.bayerische-landesbibliothek-online.de/orte/ortssuche_action.html?anzeige=voll&modus=automat&tempus=+20120420/093139&attr=OBJ&val=120) bei Bayerische Landesbibliothek Online

[9] *Die Bevölkerung in den Stadtbezirken nach der Einwohnerdichte am 31.12.2011* (http://www.muenchen.de/rathaus/dms/Home/Stadtinfos/Statistik/bevoelkerung/aktuelle-jahreszahlen/jt120102/jt120102_S 36.pdf) (PDF). Statistisches Amt München. Abgerufen am 28. November 2012.

[10] *Die Bevölkerung in den Stadtbezirken nach dem Migrationshintergrund am 31.12.2011* (http://www.muenchen.de/rathaus/dms/Home/Stadtinfos/Statistik/bevoelkerung/aktuelle-jahreszahlen/jt120114/jt120114_S 60.pdf) (PDF). Statistisches Amt München. Abgerufen am 28. November 2012.

[11] Deutscher Wetterdienst: *Klimainformationen Muenchen.* (http://worldweather.wmo.int/016/c00058.htm) World Meteorological Organization, abgerufen am 4. Januar 2013.

[12] Deutscher Wetterdienst: *Klimainformationen Muenchen.* (http://worldweather.wmo.int/016/c00058.htm) World Meteorological Organization, abgerufen am 4. Januar 2013.

[13] Babyboom: München hat soviel Neugeborene wie seit 40 Jahren nicht mehr (http://www.shortnews.de/id/807055/Babyboom-Muenchen-hat-soviel-Neugeborene-wie-seit-40-Jahren-nicht-mehr)

[14] Süddeutsche Zeitung, 28. Dezember 2009: Geburtenrekord in München – Baby-Boom hält weiter an (http://www.sueddeutsche.de/muenchen/476/498764/text/)

[15] Statistisches Amt München: Die ausländische Bevölkerung nach der Staatsangehörigkeit 2011 (http://www.muenchen.de/rathaus/dms/Home/Stadtinfos/Statistik/bevoelkerung/aktuelle-jahreszahlen/jt120115/jt120115_S 62.pdf)

[16] *Die Bevölkerung in den Stadtbezirken nach ausgewählten Konfessionen am 31.12.2011* (http://www.muenchen.de/rathaus/dms/Home/Stadtinfos/Statistik/bevoelkerung/aktuelle-jahreszahlen/jt120120/jt120120_S 70.pdf). Statistisches Amt München. Abgerufen am 28. November 2012.

[17] br-online.de: Muslime in München - Wieder Hoffnung auf eine große Moschee (http://www.br-online.de/aktuell/ziem-islam-muenchen-ID1271242168435.xml)

[18] Zum Namen siehe auch: Geschichte Münchens#Gründung und Namensgebung.

[19] Stephan Füssel (Hrsg.): Georg Braun, Franz Hogenberg: „Civitates orbis terrarum (Städte der Welt). 363 Kupferstiche mit 564 Stadtansichten neu herausgegeben und kommentiert." Nach einem Original des Historischen Museums Frankfurt. Das sechsbändige, lateinische Original erschienen von 1572 bis 1618 (Köln, P. von Brachel. Hier München in Bd. 2 Tafel 40 S. 32 (Zustand nach 1525) und S. 327 bis 329 nach einer Zeichnung Georg Hoefnagels „Hauptstadt beider Bayern" – Monachium Viriusque…). Köln , Taschen, 2008, 504 Seiten. München zunächst bezeichnet als Monacum (Monaco di Baviera, München Germania), zusammen abgebildet sind b) Ingolstadt, c) Freising, d) Nördlingen, e) Regensburg und f) Oberstraubing. Die zweite nach Hoefnagel gefertigte Ansicht enthält seine Widmung von 1586 an D. Wilhelm (?) Pfalzgraf und Herzog etc mit dem Fürsten- und Stadtwappen. Zu sehen ist unter anderem das ziemlich vor der Stadtbefestigung freistehende Isartor.

[20] *Die Poschi – Das Thomas-Mann-Haus 1913–1952* von Dirk Heißerer (http://www.tmfm.de/aktuell/heisserer_dieposchi.html), Website Thomas Mann Förderkreis München e. V., gesichtet am 14. November 2010. *Thomas Manns Münchner Villa: Eine deutsche Immobilien-Geschichte* (http://www.gazette.de/Archiv2/Gazette6/Pfitzinger.html), in Die Gazette, Nummer 6, Juni 2005.

[21] Edinburgh ist Münchens älteste Schwesterstadt. Im Frühjahr 1954 besuchte der Deputy Director of Edinburgh seinen Münchner Kollegen Dr. Anton Fingerle, und sie beschlossen, künftig regelmäßig Lehrer- und Schülergruppen auszutauschen. Die Stadtparlamente stimmten zu, und mit den Vertragsunterschriften von Oberbürgermeister Thomas Wimmer und Lord Provost John G. Banks begann im gleichen Jahr die Geschichte der Münchner Städtepartnerschaften.

[22] Die Kontakte zwischen Verona und München entstanden zunächst auf wirtschaftlicher Ebene: Die Münchner Großmarkthalle erhielt damals einen Großteil ihres Gemüses und Obst über Verona. So wird auch heute noch die Städtepartnerschaft vor allem auch durch die Industrie- und Handelskammer Veronas mitgestaltet.

[23] Bereits in den fünfziger Jahren entwickelten sich die ersten Kontakte zwischen Bordeaux und München. Beide Städte hatten großes Interesse, nach dem furchtbaren Weltkrieg durch den Aufbau einer Städtepartnerschaft zur Aussöhnung zwischen Deutschland und Frankreich und zur Entstehung eines brüderlichen Europa beizutragen.

[24] Sapporo war der Austragungsort der olympischen Winterspiele 1972, während die Sommerspiele in München stattfanden.

[25] Es war Auguste Kent, die nicht locker ließ, bis die immer schon freundschaftlichen Beziehungen zwischen ihrer alten und ihrer neuen Heimatstadt - bereits 1871 fertigte die Münchner Erzgießerei Ferdinand von Miller die Brunnenfiguren für den Tyler-Davidson-Brunnen, der heute im Zentrum Cincinnatis aufgestellt ist – am 18. September 1989 von Oberbürgermeister Georg Kronawitter und Mayor Charles J. Luken endlich auch offiziell besiegelt wurden.

[26] Im Zuge der Entspannung im Ost-West-Konflikt Ende der 1980er Jahre entstand in München der Wunsch nach einer Dreieckspartnerschaft Münchens mit je einer Stadt in den Vereinigten Staaten und in der damals noch existierenden Sowjetunion.

[27] Wurde zwischen 1999 und April 2002 wegen der Menschenrechtsverletzungen der simbabwischen Regierungspartei auf offizieller Ebene eingefroren.

[28] Europabericht 2002 (http://www.wirtschaft-muenchen.de/publikationen/pdfs/Europabericht2002.pdf), S. 24

[29] Beste 110 historischen Orte weltweit (http://traveler.nationalgeographic.com/2008/11/historic-destinations-rated/list-text)

[30] Statistik Tourismusamt München (http://www.muenchen.de/cms/prod1/mde/_de/rubriken/Rathaus/65_raw/Tourismusamt/pdf/statistik/2009/Tourismus_Gesamt_2009.pdf)

[31] Arabische Touristen in München (http://www.sueddeutsche.de/muenchen/arabische-touristen-in-muenchen-jetzt-kommt-die-mittelschicht-1.1467435?commentCount=10&commentspage=2#kommentare/list-text)

[32] www.joneslanglasalle.de: Passantenfrequenzen in 170 Einkaufsstraßen (http://www.joneslanglasalle.de/Germany/DE-DE/Pages/NewsItem.aspx?ItemID=22611)

[33] *Kleine Chronik des Verkehrs in München, 2009* (http://www.muenchen.de/Rathaus/kvr/strverkehr/chronik/347103/2009.html). Stadt München. Abgerufen am 25. September 2009.

[34] Die Münchner Verkehrsgesellschaft in Zahlen (http://www.mvg-mobil.de/ueberuns/images/mvg_in_zahlen_s.pdf) Abgerufen am 6. März 2011.

[35] Umweltplakette für München (http://www.muenchen.de/Rathaus/raw/Tourismusamt/salesguide/salesguide_verkehr/236468/salesguide_feinstaubplakette.html)

[36] http://www.radlhauptstadt.muenchen.de

[37] Statistisches Amt München (http://www.mstatistik-muenchen.de/rclnks/themen.htm)

[38] Städte mit vier oder mehr Fortune-500-Unternehmen (http://money.cnn.com/magazines/fortune/global500/2009/cities/)

[39] Schuldenstandsentwicklung und -prognose des Stadtkämmerers (http://www.muenchen.de/rathaus/Stadtverwaltung/Stadtkaemmerei/Haushalt/Schuldenstand.html)

[40] (http://www.muenchen.de/rathaus/Stadtverwaltung/Stadtkaemmerei/Haushalt/Schuldenstand.html), Schuldenstand der Landeshauptstadt München, muenchen.de, abgerufen am 16. August 2012

[41] (http://www.muenchen.de/rathaus/Stadtverwaltung/Stadtkaemmerei/Bilanzen.html), Bilanz der Landeshauptstadt München, muenchen.de, abgerufen am 16. August 2012

[42] *Gegen 498 Schneekanonen verliert selbst Kati Witt* (http://www.welt.de/sport/article13472333/Gegen-498-Schneekanonen-verliert-selbst-Kati-Witt.html). Die Welt. Artikel vom 6. Juli 2011. Abgerufen am 22. November 2012.

[43] Franz Schiermeier: *Stadtatlas München, Karten und Modelle von 1570 bis heute*, Herausgegeben vom Stadtarchiv München und vom Münchner Stadtmuseum, 2003, ISBN 3-9809147-0-4

[44] Franz Schiermeier: *Relief der Haupt- und Residenzstadt München – Das Stadtmodell des Johann Baptist Seitz (1841–1863)*, Bayerisches Nationalmuseum, 2000, ISBN 3-925058-45-1, 64 S.

[45] https://www.statistik.bayern.de/statistikkommunal/09162.pdf

[46] http://www.dmoz.org/World/Deutsch/Regional/Europa/Deutschland/Bayern/St%c3%a4dte_und_Gemeinden/M/M%c3%bcnchen/

**Normdaten (Geografikum):** GND: 4127793-4 (http://d-nb.info/gnd/4127793-4)

# Article Sources and Contributors

**Andy_Hope_1930** *Source*: http://de.wikipedia.org/w/index.php?title=Andy_Hope_1930 *Contributors*: 08-15, 132-180, APPER, Aka, Alinea, Andim, AndreasPraefcke, Artmax, Baudach, Blaise Mann, Cecil, Diaphanos, Fg68at, Frank C. Müller, Gamsbart, Gymel, Jolana33, Jonala, Klaus-Biesenbach, Knase, Minderbinder, Rachelhuber, Reinhard Kraasch, RonMeier, Rybak, Stauba, Supermartl, Thomas Schulte im Walde, Tortagalesa, Tröte, Tschäfer, Untitled0, Uriton, Varina, Verum, 81 anonymous edits

**Berlin** *Source*: http://de.wikipedia.org/w/index.php?title=Berlin *Contributors*: -=Starbuck=-, -jha-, -jkb-, 08-15, 1-1111, 1001, 20percent, 24-online, 24karamea, 36ophiuchi, 4342, 44Pinguine, 53347BW, A.Ammersee, A.Savin, A.bit, A.fiedler, ALE!, APPER, ASUKomm, Abendgrau, Ablaubaer, Accipiter, Acf, Acherontic, Achim Raschka, Aconcagua, Adbo2009, Affenfreund, Agathoclea, Ahellwig, Ahoerstemeier, Ahwie, Aka, Al, Alandeus, Albert Müller-Tramzal, Alexander Fischer, Alexander Z., Alexander.thomass, Alexrk2, Alfons van Vorden, Alien, Aliman5040, Alma, Almanio, Aloiswuest, Alondro666, Alopex, Alpha001, Alsterbär, Alter Fuxx, AlterVista, Amano1, Amiro92, Amygdala77, AndiBN, Andibonn, Andreas 06, AndreasE, AndreasPraefcke, Androl, Andromedia, Andrsvoss, Angelika Lindner, Angelika Nafziger, Angr, Anna C. E., Anorak, Anschub, Antaios, Anteeru, Antonsusi, Apodemus, Arminia, Arne List, Arnold-jan, Arpinium, Arturthegeek, Arup, Asb, Asdfj, Askalan, Athenchen, Atrex, Augiasstallputzer, Avda, Avoided, Axel.Mauruszat, Azim, BA123, BLueFiSH.as, BR 146, Bahnthaler, Balbor T'han, Balticbaywatcher, Bananeweizen, Bara, Barnos, Baronnet, Bauing-Tom, Baumfreund-FFM, Baumi, Baumst, Bdk, Bear, Behnam Lot, Belthil, Ben Nevis, Ben-Zin, Benatrevqre, Bene16, Benedikt2008, Berlin-Jurist, Berliner-student, Berliner76, BerlinerSchule, Berlinrocker, Berlinschneid, Bernard Ladenthin, Bernd vdB, Bernhard Weisser, Berschah, BertholdD, Besserwisserhochdrei, Bettina beiWiki, Bhuck, Biberbaer, Billy.shears, Birger Fricke, BishkekRocks, Björn Bornhöft, Blandia, Blaubahn, Blaufisch, Blootwoosch, Blubbalutsch, Blunt., Blutgretchen, Bocholter, Bojin, Boogieman95028, Boonekamp, Boshomi, BrThomas, Brownout, Bruhaha, Brunswyk, BurghardRichter, Bärlach, Bärski, C. Grade, C.Löser, Cairimba, Caligari, Callaghan, Caras, Carben, Carol.Christiansen, Casp11, Cathrine Gilian, Cdivizia, Ceddyfresse, CellarDoor85, Charon65, Chb, Chexpert, Cholo Aleman, Chotaire, ChrisHamburg, Chrisfrenzel, Christian Günther, Christian Specht, ChristianBier, ChristianErtl, Christoph Radtke, ChristophDemmer, Chrkl, Church of emacs, Ciciban, Cityguy, Citylover, Clandestino1975, Clemensfranz, Clemfix, Cologinux, CommonsDelinker, Complex, Conny, Conversion script, Copolymer, Corbertholt, Cosal, Coskun Tuna, CosmoKramer, Cottbus, Cproesser, Crusader1, Crux, Csörföly D, Curtis Newton, Cyper, César, D, D0c, DF5GO, DLiebisch, DaB., Dachris, Dai, DanBR480, Daniel Seibert, Danielhes, Daradard, Darev, Dark-hawk, Das Eierplätzchen des Todes, DasBee, Dasas, David Liuzzo, David Wintzer, Dbach, DeDatos, Deditor, DeepBlueDanube, Definitiv, Dein Freund der Baum, Denny, Der Kolonist, Der Spion, Der Wolf im Wald, Der wahre Jakob, Der.Traeumer, DerHerrMigo, DerHesse88, Dersachse95, DiMa, Diba, Didi46, Die Stämmefreek, Die Zitrone, DieBuche, Dietrich, Dionysos, Dirkb, Ditschi, DivkazPrahy, Dnaber, Dodorama, Don Magnifico, Don Quichote, Dontworry, Doubleyou4, Dr House, DrHok, Drachentoeter, Dreaven3, Dresden, DuRex, Duden-Dödel, Duesentrieb, Dumi, Dundak, E--maz, EFrane, EbRuLi, Eckehartl, Ede1, Efrye, Ehrhardt, Eike sauer, Eio, Eiskaktus, Eiwerschgewass, ElRaki, Elch, Eldred, Elg, Elian, Elvaube, Elya, Ememaef, Emes, Emkaer, Emmridet, EnfantT3rrible, Engelbaet, Enibaspies, Enlarge, Ennimate, Enslin, Epischel, Epistolos, Equilax, ErikDunsing, Ernestito, Eschenmoser, Etagenklo, Euphoriefetzen, Eurasianer, Euronaut, Europaok, Evilboy, Ex2, Exurbis67, F2hg.amsterdam, FEXX, FWHS, Fab, Faber-Castell, FagusNigra, Farino, Fasch, Fastfood, Feetjen, Fehlicks, Feitscher g, Feliks4 2, Felix Stember, Fellatiologe, Ffariel, Filzstift, Firefox13, Fischchen, Flo 1, FloSch, Flominator, Florian Adler, Florian K, Florian.Keßler, Flynx, FlügelRad, FordPrefect42, Forscher56, Frank63, Franz Jäger Berlin, Frarenatin, Fred3rik, Freddy.heflin, Freedom Wizard, Friedrich Hoffmann, Friedrichshainer, Fristu, Fritz, FritzG, Fritzel, Frumpy, FunKey, FunkelFeuer, Furfur, Fusslkopp, Fuzzy, Fwcom, GLGermann, GNosis, GS63, GUMPi, Gadacz, Galis, Gamsbart, Gancho, Gandalf, Gardini, Gartenzwerg2012, Gary Dee, Gaston76, Geierunited, Genderforschung, Geo-Loge, Geos, Geotrupes, Gerbil, Germanien+Rom, Get-back-world-respect, Getoba, Ghoraidh, Giftmischer, Gilliamjf, GiordanoBruno, Giorgio Michele, Glasnost, Global Fish, Gloser, Gnom, Gnu1742, Gnurpsnewoel, Goldener Käfer, Goldplie, Goliath613, Gorgo, Grabenstedt, Graf, Grawp, Greenhorn, GregorHelms, GregorPappert, Grimmig1234, GringoStar, Guidod, Guntscho, Günter netzer, H-style, H. Michael Stahl, H.Albatros, H0tte, HBonnenberg, HEGESIAS, HaeB, Hafenbar, Hank van Helvete, Hansdampf55, Hansele, Hansko.de, Happolati, Hardenacke, Haring, Harribolafonte, Harro von Wuff, Harry8, Haubi500, HaukeB, He3nry, HeBB, Head, Hecki, Hedavid, Hedwig in Washington, Heikoschmitz, Heinte, Heljastrom, Hendriksch1986, Henning Blatt, Herbertweidner, Hermannthomas, Herpes, Herr Fuchs, HerrMay, Herra660, Herrick, Herzi Pinki, Hexemer, HeywoodFloyd, Highbrow, Highpriority, Hillermeier, Histo, HistorikerCottbus, Historiograf, Hoheit, Holger I., Holgerjan, Hologram, Holyhelly, Holzmcgyver, Horgner, Horst, Horst-schlaemma, Hoss, Hotti4, Hps-poll, Htiemann, Hubertl, Huette, Hukukçu, Humpyard, Hunding, Husky22, Hydro, Hydrotron, Hönnetaler, IHK Berlin, Ichdertom, Idler, Ifm, Ifrost, Igge, Ilja Lorek, ImAlive, ImmanuelAlpha, Incarus, Incontro, Ingerl-a, Ingo T., Ingo2802, Inkowik, Inspirator, Irrgarten, Ischgucke, Isieber, Island, Ivla, Ivolution, Ixitixel, J budissin, J. Schwerdtfeger, JCIV, JCS, JD, JPB, Jacky89, Jageterix, Jakoubek, Jaroslav, Java-Coffee, Jaybee, Jcornelius, Jed, JensLang, Jergen, Jetliner, Jivee Blau, Jkbw, Jmsanta, Joachimsohn, Jobu0101, Jocian, Jodo, Joergsam, Joewell1, Jofi, Joha65, Johamar, JohannesMarat, John, John doe, JohnLennon91, Joho345, Jonathan Hornung, Jorges, Joruni, Josue007, Jotho, Jpetersen, Jpp, Jty, JudgeKojak, Juesch, Juhan, Jul8234, Julius1990, Juncensis, Jwnabd, Jón, KUI, KaPe, Kachelus, Kailas98, Kaisersoft, Kam Solusar, Kammerjaeger, Kanadier, Kandschwar, Karl-Henner, KarlTrebung, Katzenmeier, Kaufsüchtig, Kawa69, Kdwnv, Keichwa, Ketchupfreak88, Kid Alex, Kilwaughter, Kirberg, Kirschblut, Kito, Kixx, Klapper, Klausfred555, Kliv, Knipptang, Knochen, Knoerz, Knopfkind, Koenraad, Koethnig, Kolhaas, Komischn, Konni-kanty, Koronenland, Korre, Kov93, Koyaanis Qatsi, Krawi, Kreitschie, Kriegslüsterner, Krischenowski, Krokodil, Kubrick, Kucharek, Kuemmjen, Kugelsicherer Jugendlicher, Kunani, Kurt Jansson, Kuuhkuuh, Käppe, König Alfons der Viertelvorzwölfte, LA2, LB-Versender, LIU, LKD, LZ6387, Label5, Laberkiste, Lady Whistler, Lando83, Langec, Lanlan, Lars91, Lausitzer, Lberges, Lc95, Lear 21, LeffJoni, Leichtbau, Leider, Leinad, Leipnizkeks, Leit, Lemidi, Lemsus, Lencer, Leo4711, Leonach, Leonce49, Lettres, Levin, Lexifan, Leyo, Libelle63, Licentiatus, Lienhard Schulz, Liesel, Linum, Lit.wurm, Lley, LoTekk, Logograph, Lokiseinchef, Lola-lu, Lonewoelf, Lorem ipsum, Lotse, Louis Bafrance, Lowar, Lt. Commander Data, Lueggy, LugPaj, LuisDeLirio, Lutheraner, Lyzzy, M.L, MAK, MAY, MD, MEmx, MFM, MG freeze, MIBUKS, MKBN, MR61169, MSchnitzler2000, Madden, Madm, Madn1, Magnummandel, Magnus, Magnus Manske, MainFrame, Makem99, MalteAhrens, Manecke, Manie, Marc-André Aßbrock, Marcika, Marco polo, Marcus Cyron, Marcus Schätzle, Mariusz, MarkTHF, MarkoBln, Markus Mueller, Markus-Wi, MarkusThielmann, Martin Aggel, Martin Rasmussen, Martin-vogel, Martin253, Martinwilke1980, Marzahn, Mathias Schindler, Matlueth, Matt1971, Matthäus Wander, Maturion, Matze12, Maurice, Max-78, Mazbln, McCourt, Mcphistino, Media lib, Mediocrity, Mehlauge, Meikel, Melancholie, Mellebga, Membeth, Menze, Mevsfotw, Mewtwo, Mib18, Michael Damm, Michael Fiegle, Michael Sander, Michael von Brandenburg, MichaelDiederich, Michail, Mijobe, Mike Krüger, Mike0345, Mikl, Mikue, Millbart, Minderbinder, MisTrie, Mkaiser30, Mnh, Mogelzahn, Moguntiner, Moltonorm, Momo, Montegoblue, Moreau, Morpheus2309, Mps, Mr.bloom, Mrmaddin, Mulno, Musbay, Mw9, Myotis, Möchtegern, NYR, Nagin, Nakler, Nasdaqkid, NatureKnowsBest, Nb, NebMaatRe, Nephelin, Nerd, Netzrack.N, Neuga, Neun-x, Neuroca, Never Sleeper, NeverDoING, Newsletter-huhu66, NiTenIchiRyu, Nica, Nicola, Nicolas17, Nicor, Nightflyer, Nima96, Ninxit, Nixred, Noch'n Saarländer, Nocturne, Noddy93, Nofreak, Nolispanmo, Nonoh, Nordelch, Notebook, Nothere, Novolenovo, Nur so zum Spaß, OE, ONAR, Ocrho, Odin, OecherAlemanne, Ohauahauaha, Okin, OlafRadicke, Olav, Olei, Oliver S.Y., Orphal, Ostsog96, Ot, Otto, Otto Normalverbraucher, Ottomanisch, Outburn, Ovrandow, Owly, Oxymoron83, P A, PDD, PabloDiablo, Paddy, Parakletes, Patriot 1992, Patroklos, Paul Ebermann, PaulBommel, PaulePanter, Pdmbb, PeeCee, Pelagus, Pemu, PerKu, Perconte, Perditta, Pessottino, Peter Littmann, Peter200, Peterlustig, Pfarrer, Phantom, Phantom62, Phil0r, Philipd, Philmo1, Pi mal Daumen, Pianist Berlin, Picturemax, Pide, Pikarl, Pischdi, Pisse-Nisse, Pit, Pixelfire, Pizzero, Pjotr Wischniewski, Plasmagunman, Platte, Plk, Porter2010, Postbit, Primus von Quack, Proofreader, Prüm, PsY.cHo, Puma^^, Purodha, Q'Alex, Quaerens07, Qualle, Queerguide, Queryzo, RSpop, RUUBYN, Rabenkind, Radiojunkie, Radunkel, Rainer Bielefeld, Ralf Roletschek, Raphael Frey, Rapober, Ratatosk, Raubfisch, Raubsaurier, Rauenstein, RaveDog, Rax, Redline is courtage, Regi51, Regiomontanus, Reinhard Dietrich, Reinhard Kraasch, Reliefpfeiler, Res-berlin, Revvar, Richardfabi, Richie, Riessdo, Rihila, Ringesherre, Rita2008, Rlbberlin, Robendo, Roffetn2, Roland Kutzki, Roland1952, Rolltreppchen, Rolz-reus, Roman bittner, RonMeier, Ronald M. F., Ronny van Berlin, Rosch2610, Rotkraut, Roughneck, Rudolfox, Rudolph der Große, Ruestz, Rufus46, Rupp.de, Rusti, Rybak, Rübenmensch, S.K., SCPS, STBR, Saanix, Saehrimnir, Sallynase, Samantha, Samuelraz, SandroC, Sansculotte, Sarein, Sargoth, Sarkana, Sascha Brück, Saukerl88, Sav, Schaengel, Schaengel89, Schandi, Schaunwermal, Schildkröte89, SchirmerPower, Schiwago, Schlurcher, Schneeflockenmusik, Schoopr, Schotterebene, Schumir, Schusch, Schwalbe, Scoob, Scooter, Sdfgh, Sebastian, Sebastian35, Sebbe xy, Sebmol, Sed parteigenosse, Seewolf, Seoulmate1, Sepia, Septembermorgen, Seriosität, Sewa, Sgt bilko, Shire Horse, Shmia, Shoemaker99, Shoot the moon, Shshsh, Sicherlich, Siedes, Siegesknecht, SilP, Silberchen, Singsangsung, Sinn, Sinuhe20, Sir, Sir James, Sirupu, Sister Ray, Sitacuisses, Sk!d, Ska13351, Skriptor, Sky82, Skyman gozilla, Skywalker2, Slartibartfass, Slomox, Sloyment, Small Axe, Smorg, Solid State, SoniC, SonniWP, Soso!?, Southpark, Spazion, SpecialEd, Spinne, Spirit84, Spreesprotte, Spuk968, Sputnik mir, Srbauer, Srittau, Sroski, Ssuag, St.Krekeler, StYxXx, Stan3000, Stargaming, Staybyte, Steak, Stefan Kühn, Stefan h, Stefan040780, Stefan2, Stefan64, StefanL, Stefanbcn, Steffen, Steffen M., SteffenB, Stepri2003, Stern, Steschke, Steve20079, Stevy76, Str1977, StudentG, Suisui, Sumoooooo, Sunshine22, Supaari, Superbene12, Superchaot, Suppenelse, Suppengrün, Surf, Susanne Garchner, Susanneost, SushiPinguin, Sven Scharr, T-Zee, THOMAS, TMg, TUBS, Tabacha, TableSitter, Tacheles, Talaris, Taratonga, Taube Nuss, Taxi Berlin, Taxiarchos228, Tek, Terabyte, Terfili, Testsieger73, Teure Werbung, Th.Binder, TheMighty, Theoriefinder, Theredmonkey, Thgoiter, ThoKay, Thomas Schulte im Walde, ThomasKloiber, ThomasMielke, ThomasMuentzer, ThomasPusch, Thommess, Thorbjoern, Thornard, ThorstenRoland, Ticketautomat, Till.niermann, Tilman Kluge, Tim Pritlove, Timbo1606, Timer, Times, Timo, Timo06, Tirelietirelei, Tk, Tkarcher, To old, Tobias1983, Tobias69, TobiasGr, Tobo, Toebbens, TomGan, TomK32, Tomage, Tonispitz, TorPedo, Torana, Torek, Torex, Torinberl, Torsten Henschel, Torsten Schleese, Toshiki, Toxilly, Traenemusik, Treisijs, Tribble, Trickstar, Triebtäter, Triebtäter (2009), Trilliumz, Trinsath, Trofobi, Trustable, Tröte, Tsor, Tsui, Tuxman, Tzzzpfff, UCD-Media, UKGB, Ub12vow, Udq8, Ulrich Waack, Ulrich.fuchs, Umherirrender, Unify, Unscheinbar, Ureinwohner, Uri Geller, Usw., Uwe Gille, Uwe Gralapp, Uwe-Berlin, Valente, Vandalenköng HansI, VegaAtoo, Vegoh, Verpacker Ing., Vervin, Verwirrter Leser, Video2005, Viki, Vikki4u, VillaKunterbunt, Villem, Visi-on, Volkaaa, Volker Karwath, Vorrauslöscher, Vulkan, Vulture, W. Berlin, W.reiher, WAH, WIKImaniac, Wachs, Wahldresdner, Wahrerwattwurm, Waltershausen, Waxo Khana, Wedding-Hendrik, WeißNix, Werner Stein, Werner von Haupt, Wickmichpedia, Wiki-observer, WikiNight, Wikifreund, Wikinger08, Wikinger86, WilhelmRosendahl, Wilske, Windstaerke1111, Wingtip, Winhistory, Wiprecht, WirtschaftsExperte, Wiska Bodo, Wissen, Wmeyenberg, Woches, Wolfgang Nuss, Wolfgang Pehlemann, Wolfgang1018, WollyausOldenburg, Wranzl, WuSchöDeu, Xabraxas, Xario, XenonX3, Xls, Xquenda, Xxedcxx, YMS, YPS, Yorg, YourEyesOnly, Zahlendreher, Zaibatsu, Zaphiro, Zebra848, Zedvaint, Zenit, Zeno Gantner, Zeuke, Ziegenspeck, Zinnmann, Zoelomat, Zollernalb, Zumbo, ¡0-8-15!, ירעל מראהגייר, , 1275 anonymous edits

**Centre_Georges_Pompidou** *Source*: http://de.wikipedia.org/w/index.php?title=Centre_Georges_Pompidou *Contributors*: A.Savin, AHZ, AN, Adornix, Aka, Alex12182, Alnilam, Alraunenstern, AnRo0002, AndreasPraefcke, Andybär, Apokalyptischer Reiter, Arch2all, Armin P., ArtMechanic, Asdert, Baertram01, Beyer, Bonzo*, Brainstormx, Bücherwürmlein, Christophe Watier, Church of emacs, Ckeen, Cmoder, Comm. makatau, CommonsDelinker, Complex, Coradoline, Corrigo, Cruks, Denkfabrikant, Der.Traeumer, DerHexer, Diba, DocMario, Désirée2, Edelseider, Ehsor, Elian, Engie, Feliz, FloSch, Flusz, Foundert, Frank Reinhart, Freunddermuseen, Fu-Lank, Geher, Geppo, HH58, Harry Stoteles, He3nry, Head, Henriette Fiebig, Horst Gräbner, Hoschi72, Howwi, Hozro, Hydro, Ilja Lorek, Immanuel Giel, Iste Praetor, Jergen, Jivee Blau, Jodo, John, Joli Tambour, K. v. leyenberg, Kam Solusar, Kku, Knochen, LA2, LIU, Leipnizkeks, Logograph, Ma'ame Michu, Marseille77, Martin-vogel, Martin1978, Matzematik, Milad A380, Minalcar, Mnh, Neun-x, PatrickD, Patty, Peter200, Pittimann, Polarlys, Project-B-WW, Pwjg, Pérvasion, Querverplänkler, Randolph33, Rauenstein, Raymond, Regi51, Reinraum, Revvar, Rlbberlin, Rubblesby, Sansculotte, Schmelzle, Sebastian Raible, Shadak, Solid State, Spuk968, Stefan Kühn, Textkorrektur, TheK, Theredmonkey, Thomas Schulte im Walde, TomAlt, Tönjes, Uwe Gille, Vanellus, Vogone, WAH, Wahrerwattwurm, Wesener, Wheeke, YourEyesOnly, 139 anonymous edits

**Städtische_Galerie_im_Lenbachhaus** *Source*: http://de.wikipedia.org/w/index.php?title=St%C3%A4dtische_Galerie_im_Lenbachhaus *Contributors*: 08-15, Aka, Alinea, Arch2all, Biofakt, Bjs, Boenj, Castle, Chamberi21, Christian Hartard, Chumwa, EWriter, Eschenmoser, Felistoria, Florian.Keßler, Freedom Wizard, Fuzzy, GMH, Geher, Gogafax, Gugerell, Hydro, Hystrix, Keichwa, Kolja21, Kollektives Schreiben, Letdemsay, Lou.gruber, Mnh, Mussklprozz, Nothere, Oenie, Rufus46, Satyrios, Schlaier, Schotterebene, Sirocco, Steak, Stefan Kühn, Thomas Schulte im Walde, Thomoesch, Thot 1, Usien, Veitwachtl, Vuxi, Wikijunkie, Yota, Zerohund, 39 anonymous edits

**Museum_Abteiberg** *Source*: http://de.wikipedia.org/w/index.php?title=Museum_Abteiberg *Contributors*: Aka, Algebraa, Alinea, Arch2all, Arcturus, Artmax, Ckeen, Clemensfranz, CommonsDelinker, Creando, Dammit, Dennis Senftleben, Elvaube, Engelbaet, ErikDunsing, Eryakaas, Felix Stember, Fredo 93, Galadriel, GedSperber, Gerardus, Greifen, Gudrun Meyer, Gugerell, Gödeke, Hermannthomas, Hps-poll, JakobVoss, Jeremiah21, Jesi, Jodoform, Joystick, Kresspahl, Kurt Jansson, Leonce49, Manuel Heinemann, Mario Link, Mnh, Neun-x, Nierskiesel, OHVChris75, Perlblau, Radh, Radschläger, Rdb, RonMeier, S.Didam, Solid State, Srbauer, Sverrir Mirdsson, Thomas Berendes, Thomas Schulte im Walde, Thomas W Kuhn, Thot 1, TomAlt, Triggerhappy, Tusmann, USt, Video2005, Visitator, Vith-gilles, Warp, Wiegels, Wolf Meusel, 37 anonymous edits

**Chelsea_College_of_Art_and_Design** *Source*: http://de.wikipedia.org/w/index.php?title=Chelsea_College_of_Art_and_Design *Contributors*: Convallaria, Eschenmoser, Jesi, Letdemsay, Liqiricky, Optimale, ReclaM, Århus

**Akademie_der_Bildenden_Künste_München** *Source*: http://de.wikipedia.org/w/index.php?title=Akademie_der_Bildenden_K%C3%BCnste_M%C3%BCnchen *Contributors*: 08-15, Again and again Rockfucker, Ahrtaler, Anathema, AndreasPraefcke, AnnaBlume, Apollo*, ArthurMcGill, AssetBurned, Belissima24!, Ben Nevis, Bene16, Bjs, Boenj, Bärski, Chris Falter, Christian Hartard, Chumwa, Ckeen, Complex, Creando, David Kostner, Delorian, Docmo, Dr. Meierhofer, Dreaven3, Firefox13, Fixlink, Florian.Keßler, Fuzzy, GMH, Gabimuster, Gamsbart, Geher, Georg Jäger, Godewind, Gras-Ober, Greenhorn, Gödeke, Hein.Mück, Hermesias, Hewa, Hoo man, Hostelli, Jodo, Juliana, Justus Nussbaum, KBWEi, Kollektives Schreiben, Krawi, Kuhlo, Lantus, Lascivi, LeastCommonAncestor, Letdemsay, Lou.gruber, Manoridius, MarcoBorn, Memmingen, Michael Gäbler, Mirko Wieczorek, Mnh, NacowY, Nicoasc, O DM, Ovrandow, Pavel Krok, Pendulin, PhChAK, Ra'ike, Radschläger, Realulim, ReclaM, Redf0x, Reenpier, Reise-Line, Rl, Rolf Naim, RoswithaC, Rufus46, Rüdiger Sander, Saltose, Seewolf, Thomas Springer, Tohma, Ulrich Seiler, Umherirrender, Vic Fontaine, Volunteer, W!B:, Wahrerwattwurm, Wikihard, Wikinina, Zollernalb, 242 anonymous edits

**Installation_(Kunst)** *Source*: http://de.wikipedia.org/w/index.php?title=Installation_%28Kunst%29 *Contributors*: Alinea, AndreasPraefcke, Arnis, ArtPolska, Auto, B.a.c.i.4., Berita, Blubbalutsch, Caspar-urban, CommonsDelinker, Dante aurelius, Dr. Ronald Kunze, Dungaxp, Fixlink, Fuzztone, Glasnost, Graphikus, Gregor Bert, H005, Hedinger, Hexelchen, Holgermoos, Howwi, Julius1990, Kamcio, Katharina Schmidt, Krd, Leonce49, Lienhard Schulz, LucaLuca, Martin Sg., Old Man, Panoramedia, Ra'ike, Realulim, Robodoc, Rubblesby, SDB, Saintswithin, Stegop, Sverrir Mirdsson, Svetiduh, Südwestlich, Tafkas, ThoR, Thomas Schulte im Walde, Thomas280784, Ulfo69, Uwe Gille, Wolanth, Zenit, 58 anonymous edits

**Bildhauerei** *Source*: http://de.wikipedia.org/w/index.php?title=Bildhauerei *Contributors*: -enzyklop-, Achim Jäger, Aglarech, Alfred Löhr, Alnilam, Amygdala77, Artmax, Athene, BJ Axel, Barbarelli, Bernd Schwabe in Hannover, BesondereUmstaende, Bisam, Bwag, Carol.Christiansen, CatMan61, Cfd, Cocyhok, CommonsDelinker, Crux, Dandelo, Das Robert, Diba, Doktorscholl, Dr.cueppers, Désirée2, El., Elian, Feba, Felistoria, Fixlink, Flominator, FlorianB, Formatius, Formative, Fullhouse, GeorgHH, Gerbil, Gerd Fahrenhorst, HaSee, Hafenbar, Harald Heinrich, Helmut Breidenstein, Helmuth Furch, Hhwginger, HoHun, Holger.Ellgaard, Huishu, Inkowik, Invisigoth67, JFKCom, Jonathan Groß, KingLion, Kku, Klare Kante, KnightMove, Kpisimon, Kresspahl, LKD, Lamilli, Lexoldie, Libellulia, Lienhard Schulz, Lysippos, Mac, Martin Geck, Matt1971, MatteX, Media lib, Metaxa, Monika Nagel, Moroder, Mps, Numbo3, Oderfing, Ole stark, Parakletes, Peter200, Philipp Wetzlar, Pittimann, Quapitty, Ra'ike, Raymond, Regi51, Roll-Stone, Roterraecher, Rufus46, Scooter, Sebheid, Senkrecht-Günter-Grass, Simplicius, Suirenn, Sula, Summ, Textkorrektur, Thot 1, TomK32, Trebeta, Tsui, Ulli Purwin, Venlige, VerwaisterArtikel, Vietinghoff, W!B:, WAH, Weede, WeißNix, Wiegels, Wilkinus, Wing, Wiska Bodo, Wodiga, Wst, YourEyesOnly, Zaibatsu, Zottie, 89 anonymous edits

**Malerei** *Source*: http://de.wikipedia.org/w/index.php?title=Malerei *Contributors*: 1000, 132-180, A.Savin, A1bi, Aconcagua, Adornix, Aineias, Aka, AlMare, Alinea, Alnilam, AlphaCentauri, Andreas Lippold, AndreasPraefcke, Androl, Andy king50, Antrios, Aphaia, Arcy, Armin P., Averaver, AwOc, BLueFiSH.as, Balû, Ben-Zin, Benniks, Bera, Bernd Schwabe in Hannover, Bildungsbürger, Blaumeise, Brigitte-mauch, Camilla1, Captain Crunch, Carol.Christiansen, Chor der Blöden, Christianpentzold, Ckeen, CommonsDelinker, Crux, Daniel 1992, Der.Traeumer, DerHexer, Diba, Dibe, Doktorscholl, DraGoth, Ehrhardt, EisfeeNRW, Elian, Engie, Entschn, ErikDunsing, FEXX, Fedin, Felix Stember, Fish-guts, Fixlink, Flominator, FlorianB, Fristu, Geist, der stets verneint, Gereon K., Gilliamjf, Goesseln, Greifen, Grey Geezer, Guandalug, H.-P.Haack, HAL Neuntausend, HaSee, HaeB, Hafenbar, Halbarath, Hans Bug, Hans J. Castorp, Hawobo, He3nry, Head, Henricus Bambergensis, HilkMAN, Hoheit, Hokuzai, Howwi, Hozro, Hps-poll, Hydro, Ilion, Inkowik, Ixitixel, JCS, JakobVoss, JamesCook22, Janekpfeifer, Janus von Abaton, Jenischer Kulturverband, Jivee Blau, Joaquín Martínez Rosado, Joerg!, Johann Jaritz, JonBs, Jonathan Groß, Julia W, Julius1990, Karl-Henner, Kathi03, Katimpe, Kausel, Keichwa, Kianian, Koethnig, Korre, Kurt Jansson, König Alfons der Viertelvorzwölfte, LKD, Lacrimus, Libelle63, Logograph, Lohan, Luekk, Lukas$^{23}$, Lullällspundel, Lullöhr, Lumpeseggl, Lyzzy, Löschfix, MAK, Maggi-k, Magnus Manske, Marcus Cyron, Matt1971, Media lib, Michael Schubart, Mnh, Mohahaddou, Momo94, Morgenröte, Moritzveh12, Mr.bloom, Muck31, Nd, Nicolas G., Nikkis, Nixred, Nobrook, OE, Odin, Onkelkoeln, Origamiemensch, Ot, Ouhzm, PDD, Pappenheim, Parakletes, Paris 16, Paul Ebermann, Pendulin, Perhelion, Peter200, Pianopianissimo, Pik-Asso, Piktor08, Pirnscher Mönch, Pit, Pitichinaccio, Pittimann, Pjacobi, Quellnymphe, Quintero, Quoth, Rdb, Regi51, Rigo 1963, Rlbberlin, Robert Kropf, Robert Weemeyer, RobertLechner, Robertsan, Robin Hood, Robodoc, Romanm, Roo1812, Rufus46, S.Didam, Salomis, Scaevola, Schneehuhn, Scooter, Sechmet, Secular mind, Seewolf, Sicherlich, Sinn, Sitacuisses, Small Axe, Soebe, Sol1, Spitzulmenstein, Spuk968, Strater, Suirenn, Taratonga, Terzia, The weaver, Thogo, Thorbjoern, Tobi B., TomK32, Trigonomie, Tönjes, Udimu, Umweltschützen, Unukorno, Uoeia, Ureinwohner, Uwe Gille, Vaporub, Vietinghoff, Vilhelm, W!B:, WAH, WHVer, Wahldresdner, Waltraut Schumann, Waterborough, Weede, Weiacher Geschichte(n), Weitbrecht, WernerPopken, Wiegels, Wiki Gh!, Wiki surfer bcr, Wine, Wiska Bodo, Wkrautter, Wodiga, Wolfgang1018, Wst, YourEyesOnly, Zaibatsu, 242 anonymous edits

**Havel** *Source*: http://de.wikipedia.org/w/index.php?title=Havel *Contributors*: 2micha, 4tilden, AN, Acf, Aka, Alex1011, Alma, An-d, Andreas Preuß, Androl, Anthrazit, Artmax, Autofan, AxelHH, BLueFiSH.as, BS, Bahnmoeller, Berlin-Jurist, Bernard Ladenthin, Bettercom, Biberbaer, Blablubb1703, Boenki, Caprisonne78, ChrisHamburg, Ciciban, Ckeen, Cologinux, DB111, Definitiv, Der Wolf im Wald, DorisAntony, Emmridet, Engie, ErikDunsing, Euku, FBE2005, FatmanDan, Finwill, Fish-guts, Flussmensch, Franz Richter, Fristu, Frokor, Fusslkopp, G-41614, GMH, Gadacz, Gbust, Geolux24, Georg Müller, Geschichtsfan, Guidod, Gumbel, Gut informiert, HHempelmann, HaSee, Hans G. Oberlack, Harald Rossa, Hartmutkuehl, Heiko (Berlin), Heikoschmitz, Herzi Pinki, Hildegund, HolsteinPommern, Inkowik, Jesi, Jonathan Groß, Jteich, Jumbo1435, Kai11, Kaisersoft, Kay Hude, Koma030, Komischn, Kotofeij K. Bajun, LKD, Langec, Langläufer, Lencer, Lentando, Lienhard Schulz, Linksverdreher, Lley, M Huhn, MIBUKS, Maggi-k, Maiki07, Marcel Globig, Martin Miethke, Martin Rasmussen, Matt1971, MatthiasHuehr, Max-78, Mazbln, Michael Sander, Michael w, Mink95, Mlowin, Morgenstar, Msch.020566, NatiSythen, Netnet, Nicor, Nikkis, Niniwe10245, Niteshift, NordNordWest, Nordelch, OE, OHVChris75, Obersachse, Olaf Studt, Olaf2, Oliver S.Y., Omi´s Törtchen, Pendethan, Philipendula, Prince Valiant, QBay, Qatan, Rainer Lewalter, Rauenstein, Rax, Raymond, Redf0x, Reinhard Kraasch, Roomsixhu, Rosenzweig, SJuergen, Sarkana, Saxo, Schlesinger, Schlurcher, Sebastian Wallroth, Shoot the moon, Sirutor, Solid State, Speravir, Spirit84, Srittau, Stefan Kühn, Stefan h, SteffenKahl, SteveK, Supermartl, Sökaren, Tgoenner, ThomasPusch, Tilo23, Tim Pritlove, Times, Timk70, Tsor, Ulamm, Umherirrender, Umweltschützen, UweRohwedder, Vintagesound, Voyager, Vsop, Wikinaut, Wikingerx, Wolf170278, Wst, Zahlendreher, Zaibatsu, Zeuke, 109 anonymous edits

**München** *Source*: http://de.wikipedia.org/w/index.php?title=M%C3%BCnchen *Contributors*: -jha-, .84.150.203.194, 08-15, 089Crew, 12345678, 2000, 208.204.186.195.dial.bluewin.ch, 3ecken1elfer, A.Savin, ADK, AF666, AHZ, APPER, Aaa, Aaaah, Achates, Achim Raschka, Aconcagua, Adalbertriehl, Adbo2009, Adornix, Adsp, Aenor, Afforever, Agathoclea, Agrippa, Ahasver, Ahjo, Aigle, Aka, Akkolon, Alberto568, AleXXw, Aleister Crowley II, Alex1011, Alexander Sommer, Alexander Z., Alfred Nobel, Alib, Alkab, Allgaiar, Aloiswuest, Amaranth19, Ampfinger, Amphibium, Amrei-Marie, Andreas 06, Andreas86, AndreasJS, AndreasPraefcke, Andrest, Androl, Andrsvoss, André Schneider, Andybopp, AnnaSilbermond, Antonsusi, Arbeo, Archy-art, Aries, Armin P., ArturAleMeow, ArturMüller, Arturthegeek, Asthma, Augiasstallputzer, Avoided, Axb, Axolotl Nr.733, Azim, BK, BKSlink, BLueFiSH.as, Babyauditor, Bahnmoeller, Balû, Barbarossa, Bartleby08, Baumeister, Baumfreund-FFM, Baumst, Bbommel, Bdk, Be001g, Bear, Beelzebubs Grandson, Beemi, Ben-Zin, Benhamburg, Benni-C, Bergtobi2008, Berlin-Jurist, Bernd.zuther, Berreu, BertholdD, Bertkower Jung, Betterworld, Bettina beiWiki, Bgressor, Big Chris089, Billy.shears, Bitsandbytes, Bjs, Björn Bornhöft, BlackIceNRW, Blaisorblade, Blaufisch, Blenco, Blunt., Bobrowniaa, Boenj, Booridoo, Bore-o-matic, Borio, Boshomi, BrThomas, Braunfruchtbär, Brazzy, Brentano, Brezelsuppe, Brian, Brislierbrengeara, Bro37, BurghardRichter, C.Löser, CSprinter, Calestyo, Camelotrose, Capaci34, Carbidfischer, Carl Steinbeißer, Cava, Cepheiden, Cfaerber, ChKa, Chaddy, Chaos, Chd, Chdeppisch, Che-sieger, Cherubino, Chkorn, Cholo Aleman, Chris1105, ChrisHamburg, ChrisMitBiss, ChrisPott, Chrislb, Christian Hartard, Christian Storm, Christian.frey, ChristianBier, ChristianErtl, Chumwa, Chvickers, Ckeen, Codeispoetry, Cokeser, Cokfshs, Colin Marquardt, College 1, Cologinux, CommonsDelinker, Complex, Concept1, Conversion script, Cottbus, Crack-Music, Crux, Cymothoa exigua, Cyper, Cäsium137, D, DaB., Dagoba7, Dai, Dalisay, Daniel, Daniel Endres, Daniel3880, DanielW, Dantla, Darkking3, Darky77, David Kostner, David Schupp, Dbenzhuser, Deabyte, Deditor, Deirun, DenkMal!, Deppen leer zeichen, Der Wolf im Wald, Der gelehrte hermes1974, Der-akio, Der-wuppertaler, Der.Traeumer, DerGenaue Allrounder, DerHexer, Derkuebler, DevilStar, Diba, Dick Tracy, Didymos, Ding1dong, Diskurs, Dnaber, Dobby1397, Doc-antje, Doclecter, Docmo, Dogbert66, Doktor Ring Ding, Don Magnifico, Dr. Krischer, Dr. Meierhofer, DrSeehas, Druckwelle, Druffeler, Dundak, Dunni, EK Drops, Earendil, Ebcdic, Ecuadoriangirl1986, Edding, Ede1, Edgar8, Ein anderer Name, Einemnet, Ekkehart baals, El., El.Sarmiento, ElRaki, ElTres, Elian, Emes, Engie, Enslin, Enst38, Entlinkt, Enzian44, Epigone, Epo, Eppasandas, Eric 01, ErikaFischer, Eschenmoser, Euku, Eurostarter, Evergreen68, F GX, FTBohlig, Fake4d, Fakuza, Falott, Fastfood, Felistoria, Felix König, Felix Stember, Figurehead, Firobuz, Flip666, FloSch, Flominator, Florian Adler, Florian Fuchs, Florian.Keßler, FlügelRad, Fomafix, FordPrefect42, Franckenstein, Frankfurtda, Frantisek, Franz Halac, Franz Kappes, FreeOsFan, Fressbacke, Fristu, Fryxx, Fsj-mt, Fubar, Funtick, FutureCrash, Fuzzy, Fxx2000, G, GMH, Gamma9, Gamsbart, Gancho, Gandi, Gardan, Geher, Geiserich77, Geisslr, Geitost, Gelli63, Geof, Gerbil, Gerda Arendt, Gereby, Gereon K., Gernheim, Geschen, Gestumblindi, GianVella, Giesenau, Giftmischer, Gilliamjf, Giszmo, Gittergesoxxx, Gizmo23, Gnu1742, Gogafax, Gonzo Greyskull, Goodgirl, Gorgo, Gottloser, Grabredner, Graf Wronsky, Grawp, Greedev, Grixlkraxl, Grrrubber, Gschul, Guandalug, Guido Weber, Guidod, Gulli, Gunther, Gus27, H-stt, H-style, HAL Neuntausend, HaSee, HaTe, Hachinger62, Hadhuey, HaeB, Hagrid, Hans J. Castorp, Hans Kaufmann, Hans Proft, Hans555, Hansele, Happolati, Haraldbischoff, Harry8, Hathal, Hb69, Hcii, He3nry, Head, Heinte, HeinzWörth, Helenopel, Helm, Helmut Zenz, Hen123, HenHei, Hendrich, HenrikHolke, Hephaion, Herbert meister, Hermannthomas, Heros München, HerrMay, Heurik, Heuvel, Hewa, Hi-Teach, Hi.Tower, Higgovale, High Contrast, Highdelbeere, Highpriority, Himuralibima, HinricusLeo, HistorikerCottbus, Hockeyfreak, Hofres, Hoheit, Holger I., Holman, Horemu, Horst, Howwi, Hubertl, Hukukçu, Humpyard, Hunne, Hybscher, Hydro, Hystrix, Hytrion, Hände weg!, Hönnetaler, ISBN, Igelball, Iglheaz, Ignazwrobel, Informationskampagne, Inkowik, Intertorsten, Ion, Ischgucke, Iste Praetor, Its-BZ, J budissin,

J. Patrick Fischer, J. Schwerdtfeger, JCIV, JD, JFKCom, JOE, JWBE, Jacktd, Jadran91, Jaellee, Jaimiethedog, Jako89, Jan Liebscher, Janiwan, Janneman, Jaybee, Jcg2006, Jcornelius, Jcr, Jeansverkäufer, Jed, JensVonZobel, Jergen, Jesi, Jesper Jenkins, Jesusfreund, Jivee Blau, Jiver, Jo Oh, Joaotg, Jobu0101, Jodo, Jofi, Johannes Grill, John-vogel, Johnny Controletti, Joi43, Jonathan Hornung, Jorges, Jpicht, JuTa, JudgeKojak, Juerg1233, JuergenL, Juesch, Julius-m, Jörn Henning Strüwe, Jürgen Pierau, K.atarina.w, KaPe, Kalligraf, Kanadier, Kandschwar, Kapege.de, Kapitän Nemo, Karl Gruber, Karl Schillinger, Karl-Henner, Karlo, Katty, Kaugummimann, Kdwnv, Kereul, Kh80, Kickof, Killingfreak, Kingofears, Kladson, Klapper, Kmuefreeentertainment, Knandi, KnightMove, Koffer, Kolja21, Kollektives Schreiben, Kommisarrex, KornX, Kpjas, Krauterer, Krawi, Kresspahl, Kris Kaiser, Kritischer Geist, Kubrick, Kuemmjen, Kunani, Kurmis, Kursch, Kurt Jansson, Kurzer.bernd, Kurzsprung, Körnerbrötchen, L4ur1tz, LB9000, LILALUPresse, LIU, LKD, Lady Whistler, Laimberg, Lampart, Lando83, Ldi91, Lear 21, Learny, Leflic, Legalides, Leipnizkeks, Leit, Lemsus, Lencer, Lenni-2011, Leoll, LepoRello, Leuchtschnabelbeutelschabe, Libelle63, Licht-Ausmach-Män, Liesel, Lili, Lindi, Linkverbieger, Linos203, Littl, Liuthalas, Lobosch, Lobservateur, Lothar Kimmeringer, Lou.gruber, Lucarelli, LugPaj, Luidger, Lukrez, Lung, Lupfro, Löschfix, M0nsterxxl, M1968h, MBq, MD, MKI, MSMunich, Mackenzie, Madame, Madema, Madm, Magadan, Maggus989, Magnummandel, Magnus Manske, Makem99, Manie, Manloeste, Manuel Heinemann, Maqz, Marc van Woerkom, Marccc, Marcmunich, Marco Engel, Marco Krohn, Marcosvsb, Marcus Schätzle, Margaux, MarkusZi, Maros, Marriex, Marsku, Marsupilami, Marsupilcoatl, Martin Bahmann, Martin-vogel, Martin.Heiss, MartinJhenne, Matrix089, Matrixplay, Matt1971, Matthias Schneider, Matthäus Wander, Maturion, Mautpreller, Max1979, Maxl, Memmingen, Metalhead64, Metaroll, Meursault2004, Mexx-82, Michael.chlistalla, MichaelBauer, MichaelFrey, Michaelt1964, Michaeltreiss, Michail, MichiS., MichiWe, Mik81, Mike Krüger, Mikue, Millbart, MinCe, Mink95, Minks, Mjaruselsky, Mkrefft, Mnh, Mnsch, Mogelzahn, MonacoF, Moros, Morten Haan, Mucalex, Muck, Muffingg, Muh kuh, Muhandis79, Mullerkingdom, Mummelgrummel, Mundartpoet, Munichvegasguy, Musenkuss, Musterbeamter, Mw, My name, Müller81, N3MO, Nanosmile, Nassauer27, Ncik, Ncnever, Nelk, Nerd, Nervasdadara, Netagert, Netamensch, Neu1, Neuroca, NeverDoING, NiTenIchiRyu, Nic, Nicolas G., Nicolas17, Nicor, Niesbeth, Niki.L, Nikolaus, Nixred, Nkah6raso, Nobelium, Nocturne, Noebse, Nohome, Nolispanmo, Nordelch, Nothere, Nur so zum Spaß, O DM, OMPwiki, Ocrho, Oderfing, Odin, Oefe, Ogmios, Oimheidi, OinkOink, Okahandja, Okfm, Okin, Olaf Simons, OlafRadicke, Omi´s Törtchen, Omnidom 999, Ora Unu, Ot, Ottfried, Outburn, Oxydo, P A, P. S. F. Freitas, PDD, Paddy, Pandat, Pati250, Patrick Six, PatrickBrauns, PaulBommel, Pco, Pedelecs, Pendulin, Pentachlorphenol, Perconte, Perrak, Peter Buch, Peter200, Peterf, PhJ, Philipendula, Phoenixxxxxx, Pikka85, Pit, Pitichinaccio, Pittigrilli, Pittimann, Platte, Plehn, Polarlys, Popie, Port(u*o)s, Portenkirchner, PrimQuackus, Prissantenbär, Prjaeger, PsY.cHo, Q'Alex, Qaswed, Quaerens07, QualiStattQuanti, Qualiabavariae, Quax, Quirin, R.Schuster, RMoriz, RUUBYN, Radschläger, Radunze, Rag0ne, Rainer Bielefeld, Rainer Lewalter, Rainer Lippert, Ralf Gartner, Ralf Roletschek, Ramgeis, Randalf, Rauenstein, Rax, Rdb, ReclaM, Redf0x, Redline is courtage, Regenmacher, Regi51, Reinhard Kraasch, Retromenico, Revolus, Richard Huber, RitaC, Robert Huber, Robertius, Rockrogash, Roger Zenner, Roland1950, Roland1952, Romanist, RosaMarie, Rosch2610, Rosenzweig, Roterraecher, Rs newhouse, Rudolfkv, Rudolfox, Rufus46, SDB, STBR, Saanix, Saehrimnir, Sagromus, Salomis, Saltose, Sankyo, Sansculotte, Saperaud, Scherben, Schlaier, Schlesinger, Schlurcher, Schmei, Schotterebene, Schubbay, Schumir, Schwarzer Abt, Scooter, Sdfgh, Sebi, Sechmet, Sechsundzwanzig.vier, Seewolf, Sehund, Seppl von der Munich Area, Septembermorgen, Sewa, Shekko, Shelog, Shikeishu, Shui-Ta, Shurgle, SibFreak, Simon Budig, Simonswine, Singsangsung, Sinn, Sir, SirPrize, Sitacuisses, Situli, Ska muc, Skyprayer, Slowflow, Small Axe, Smoczysko1962, SoWhy, Softeis, Sol1, Solid State, Something Wicked, SomnusDe, Souffleuse, Southpark, Spear, SpecialEd, Spielkind, Splacknuck, Sproink, Spuk968, Sputniktilt, Srbauer, Sstoffel, Ssuag, StYxXx, Staffe21, Stahlkocher, Steak, Steevie, Stef.muc, Stefan Knauf, Stefan Kühn, Stefan h, Stefan.weiss, StefanAndres, Stefanbw, Stefanf74, Steffen, Steffen Heinrich, Steffen Löwe Gera, Stefwalter, Stefünius, Steiner76, Stephan1982, Stephanmorgenstern, Steschke, SteveK, Stimmer, Stuby, Suhadi Sadono, Sulfolobus, Sumoooooo, Superbass, Supermohi, Synapse, Syrcro, Sümpf, T-Low, T. Then, TAL, TMg, TOMM, TUBS, TZorn, Tarantelle, Taschenrechner, Tbergt, Tegernbach, Telegraf, TerMeer, Testsieger73, Theflomuc, Thgoiter, Thomas Schulte im Walde, Thomas Wozniak, Thomas.schmid, ThomasPusch, Thommess, Thorbjoern, Tigerente, Tilo23, Times, Timmerma, Tinz, Tk, Tkarcher, To old, Tobi B., TobiWanKenobi, Tobias Conradi, Tobias Maier, Tobias1983, TobiasEgg, Tohma, Tokyo, TomK32, Tomgensler, Tomreplay, Tonispitz, Topfield, Torwartfehler, Transparent, Triebtäter, Tsor, Tukkonen, Uhlitzsch, Ulih, Ulrich.fuchs, Ulz, Unscheinbar, Untouchreply, Unukorno, Ureinwohner, User0101010101, Usien, Uuu87, Uwe Gille, Uwe Hermann, Uwe W., Uzruf Uroglen, V8Scania, VStM Mari, Versicherungsprofi, Vervin, VerwaisterArtikel, Vijverln, Vuxi, W.Müller, WAH, WIKImaniac, Waelder, Watercolor100, Webkart, Weiacher Geschichte(n), Werbeeinblendung, Whitman, Whoops, WiebkeRohde, Wiegels, Wiggum, Wihler, Wiki surfer bcr, Wiki-Hypo, Wiki-observer, Wikifantexter, Wikironmuc, Wildtierreservat, WilliMuc, Wirama, Witten, Wolfgang Götz, Wolfgang Kopp, Wolfgang Nuss, Wolfgang Pehlemann, Wolfgang1018, WolfgangS, World24, Wosiwarrior, Wrookie, Wum und Wendelin, Wurblzap, Wzwz, X-Weinzar, XJamRastafire, XenonX3, Xls, Xocolatl, Xorx77, YMS, Yodokus, Yota, YourEyesOnly, Z thomas, Zakysant, Zangala, Zaungast, Zebra848, Zeitmaschine, Zeno Gantner, Zerohund, Zinnmann, Zumahu, pD9E4DE6A.dip.t-dialin.net, Überraschungsbilder, מראהגייר ירעל, 1346 anonymous edits

# Image Sources, Licenses and Contributors

**Datei:Flag of Berlin.svg** *Source*: http://de.wikipedia.org/w/index.php?title=Datei:Flag_of_Berlin.svg *License*: unknown *Contributors*: Flaggenentwurf: unbekannt diese Datei: Jwnabd

**Bild:Locator map Berlin in Germany.svg** *Source*: http://de.wikipedia.org/w/index.php?title=Datei:Locator_map_Berlin_in_Germany.svg *License*: unknown *Contributors*: User:TUBS

**Datei:Coat of arms of Berlin.svg** *Source*: http://de.wikipedia.org/w/index.php?title=Datei:Coat_of_arms_of_Berlin.svg *License*: unknown *Contributors*: Wappenentwurf: diese Datei: Jwnabd

**Datei:Cityscape Berlin.jpg** *Source*: http://de.wikipedia.org/w/index.php?title=Datei:Cityscape_Berlin.jpg *License*: unknown *Contributors*: Der Wolf im Wald, Lotse

**Datei:EU location Berlin.svg** *Source*: http://de.wikipedia.org/w/index.php?title=Datei:EU_location_Berlin.svg *License*: unknown *Contributors*: User:Ssolbergj

**Datei:Berlin relief location map-names.png** *Source*: http://de.wikipedia.org/w/index.php?title=Datei:Berlin_relief_location_map-names.png *License*: unknown *Contributors*: User:Sitacuisses, User:TUBS, User:Uwe Dedering

**Datei:Tiergartenimoktober.JPG** *Source*: http://de.wikipedia.org/w/index.php?title=Datei:Tiergartenimoktober.JPG *License*: unknown *Contributors*: BEROLINO

**Bild:Berlin, administrative divisions (+districts +boroughs +pop) - de - colored (less colors).svg** *Source*: http://de.wikipedia.org/w/index.php?title=Datei:Berlin,_administrative_divisions_(+districts_+boroughs_+pop)_-_de_-_colored_(less_colors).svg *License*: unknown *Contributors*: TUBS

**Datei:Coat of arms of borough Mitte.svg** *Source*: http://de.wikipedia.org/w/index.php?title=Datei:Coat_of_arms_of_borough_Mitte.svg *License*: unknown *Contributors*: Wappenentwurf: unbekannt diese Datei: Jwnabd

**Datei:Coat of arms of borough Friedrichshain-Kreuzberg.svg** *Source*: http://de.wikipedia.org/w/index.php?title=Datei:Coat_of_arms_of_borough_Friedrichshain-Kreuzberg.svg *License*: unknown *Contributors*: Wappenentwurf: unbekannt diese Datei: Jwnabd

**Datei:Coat of arms of borough Pankow.svg** *Source*: http://de.wikipedia.org/w/index.php?title=Datei:Coat_of_arms_of_borough_Pankow.svg *License*: unknown *Contributors*: Wappenentwurf: Jörg Mantzsch diese Datei: Jwnabd

**Datei:Coat_of_arms_of_Charlottenburg-Wilmersdorf.svg** *Source*: http://de.wikipedia.org/w/index.php?title=Datei:Coat_of_arms_of_Charlottenburg-Wilmersdorf.svg *License*: unknown *Contributors*: Jwnabd, MorbZ

**Datei:Coat of arms of borough Spandau.svg** *Source*: http://de.wikipedia.org/w/index.php?title=Datei:Coat_of_arms_of_borough_Spandau.svg *License*: unknown *Contributors*: Wappenentwurf: unbekannt diese Datei: Jwnabd

**Datei:Coat of arms of borough Steglitz-Zehlendorf.svg** *Source*: http://de.wikipedia.org/w/index.php?title=Datei:Coat_of_arms_of_borough_Steglitz-Zehlendorf.svg *License*: unknown *Contributors*: Wappenentwurf: Frank Diemar diese Datei: Jwnabd

**Datei:Coat of arms of borough Tempelhof-Schoeneberg.svg** *Source*: http://de.wikipedia.org/w/index.php?title=Datei:Coat_of_arms_of_borough_Tempelhof-Schoeneberg.svg *License*: unknown *Contributors*: Wappenentwurf: unbekannt diese Datei: Jwnabd

**Datei:Coat of arms of borough Neukoelln.svg** *Source*: http://de.wikipedia.org/w/index.php?title=Datei:Coat_of_arms_of_borough_Neukoelln.svg *License*: unknown *Contributors*: Wappenentwurf: unbekannt diese Datei: Jwnabd

**Datei:Coat of arms of borough Treptow-Koepenick.svg** *Source*: http://de.wikipedia.org/w/index.php?title=Datei:Coat_of_arms_of_borough_Treptow-Koepenick.svg *License*: unknown *Contributors*: Wappenentwurf: Frank Diemar diese Datei: Jwnabd

**Datei:Coat of arms of borough Marzahn-Hellersdorf.svg** *Source*: http://de.wikipedia.org/w/index.php?title=Datei:Coat_of_arms_of_borough_Marzahn-Hellersdorf.svg *License*: unknown *Contributors*: Wappenentwurf: Lutz Döring diese Datei: Jwnabd

**Datei:Coat of arms of borough Lichtenberg.svg** *Source*: http://de.wikipedia.org/w/index.php?title=Datei:Coat_of_arms_of_borough_Lichtenberg.svg *License*: unknown *Contributors*: Wappenentwurf: Frank Diemar diese Datei: Jwnabd

**Datei:Coat of arms of borough Reinickendorf.svg** *Source*: http://de.wikipedia.org/w/index.php?title=Datei:Coat_of_arms_of_borough_Reinickendorf.svg *License*: unknown *Contributors*: Wappenentwurf: unbekannt diese Datei: Jwnabd

**Datei:Luftbild bln-schmoeckwitz.jpg** *Source*: http://de.wikipedia.org/w/index.php?title=Datei:Luftbild_bln-schmoeckwitz.jpg *License*: unknown *Contributors*: Matthias Renner (Marathoni62)

**Datei:Memhardt1652.jpg** *Source*: http://de.wikipedia.org/w/index.php?title=Datei:Memhardt1652.jpg *License*: unknown *Contributors*: Johann Gregor Memhardt

**Datei:Berlin Nationaldenkmal Kaiser Wilhelm mit Schloss 1900.jpg** *Source*: http://de.wikipedia.org/w/index.php?title=Datei:Berlin_Nationaldenkmal_Kaiser_Wilhelm_mit_Schloss_1900.jpg *License*: unknown *Contributors*: unkown

**Datei:Potsdamer Platz 1945.jpg** *Source*: http://de.wikipedia.org/w/index.php?title=Datei:Potsdamer_Platz_1945.jpg *License*: unknown *Contributors*: Michael M. Dean (Canada. Dept. of National Defence/Ministère de la défense nationale)

**Datei:Occupied Berlin.svg** *Source*: http://de.wikipedia.org/w/index.php?title=Datei:Occupied_Berlin.svg *License*: unknown *Contributors*: FDV, France05alpes, Fry1989, Langläufer, Leit, Petr Dlouhý, Stefan-Xp

**Datei:Berlinermauer.jpg** *Source*: http://de.wikipedia.org/w/index.php?title=Datei:Berlinermauer.jpg *License*: unknown *Contributors*: Noir

**Datei:Bundesarchiv Bild 183-1989-1118-028, Berlin, Grenzübergang Bornholmer Straße.jpg** *Source*: http://de.wikipedia.org/w/index.php?title=Datei:Bundesarchiv_Bild_183-1989-1118-028,_Berlin,_Grenzübergang_Bornholmer_Straße.jpg *License*: unknown *Contributors*: Beek100, Bundesarchiv-B6, M-J, Martin H., Srittau, 1 anonymous edits

**Datei:Bundesarchiv Bild 146-1991-039-11, Richard v. Weizsäcker.jpg** *Source*: http://de.wikipedia.org/w/index.php?title=Datei:Bundesarchiv_Bild_146-1991-039-11,_Richard_v._Weizsäcker.jpg *License*: unknown *Contributors*: -hax0r, Leit, Tresckow

**Datei:Berlin population2.svg** *Source*: http://de.wikipedia.org/w/index.php?title=Datei:Berlin_population2.svg *License*: unknown *Contributors*: User:Gorgo

**Datei:Population pyramid of Berlin (DE-2010-12-31).svg** *Source*: http://de.wikipedia.org/w/index.php?title=Datei:Population_pyramid_of_Berlin_(DE-2010-12-31).svg *License*: unknown *Contributors*: Jwnabd

**Datei:Berlin Dom 2005.jpg** *Source*: http://de.wikipedia.org/w/index.php?title=Datei:Berlin_Dom_2005.jpg *License*: unknown *Contributors*: Photo: Andreas Praefcke

**Datei:Berlin, Mitte, Bebelplatz, Hedwigskathedrale 02.jpg** *Source*: http://de.wikipedia.org/w/index.php?title=Datei:Berlin,_Mitte,_Bebelplatz,_Hedwigskathedrale_02.jpg *License*: unknown *Contributors*: User:Beek100

**Datei:Berlin Neue Synagoge 2005.jpg** *Source*: http://de.wikipedia.org/w/index.php?title=Datei:Berlin_Neue_Synagoge_2005.jpg *License*: unknown *Contributors*: Photo: Andreas Praefcke

**Datei:Sehitlik-Moschee in Berlin, 2012.jpg** *Source*: http://de.wikipedia.org/w/index.php?title=Datei:Sehitlik-Moschee_in_Berlin,_2012.jpg *License*: unknown *Contributors*: User:Avda

**Datei:Reichstag building Berlin view from west before sunset.jpg** *Source*: http://de.wikipedia.org/w/index.php?title=Datei:Reichstag_building_Berlin_view_from_west_before_sunset.jpg *License*: unknown *Contributors*: User:JürgenMatern

**Datei:Berlin - Herrenhaus-Bundesrat.jpg** *Source*: http://de.wikipedia.org/w/index.php?title=Datei:Berlin_-_Herrenhaus-Bundesrat.jpg *License*: unknown *Contributors*: BLueFiSH.as, Gryffindor, Kiwa

**Datei:07.08.21.Bundeskanzleramt.jpg** *Source*: http://de.wikipedia.org/w/index.php?title=Datei:07.08.21.Bundeskanzleramt.jpg *License*: unknown *Contributors*: User:Alabama

**Datei:Berlin, Mitte, Niederkirchnerstraße, Preußisches und Berliner Abgeordnetenhaus.jpg** *Source*: http://de.wikipedia.org/w/index.php?title=Datei:Berlin,_Mitte,_Niederkirchnerstraße,_Preußisches_und_Berliner_Abgeordnetenhaus.jpg *License*: unknown *Contributors*: User:Beek100

**Datei:Klaus Wowereit Berlin-Tegel 01.jpg** *Source*: http://de.wikipedia.org/w/index.php?title=Datei:Klaus_Wowereit_Berlin-Tegel_01.jpg *License*: unknown *Contributors*: Burts, Hekerui, Leit, Ratatosk, Sir James

**Datei:Rotes Rathaus.jpg** *Source*: http://de.wikipedia.org/w/index.php?title=Datei:Rotes_Rathaus.jpg *License*: unknown *Contributors*: Original file: Latest version:

**Datei:Country symbol of Berlin silver.svg** *Source*: http://de.wikipedia.org/w/index.php?title=Datei:Country_symbol_of_Berlin_silver.svg *License*: unknown *Contributors*: Wappenentwurf: diese Datei: Jwnabd

**Datei:Flag of Europe.svg** *Source*: http://de.wikipedia.org/w/index.php?title=Datei:Flag_of_Europe.svg *License*: unknown *Contributors*: User:-xfi-, User:Dbenbenn, User:Funakoshi, User:Jeltz, User:Nightstallion, User:Paddu, User:Verdy p, User:Zscout370

**Datei:Flag of Germany.svg** *Source*: http://de.wikipedia.org/w/index.php?title=Datei:Flag_of_Germany.svg *License*: unknown *Contributors*: User:Madden, User:SKopp

**Datei:Flag of the United States (Pantone).svg** *Source*: http://de.wikipedia.org/w/index.php?title=Datei:Flag_of_the_United_States_(Pantone).svg *License*: unknown *Contributors*: User:Dbenbenn, User:Indolences, User:Jacobolus, User:Technion, User:Zscout370

**Datei:Flag of France.svg** *Source*: http://de.wikipedia.org/w/index.php?title=Datei:Flag_of_France.svg *License*: unknown *Contributors*: User:SKopp, User:SKopp, User:SKopp, User:SKopp, User:SKopp, User:SKopp

**Datei:Flag of Spain.svg** *Source*: http://de.wikipedia.org/w/index.php?title=Datei:Flag_of_Spain.svg *License*: unknown *Contributors*: Pedro A. Gracia Fajardo, escudo de Manual de Imagen Institucional de la Administración General del Estado

**Datei:Flag of Turkey.svg** *Source*: http://de.wikipedia.org/w/index.php?title=Datei:Flag_of_Turkey.svg *License*: unknown *Contributors*: User:Dbenbenn

**Datei:Flag_of_Poland.svg** *Source*: http://de.wikipedia.org/w/index.php?title=Datei:Flag_of_Poland.svg *License*: unknown *Contributors*: User:Mareklug, User:Wanted

**Datei:Flag of Russia.svg** *Source*: http://de.wikipedia.org/w/index.php?title=Datei:Flag_of_Russia.svg *License*: unknown *Contributors*: Zscout370

**Datei:Flag of Hungary.svg** *Source*: http://de.wikipedia.org/w/index.php?title=Datei:Flag_of_Hungary.svg *License*: unknown *Contributors*: User:SKopp

**Datei:Flag of Belgium (civil).svg** *Source*: http://de.wikipedia.org/w/index.php?title=Datei:Flag_of_Belgium_(civil).svg *License*: unknown *Contributors*: Bean49, David Descamps, Dbenbenn, Denelson83, Evanc0912, Fry1989, Gabriel trzy, Howcome, IvanOS, Ms2ger, Nightstallion, Oreo Priest, Rocket000, Rodejong, Sir Iain, ThomasPusch, Warddr, Zscout370, 4 anonymous edits

**Datei:Flag of Indonesia.svg** *Source*: http://de.wikipedia.org/w/index.php?title=Datei:Flag_of_Indonesia.svg *License*: unknown *Contributors*: User:Gabbe, User:SKopp

**Datei:Flag of Uzbekistan.svg** *Source*: http://de.wikipedia.org/w/index.php?title=Datei:Flag_of_Uzbekistan.svg *License*: unknown *Contributors*: User:Zscout370

**Datei:Flag of Mexico.svg** *Source*: http://de.wikipedia.org/w/index.php?title=Datei:Flag_of_Mexico.svg *License*: unknown *Contributors*: User:AlexCovarrubias

**Datei:Flag of the People's Republic of China.svg** *Source*: http://de.wikipedia.org/w/index.php?title=Datei:Flag_of_the_People's_Republic_of_China.svg *License*: unknown *Contributors*: User:Denelson83, User:SKopp, User:Shizhao, User:Zscout370

**Datei:Flag of Japan.svg** *Source*: http://de.wikipedia.org/w/index.php?title=Datei:Flag_of_Japan.svg *License*: unknown *Contributors*: Various

**Datei:Flag of Argentina.svg** *Source*: http://de.wikipedia.org/w/index.php?title=Datei:Flag_of_Argentina.svg *License*: unknown *Contributors*: User:Dbenbenn

**Datei:Flag of the Czech Republic.svg** *Source*: http://de.wikipedia.org/w/index.php?title=Datei:Flag_of_the_Czech_Republic.svg *License*: unknown *Contributors*: special commission (of code): SVG version by cs:-xfi-. Colors according to Appendix No. 3 of czech legal Act 3/1993. cs:Zirland.

**Datei:Flag of Namibia.svg** *Source*: http://de.wikipedia.org/w/index.php?title=Datei:Flag_of_Namibia.svg *License*: unknown *Contributors*: User:Vzb83

**Datei:Flag of the United Kingdom.svg** *Source*: http://de.wikipedia.org/w/index.php?title=Datei:Flag_of_the_United_Kingdom.svg *License*: unknown *Contributors*: User:Zscout370

**Datei:Berlin Adlershof Wista Bessy.jpg** *Source*: http://de.wikipedia.org/w/index.php?title=Datei:Berlin_Adlershof_Wista_Bessy.jpg *License*: unknown *Contributors*: Dinamik, Jcornelius, Pieter Kuiper

**Datei:Berlin night.jpg** *Source*: http://de.wikipedia.org/w/index.php?title=Datei:Berlin_night.jpg *License*: unknown *Contributors*: Robert Debowski

**Datei:Air Berlin A321-200.jpg** *Source*: http://de.wikipedia.org/w/index.php?title=Datei:Air_Berlin_A321-200.jpg *License*: unknown *Contributors*: User:Per aspera ad Astra

**Datei:Berlin potsdamer platz db haus atnight.jpg** *Source*: http://de.wikipedia.org/w/index.php?title=Datei:Berlin_potsdamer_platz_db_haus_atnight.jpg *License*: unknown *Contributors*: janine pohl

**Datei:Berlin, Tiergarten, Potsdamer Platz, Beisheim Center 01.jpg** *Source*: http://de.wikipedia.org/w/index.php?title=Datei:Berlin,_Tiergarten,_Potsdamer_Platz,_Beisheim_Center_01.jpg *License*: unknown *Contributors*: User:Beek100

**Datei:ICC Funkturm Berlin.jpg** *Source*: http://de.wikipedia.org/w/index.php?title=Datei:ICC_Funkturm_Berlin.jpg *License*: unknown *Contributors*: User:Bleppo

**Datei:Berlin-bayer-schering.jpg** *Source*: http://de.wikipedia.org/w/index.php?title=Datei:Berlin-bayer-schering.jpg *License*: unknown *Contributors*: p.schmelzle

**Datei:Berlin osthafen eierkuehlhaus 20050203 p1000092.jpg** *Source*: http://de.wikipedia.org/w/index.php?title=Datei:Berlin_osthafen_eierkuehlhaus_20050203_p1000092.jpg *License*: unknown *Contributors*: User:Georg Slickers

**Datei:Berlin, Kreuzberg, Rudi-Dutschke-Strasse, Axel-Springer-Hochhaus.jpg** *Source*: http://de.wikipedia.org/w/index.php?title=Datei:Berlin,_Kreuzberg,_Rudi-Dutschke-Strasse,_Axel-Springer-Hochhaus.jpg *License*: unknown *Contributors*: User:Beek100

**Datei:Berlin Philharmonie-Bühne.JPG** *Source*: http://de.wikipedia.org/w/index.php?title=Datei:Berlin_Philharmonie-Bühne.JPG *License*: unknown *Contributors*: JosefLehmkuhl

**Datei:Berlinale2007.jpg** *Source*: http://de.wikipedia.org/w/index.php?title=Datei:Berlinale2007.jpg *License*: unknown *Contributors*: Maharepa

**Datei:Kar Kult 2006 1.jpg** *Source*: http://de.wikipedia.org/w/index.php?title=Datei:Kar_Kult_2006_1.jpg *License*: unknown *Contributors*: User:-jkb-

**Datei:Bodemuseum - Front.jpeg** *Source*: http://de.wikipedia.org/w/index.php?title=Datei:Bodemuseum_-_Front.jpeg *License*: unknown *Contributors*: http://flickr.com/photos/dalbera/

**Datei:Berlin - Pergamonmuseum - Altar 02.jpg** *Source*: http://de.wikipedia.org/w/index.php?title=Datei:Berlin_-_Pergamonmuseum_-_Altar_02.jpg *License*: unknown *Contributors*: User:Lestath

**Datei:Neue Nationalgalerie Berlin.jpg** *Source*: http://de.wikipedia.org/w/index.php?title=Datei:Neue_Nationalgalerie_Berlin.jpg *License*: unknown *Contributors*: User:Eisenacher

**Datei:Nefertiti 30-01-2006.jpg** *Source*: http://de.wikipedia.org/w/index.php?title=Datei:Nefertiti_30-01-2006.jpg *License*: unknown *Contributors*: Arkadiy Etumyan

**Datei:Brandenburger Tor abends.jpg** *Source*: http://de.wikipedia.org/w/index.php?title=Datei:Brandenburger_Tor_abends.jpg *License*: unknown *Contributors*: User:Der Wolf im Wald

**Datei:Über den Dächern von Berlin.jpg** *Source*: http://de.wikipedia.org/w/index.php?title=Datei:Über_den_Dächern_von_Berlin.jpg *License*: unknown *Contributors*: User:Bleppo

**Datei:Franzoesischer Dom - Festival of Lights 2011.jpg** *Source*: http://de.wikipedia.org/w/index.php?title=Datei:Franzoesischer_Dom_-_Festival_of_Lights_2011.jpg *License*: unknown *Contributors*: User:Avda

**Datei:Fernsehturm Weltzeituhr Berlin.jpg** *Source*: http://de.wikipedia.org/w/index.php?title=Datei:Fernsehturm_Weltzeituhr_Berlin.jpg *License*: unknown *Contributors*: User:Bleppo

**Datei:Berlin Eiermann Memorial Church cropped.jpg** *Source*: http://de.wikipedia.org/w/index.php?title=Datei:Berlin_Eiermann_Memorial_Church_cropped.jpg *License*: unknown *Contributors*: Shaqspeare/Unify

**Datei:Berlin-Sony Center-1.jpg** *Source*: http://de.wikipedia.org/w/index.php?title=Datei:Berlin-Sony_Center-1.jpg *License*: unknown *Contributors*: Jaime Ardiles-Arce

**Datei:Holocaust-Mahnmal Berlin 2006.jpg** *Source*: http://de.wikipedia.org/w/index.php?title=Datei:Holocaust-Mahnmal_Berlin_2006.jpg *License*: unknown *Contributors*: K. Weisser. Original uploader was K. Weisser at de.wikipedia

**Datei:Glienicker Brücke.JPG** *Source*: http://de.wikipedia.org/w/index.php?title=Datei:Glienicker_Brücke.JPG *License*: unknown *Contributors*: Stefan4

**Datei:Berlin Schloss Charlottenburg Gartenseite.JPG** *Source*: http://de.wikipedia.org/w/index.php?title=Datei:Berlin_Schloss_Charlottenburg_Gartenseite.JPG *License*: unknown *Contributors*: Times

**Datei:Botanischer Garten Berlin Greenhouse 3.jpg** *Source*: http://de.wikipedia.org/w/index.php?title=Datei:Botanischer_Garten_Berlin_Greenhouse_3.jpg *License*: unknown *Contributors*: Axel.Mauruszat, Daderot, MB-one, Mogelzahn, Tldtld

**Datei:Giraffe-berlin-zoo.jpg** *Source*: http://de.wikipedia.org/w/index.php?title=Datei:Giraffe-berlin-zoo.jpg *License*: unknown *Contributors*: Adamantios

**Datei:Chinesischer Garten Marzahn.JPG** *Source*: http://de.wikipedia.org/w/index.php?title=Datei:Chinesischer_Garten_Marzahn.JPG *License*: unknown *Contributors*: Dr. Minx

**Datei:Strandbar Berlin.jpg** *Source*: http://de.wikipedia.org/w/index.php?title=Datei:Strandbar_Berlin.jpg *License*: unknown *Contributors*: User:Dl.mooz

**Datei:Berlin Olympiastadion aussen.jpg** *Source*: http://de.wikipedia.org/w/index.php?title=Datei:Berlin_Olympiastadion_aussen.jpg *License*: unknown *Contributors*: Nikolai Schwerg

**Datei:Claudia Pechstein 2008.jpg** *Source*: http://de.wikipedia.org/w/index.php?title=Datei:Claudia_Pechstein_2008.jpg *License*: unknown *Contributors*: Bjarte Hetland

**Datei:O2worldALBA.jpg** *Source*: http://de.wikipedia.org/w/index.php?title=Datei:O2worldALBA.jpg *License*: unknown *Contributors*: Foo030 at de.wikipedia

**Datei:BlnHauptbahnhof28.jpg** *Source*: http://de.wikipedia.org/w/index.php?title=Datei:BlnHauptbahnhof28.jpg *License*: unknown *Contributors*: User:Angr

**Datei:Karte Berlin U-Bahn S-Bahn Sansculotte.jpg** *Source*: http://de.wikipedia.org/w/index.php?title=Datei:Karte_Berlin_U-Bahn_S-Bahn_Sansculotte.jpg *License*: unknown *Contributors*: Sansculotte

**Datei:Oberbaumbrücke mit U-Bahn.jpg** *Source*: http://de.wikipedia.org/w/index.php?title=Datei:Oberbaumbrücke_mit_U-Bahn.jpg *License*: unknown *Contributors*: Sarah Jane at Flickr

**Datei:Berlin Straßenverkehr Übersichtskarte.png** *Source*: http://de.wikipedia.org/w/index.php?title=Datei:Berlin_Straßenverkehr_Übersichtskarte.png *License*: unknown *Contributors*: Alexrk2

**Datei:Berlin B100 Kaiserdamm.jpg** *Source*: http://de.wikipedia.org/w/index.php?title=Datei:Berlin_B100_Kaiserdamm.jpg *License*: unknown *Contributors*: User:Clemensfranz

**Datei:Lage der Berliner Flughäfen.svg** *Source*: http://de.wikipedia.org/w/index.php?title=Datei:Lage_der_Berliner_Flughäfen.svg *License*: unknown *Contributors*: User:Hedavid, User:Nodder

**Datei:Westhafen (Berlin) Administration Building.jpg** *Source*: http://de.wikipedia.org/w/index.php?title=Datei:Westhafen_(Berlin)_Administration_Building.jpg *License*: unknown *Contributors*: AnRo0002, BLueFiSH.as, Fridolin freudenfett, MB-one, Mogelzahn, ThoKay, 1 anonymous edits

**Datei:Karte der Berliner Wasserstraßen.png** *Source*: http://de.wikipedia.org/w/index.php?title=Datei:Karte_der_Berliner_Wasserstraßen.png *License*: unknown *Contributors*: Maximilian Dörrbecker (Chumwa)

**Datei:Berlin location map.svg** *Source*: http://de.wikipedia.org/w/index.php?title=Datei:Berlin_location_map.svg *License*: unknown *Contributors*: User:TUBS

**Datei:Humboldt University And Bebelplatz.jpg** *Source*: http://de.wikipedia.org/w/index.php?title=Datei:Humboldt_University_And_Bebelplatz.jpg *License*: unknown *Contributors*: Ryan Hadley from Seattle, USA

**Datei:Freie Universitaet Berlin - Gebaeudekomplex Rost- und Silberlaube.jpg** *Source*: http://de.wikipedia.org/w/index.php?title=Datei:Freie_Universitaet_Berlin_-_Gebaeudekomplex_Rost-_und_Silberlaube.jpg *License*: unknown *Contributors*: user:torinberl

**Datei:Max-Planck-Gesellschaft.svg** *Source*: http://de.wikipedia.org/w/index.php?title=Datei:Max-Planck-Gesellschaft.svg *License*: unknown *Contributors*: Cäsium137, FerdiBf, Gaspard

**Datei:Herder-gymn.jpg** *Source*: http://de.wikipedia.org/w/index.php?title=Datei:Herder-gymn.jpg *License*: unknown *Contributors*: A.Savin

**Datei:Staatsbibliothek zu Berlin Lesesaal lowres.jpg** *Source*: http://de.wikipedia.org/w/index.php?title=Datei:Staatsbibliothek_zu_Berlin_Lesesaal_lowres.jpg *License*: unknown *Contributors*: Da flow at de.wikipedia

**Datei:Wendersinterview.JPG** *Source*: http://de.wikipedia.org/w/index.php?title=Datei:Wendersinterview.JPG *License*: unknown *Contributors*: patapat

**Datei:Bundesarchiv Bild 102-14627, Marlene Dietrich.jpg** *Source*: http://de.wikipedia.org/w/index.php?title=Datei:Bundesarchiv_Bild_102-14627,_Marlene_Dietrich.jpg *License*: unknown *Contributors*: Ageguessinggames, DEDB, Eugene van der Pijll, Frank C. Müller, Martin H., 1 anonymous edits

**Datei:SkylineBerlin.JPG** *Source*: http://de.wikipedia.org/w/index.php?title=Datei:SkylineBerlin.JPG *License*: unknown *Contributors*: Angr, Jonathan Groß, MB-one, Mogelzahn, R. Engelhardt, Sitacuisses, Sven Scharr, 1 anonymous edits

**Datei:Portal.svg** *Source*: http://de.wikipedia.org/w/index.php?title=Datei:Portal.svg *License*: unknown *Contributors*: User:Bitplane, User:Pepetps

**Datei:Qsicon lesenswert.svg** *Source*: http://de.wikipedia.org/w/index.php?title=Datei:Qsicon_lesenswert.svg *License*: unknown *Contributors*: User:Niabot, User:Superdreadnought

**Datei:Centre Georges-Pompidou 2007.jpg** *Source*: http://de.wikipedia.org/w/index.php?title=Datei:Centre_Georges-Pompidou_2007.jpg *License*: unknown *Contributors*: EvaK, Theredmonkey

**Datei:Paris02 01.JPG** *Source*: http://de.wikipedia.org/w/index.php?title=Datei:Paris02_01.JPG *License*: unknown *Contributors*: Benutzer:Project-B-WW

**Datei:20e arrondissement.jpg** *Source*: http://de.wikipedia.org/w/index.php?title=Datei:20e_arrondissement.jpg *License*: unknown *Contributors*: User:Damouns

**Datei:Centre Pompidou Haustechnik.jpg** *Source*: http://de.wikipedia.org/w/index.php?title=Datei:Centre_Pompidou_Haustechnik.jpg *License*: unknown *Contributors*: Benutzer:Reinraum

**Datei:2008 Lenbachhaus Eingang.JPG** *Source*: http://de.wikipedia.org/w/index.php?title=Datei:2008_Lenbachhaus_Eingang.JPG *License*: unknown *Contributors*: User:Usien

**Datei:Lenbachhaus-northern wing.jpg** *Source*: http://de.wikipedia.org/w/index.php?title=Datei:Lenbachhaus-northern_wing.jpg *License*: unknown *Contributors*: BLueFiSH.as, Boenj, Olivier2, Rufus46, ZH2010, Zerohund, 1 anonymous edits

**Datei:München - Lenbachhaus (Eingangshalle).jpg** *Source*: http://de.wikipedia.org/w/index.php?title=Datei:München_-_Lenbachhaus_(Eingangshalle).jpg *License*: unknown *Contributors*: Maximilian Dörrbecker (Chumwa)

**Bild:Lovis Corinth 010.jpg** *Source*: http://de.wikipedia.org/w/index.php?title=Datei:Lovis_Corinth_010.jpg *License*: unknown *Contributors*: Achim Raschka, AndreasPraefcke, Boo-Boo Baroo, Bukk, Docu, EDUCA33E, Ecummenic, Emijrp, Foroa, Goldfritha, Highpriority, Mattes, Shakko, Trockennasenaffe, Wmpearl, Xenophon, ZH2010, 1 anonymous edits

**Bild:Lovis Corinth 008.jpg** *Source*: http://de.wikipedia.org/w/index.php?title=Datei:Lovis_Corinth_008.jpg *License*: unknown *Contributors*: Achim Raschka, Bukk, EDUCA33E, Emijrp, Highpriority, Infrogmation, Mutter Erde, PKM, Shakko, ZH2010

**Bild:Franz von Stuck 010.jpg** *Source*: http://de.wikipedia.org/w/index.php?title=Datei:Franz_von_Stuck_010.jpg *License*: unknown *Contributors*: Achim Raschka, AndreasPraefcke, Bukk, Butko, Emijrp, Ephraim33, Frank C. Müller, Highpriority, Infrogmation, Judithcomm, Léna, Mattes, Olivier2, Shakko, Simonxag, TwoWings, ZH2010

**Bild:August Macke 038.jpg** *Source*: http://de.wikipedia.org/w/index.php?title=Datei:August_Macke_038.jpg *License*: unknown *Contributors*: AnRo0002, AndreasPraefcke, Churchh, Highpriority, Mindmatrix, Ranveig, Shakko, Thuresson, Wst, Xenophon

**Bild:August Macke 053.jpg** *Source*: http://de.wikipedia.org/w/index.php?title=Datei:August_Macke_053.jpg *License*: unknown *Contributors*: AnRo0002, Emijrp, Highpriority, 1 anonymous edits

**Bild:August Macke 051.jpg** *Source*: http://de.wikipedia.org/w/index.php?title=Datei:August_Macke_051.jpg *License*: unknown *Contributors*: AnRo0002, Emijrp, Highpriority, Moumou82

**Bild:August Macke 046.jpg** *Source*: http://de.wikipedia.org/w/index.php?title=Datei:August_Macke_046.jpg *License*: unknown *Contributors*: AnRo0002, Emijrp, Highpriority, Moumou82

**Bild:Marc-gracing horses i.jpg** *Source*: http://de.wikipedia.org/w/index.php?title=Datei:Marc-gracing_horses_i.jpg *License*: unknown *Contributors*: Adrian Bunk, Bukk, Dodo, Duesentrieb, Hekerui, Highpriority, Pitke, Rudolph Buch, Wst, ZH2010

**Bild:Franz Marc 001.jpg** *Source*: http://de.wikipedia.org/w/index.php?title=Datei:Franz_Marc_001.jpg *License*: unknown *Contributors*: AndreasPraefcke, Bukk, Emijrp, Highpriority, Jacklee, Kilom691, MU, Oursana, ZH2010

**Bild:Marc-deer in the snow.jpg** *Source*: http://de.wikipedia.org/w/index.php?title=Datei:Marc-deer_in_the_snow.jpg *License*: unknown *Contributors*: Bukk, Dodo, Duesentrieb, Highpriority, Ies, Metronomo, Rudolph Buch, ZH2010

**Bild:Franz Marc 027.jpg** *Source*: http://de.wikipedia.org/w/index.php?title=Datei:Franz_Marc_027.jpg *License*: unknown *Contributors*: AndreasPraefcke, Boenj, Emijrp, Mattes, Putnik, Rudolph Buch, ZH2010, 1 anonymous edits

**Bild:Franz Marc 016.jpg** *Source*: http://de.wikipedia.org/w/index.php?title=Datei:Franz_Marc_016.jpg *License*: unknown *Contributors*: AndreasPraefcke, Bukk, Emijrp, Highpriority, Oursana, Xenophon, ZH2010

**Datei:Franz Marc-In the Rain(Im Regen) (1912).jpg** *Source*: http://de.wikipedia.org/w/index.php?title=Datei:Franz_Marc-In_the_Rain(Im_Regen)_(1912).jpg *License*: unknown *Contributors*: Marc, Franz

**Datei:Lenbachhaus.jpg** *Source*: http://de.wikipedia.org/w/index.php?title=Datei:Lenbachhaus.jpg *License*: unknown *Contributors*: User:Schlaier

**Datei:Lenbachhaus-Kunstbau Underground.jpg** *Source*: http://de.wikipedia.org/w/index.php?title=Datei:Lenbachhaus-Kunstbau_Underground.jpg *License*: unknown *Contributors*: Boenj, Labant, Mattes, Mogelzahn, Radschläger, Zerohund

**Datei:München - Kunstbau.jpg** *Source*: http://de.wikipedia.org/w/index.php?title=Datei:München_-_Kunstbau.jpg *License*: unknown *Contributors*: Boenj, Chumwa, Vuxi

**Bild:2010-01-19 Umbau Lenbachhaus Muenchen-3.jpg** *Source*: http://de.wikipedia.org/w/index.php?title=Datei:2010-01-19_Umbau_Lenbachhaus_Muenchen-3.jpg *License*: unknown *Contributors*: User:Rufus46

**Bild:2010-10-31 Umbau Lenbachhaus Muenchen-1.jpg** *Source*: http://de.wikipedia.org/w/index.php?title=Datei:2010-10-31_Umbau_Lenbachhaus_Muenchen-1.jpg *License*: unknown *Contributors*: User:Rufus46

**Bild:2012-04-01 Umbau Lenbachhaus Muenchen-2.jpg** *Source*: http://de.wikipedia.org/w/index.php?title=Datei:2012-04-01_Umbau_Lenbachhaus_Muenchen-2.jpg *License*: unknown *Contributors*: User:Rufus46

**Bild:2012-04-03 Umbau Lenbachhaus Muenchen-2.jpg** *Source*: http://de.wikipedia.org/w/index.php?title=Datei:2012-04-03_Umbau_Lenbachhaus_Muenchen-2.jpg *License*: unknown *Contributors*: User:Rufus46

**Datei:mönchengladbach museum mit skulpturengarten.jpg** *Source*: http://de.wikipedia.org/w/index.php?title=Datei:Mönchengladbach_museum_mit_skulpturengarten.jpg *License*: unknown *Contributors*: Original uploader was Hps-poll at de.wikipedia

**Datei:mönchengladbach museum seitenansicht.jpg** *Source*: http://de.wikipedia.org/w/index.php?title=Datei:Mönchengladbach_museum_seitenansicht.jpg *License*: unknown *Contributors*: Original uploader was Hps-poll at de.wikipedia

**Datei:Ab teiberg1.JPG** *Source*: http://de.wikipedia.org/w/index.php?title=Datei:Ab_teiberg1.JPG *License*: unknown *Contributors*: perlblau. Original uploader was Perlblau at de.wikipedia

**Datei:mönchengladbach museum.jpg** *Source*: http://de.wikipedia.org/w/index.php?title=Datei:Mönchengladbach_museum.jpg *License*: unknown *Contributors*: Original uploader was Hps-poll at de.wikipedia

**Datei:Mönchengladbach museum detail.jpg** *Source*: http://de.wikipedia.org/w/index.php?title=Datei:Mönchengladbach_museum_detail.jpg *License*: unknown *Contributors*: Factumquintus, Josugoni, Werckmeister

**Datei:Beleuchteter Museumsgarten.jpg** *Source*: http://de.wikipedia.org/w/index.php?title=Datei:Beleuchteter_Museumsgarten.jpg *License*: unknown *Contributors*: Dennis Senftleben at de.wikipedia

**Datei:Abteiberg2.JPG** *Source*: http://de.wikipedia.org/w/index.php?title=Datei:Abteiberg2.JPG *License*: unknown *Contributors*: perlblau. Original uploader was Perlblau at de.wikipedia

**Datei:Mggarten.jpg** *Source*: http://de.wikipedia.org/w/index.php?title=Datei:Mggarten.jpg *License*: unknown *Contributors*: Hans Weingartz. Original uploader was Leonce49 at de.wikipedia

**Datei:Abteiberg6.JPG** *Source*: http://de.wikipedia.org/w/index.php?title=Datei:Abteiberg6.JPG *License*: unknown *Contributors*: perlblau. Original uploader was Perlblau at de.wikipedia

**Datei:Abteiberg5.JPG** *Source*: http://de.wikipedia.org/w/index.php?title=Datei:Abteiberg5.JPG *License*: unknown *Contributors*: Perlblau

**Datei:Mglehnen.jpg** *Source*: http://de.wikipedia.org/w/index.php?title=Datei:Mglehnen.jpg *License*: unknown *Contributors*: Hans Weingartz. Original uploader was Leonce49 at de.wikipedia

**Datei:Mgmorellet.jpg** *Source*: http://de.wikipedia.org/w/index.php?title=Datei:Mgmorellet.jpg *License*: unknown *Contributors*: Hans Weingartz. Original uploader was Leonce49 at de.wikipedia

**Datei:Akademie_Muenchen2.JPG** *Source*: http://de.wikipedia.org/w/index.php?title=Datei:Akademie_Muenchen2.JPG *License*: unknown *Contributors*: David Kostner. Original uploader was David Kostner at de.wikipedia

**Datei:Akademie_Muenchen.jpg** *Source*: http://de.wikipedia.org/w/index.php?title=Datei:Akademie_Muenchen.jpg *License*: unknown *Contributors*: David Kostner. Original uploader was David Kostner at de.wikipedia

**Datei:München Akademie der Bildenden Künste.JPG** *Source*: http://de.wikipedia.org/w/index.php?title=Datei:München_Akademie_der_Bildenden_Künste.JPG *License*: unknown *Contributors*: Bibi Saint-Pol, Boenj, Chumwa

**Datei:Akadademie d Bildenden Künste M.jpg** *Source*: http://de.wikipedia.org/w/index.php?title=Datei:Akadademie_d_Bildenden_Künste_M.jpg *License*: unknown *Contributors*: digital cat

**Datei:TRASHP1.jpg** *Source*: http://de.wikipedia.org/w/index.php?title=Datei:TRASHP1.jpg *License*: unknown *Contributors*: Original uploader was Leonce49 at de.wikipedia

**Datei:Rotterdam NAI.jpg** *Source*: http://de.wikipedia.org/w/index.php?title=Datei:Rotterdam_NAI.jpg *License*: unknown *Contributors*: Marco Adams from Rotterdam, The Netherlands

**Datei:Kurt Fleckenstein - installation.jpg** *Source*: http://de.wikipedia.org/w/index.php?title=Datei:Kurt_Fleckenstein_-_installation.jpg *License*: unknown *Contributors*: Kurt Fleckenstein, Original uploader was Dominikii at de.wikipedia

**Bild:GRABUNGSSTAEDTE Philipps.jpg** *Source*: http://de.wikipedia.org/w/index.php?title=Datei:GRABUNGSSTAEDTE_Philipps.jpg *License*: unknown *Contributors*: Gottlieb Philipps

**Bild:Kunsthistorisches Museum Wien Bildhauerei 2010.jpg** *Source*: http://de.wikipedia.org/w/index.php?title=Datei:Kunsthistorisches_Museum_Wien_Bildhauerei_2010.jpg *License*: unknown *Contributors*: User:Tsui

**Datei:Bidhauer 0311.png** *Source*: http://de.wikipedia.org/w/index.php?title=Datei:Bidhauer_0311.png *License*: unknown *Contributors*: Didym, Gerardus, Griaß-ti, Jordiferrer

**Datei:Las Meninas, by Diego Velázquez, from Prado in Google Earth.jpg** *Source*: http://de.wikipedia.org/w/index.php?title=Datei:Las_Meninas,_by_Diego_Velázquez,_from_Prado_in_Google_Earth.jpg *License*: unknown *Contributors*: CommonsDelinker, Dcoetzee, Jean-Frédéric, Shakko, Yann

**Datei:Lascaux, horse.JPG** *Source*: http://de.wikipedia.org/w/index.php?title=Datei:Lascaux,_horse.JPG *License*: unknown *Contributors*: HTO

**Datei:Tizian karl v.jpg** *Source*: http://de.wikipedia.org/w/index.php?title=Datei:Tizian_karl_v.jpg *License*: unknown *Contributors*: Rigo 1963

**Datei:Juan Gris - Les raisins - Google Art Project.jpg** *Source*: http://de.wikipedia.org/w/index.php?title=Datei:Juan_Gris_-_Les_raisins_-_Google_Art_Project.jpg *License*: unknown *Contributors*:

**Datei:HavelRhin.gif** *Source*: http://de.wikipedia.org/w/index.php?title=Datei:HavelRhin.gif *License*: unknown *Contributors*: User:Ulamm

**Datei:Havel-Deetz-26-IV-2007-349.jpg** *Source*: http://de.wikipedia.org/w/index.php?title=Datei:Havel-Deetz-26-IV-2007-349.jpg *License*: unknown *Contributors*: Botaurus

**Datei:Ankershagen Havelquelle.gif** *Source*: http://de.wikipedia.org/w/index.php?title=Datei:Ankershagen_Havelquelle.gif *License*: unknown *Contributors*: User:Ulamm

**Datei:Havelquelle-Diekenbruch-11-IV-2007-177.jpg** *Source*: http://de.wikipedia.org/w/index.php?title=Datei:Havelquelle-Diekenbruch-11-IV-2007-177.jpg *License*: unknown *Contributors*: Botaurus stellaris

**Datei:ZehdenickOHW.jpg** *Source*: http://de.wikipedia.org/w/index.php?title=Datei:ZehdenickOHW.jpg *License*: unknown *Contributors*: Exxu

**Datei:Altehavel.jpg** *Source*: http://de.wikipedia.org/w/index.php?title=Datei:Altehavel.jpg *License*: unknown *Contributors*: BLueFiSH.as, Denniss, Saxo

**Datei:Wannsee 'Grosses Fenster'.jpg** *Source*: http://de.wikipedia.org/w/index.php?title=Datei:Wannsee_'Grosses_Fenster'.jpg *License*: unknown *Contributors*: Times

**Datei:Havel Potsdam.JPG** *Source*: http://de.wikipedia.org/w/index.php?title=Datei:Havel_Potsdam.JPG *License*: unknown *Contributors*: Lienhard Schulz at de.wikipedia

**Datei:Havelberg Dom.jpg** *Source*: http://de.wikipedia.org/w/index.php?title=Datei:Havelberg_Dom.jpg *License*: unknown *Contributors*: User:DorisAntony

**Datei:Heilandskirche Sacrow.jpg** *Source*: http://de.wikipedia.org/w/index.php?title=Datei:Heilandskirche_Sacrow.jpg *License*: unknown *Contributors*: Original uploader was OvRandow at de.wikipedia

**Datei:Havel Werder.JPG** *Source*: http://de.wikipedia.org/w/index.php?title=Datei:Havel_Werder.JPG *License*: unknown *Contributors*: Lienhard Schulz at de.wikipedia

**Datei:Havel-Deetz-26-IV-2007-385.jpg** *Source*: http://de.wikipedia.org/w/index.php?title=Datei:Havel-Deetz-26-IV-2007-385.jpg *License*: unknown *Contributors*: Botaurus

**Datei:Wentowkanal Schleuse.jpg** *Source*: http://de.wikipedia.org/w/index.php?title=Datei:Wentowkanal_Schleuse.jpg *License*: unknown *Contributors*: User:DorisAntony

**Datei:Bischofswerder Vosskanal.jpg** *Source*: http://de.wikipedia.org/w/index.php?title=Datei:Bischofswerder_Vosskanal.jpg *License*: unknown *Contributors*: User:DorisAntony

**Datei:Park Babelsberg Havel Winter.jpg** *Source*: http://de.wikipedia.org/w/index.php?title=Datei:Park_Babelsberg_Havel_Winter.jpg *License*: unknown *Contributors*: Axel.Mauruszat, Sebastian Wallroth, Unify

**Datei:Nuthemündung Brandenburg.jpg** *Source*: http://de.wikipedia.org/w/index.php?title=Datei:Nuthemündung_Brandenburg.jpg *License*: unknown *Contributors*: Original uploader was Lienhard Schulz at de.wikipedia

**Datei:Havel-Geltow-046.jpg** *Source*: http://de.wikipedia.org/w/index.php?title=Datei:Havel-Geltow-046.jpg *License*: unknown *Contributors*: Botaurus-stellaris

**Datei:Wehr Gnevsdorf im Gnevsdorfer Vorfluter.jpg** *Source*: http://de.wikipedia.org/w/index.php?title=Datei:Wehr_Gnevsdorf_im_Gnevsdorfer_Vorfluter.jpg *License*: unknown *Contributors*: User:Lencer

**Datei:20 .Mai 2009 - Schleuse Lehnitz-by-A Preuß-10.JPG** *Source*: http://de.wikipedia.org/w/index.php?title=Datei:20_.Mai_2009_-_Schleuse_Lehnitz-by-A_Preuß-10.JPG *License*: unknown *Contributors*: Ützе http://www.oder-havel-kanal.de/ at de.wikipedia

**Datei:Schleuse Lehnitz 01.JPG** *Source*: http://de.wikipedia.org/w/index.php?title=Datei:Schleuse_Lehnitz_01.JPG *License*: unknown *Contributors*: User:Biberbaer

**Datei:Schleuse Spandau.jpg** *Source*: http://de.wikipedia.org/w/index.php?title=Datei:Schleuse_Spandau.jpg *License*: unknown *Contributors*: Axel Mauruszat

**Datei:Schleuse Brb. Nordkammer.JPG** *Source*: http://de.wikipedia.org/w/index.php?title=Datei:Schleuse_Brb._Nordkammer.JPG *License*: unknown *Contributors*: User:Biberbaer

**Datei:Vorstadtschleuse Brandenburg.JPG** *Source*: http://de.wikipedia.org/w/index.php?title=Datei:Vorstadtschleuse_Brandenburg.JPG *License*: unknown *Contributors*: User:Biberbaer

**Datei:Stadtschleuse Brandenburg (5).JPG** *Source*: http://de.wikipedia.org/w/index.php?title=Datei:Stadtschleuse_Brandenburg_(5).JPG *License*: unknown *Contributors*: User:Biberbaer

**Datei:Bahnitz 01.JPG** *Source*: http://de.wikipedia.org/w/index.php?title=Datei:Bahnitz_01.JPG *License*: unknown *Contributors*: User:Biberbaer

**Datei:Rathenow.jpg** *Source*: http://de.wikipedia.org/w/index.php?title=Datei:Rathenow.jpg *License*: unknown *Contributors*: Biberbaer

**Datei:Stadtschleuse Rathenow.JPG** *Source*: http://de.wikipedia.org/w/index.php?title=Datei:Stadtschleuse_Rathenow.JPG *License*: unknown *Contributors*: User:Biberbaer

**Datei:Schleuse Grütz 01.JPG** *Source*: http://de.wikipedia.org/w/index.php?title=Datei:Schleuse_Grütz_01.JPG *License*: unknown *Contributors*: User:Biberbaer

**Datei:Schleuse Garz UHW km 129 (1).JPG** *Source*: http://de.wikipedia.org/w/index.php?title=Datei:Schleuse_Garz_UHW_km_129_(1).JPG *License*: unknown *Contributors*: User:Biberbaer

**Datei:Zehdenick Havel Ziegeleiwerk.jpg** *Source*: http://de.wikipedia.org/w/index.php?title=Datei:Zehdenick_Havel_Ziegeleiwerk.jpg *License*: unknown *Contributors*: User:DorisAntony

**Datei:Birkenwerder-061.jpg** *Source*: http://de.wikipedia.org/w/index.php?title=Datei:Birkenwerder-061.jpg *License*: unknown *Contributors*: User:Saxo

**Datei:Havel-Caputh-Seilfaehre-P4170104.jpg** *Source*: http://de.wikipedia.org/w/index.php?title=Datei:Havel-Caputh-Seilfaehre-P4170104.jpg *License*: unknown *Contributors*: Original uploader was Biberbaer at de.wikipedia

**Datei:Havel-Phoeben-26-IV-2007-530.jpg** *Source*: http://de.wikipedia.org/w/index.php?title=Datei:Havel-Phoeben-26-IV-2007-530.jpg *License*: unknown *Contributors*: Botaurus

**Datei:Havel-Faehre-Ketzin-26-IV-2007-272.jpg** *Source*: http://de.wikipedia.org/w/index.php?title=Datei:Havel-Faehre-Ketzin-26-IV-2007-272.jpg *License*: unknown *Contributors*: Botaurus

**Datei:Dom Brandenburg 3.jpg** *Source*: http://de.wikipedia.org/w/index.php?title=Datei:Dom_Brandenburg_3.jpg *License*: unknown *Contributors*: User:Martinum

**Datei:Havelberg Stadt.jpg** *Source*: http://de.wikipedia.org/w/index.php?title=Datei:Havelberg_Stadt.jpg *License*: unknown *Contributors*: Original uploader was Ovrandow at de.wikipedia (Original text: Benutzer:Ovrandow)

**Datei:Havelberg.JPG** *Source*: http://de.wikipedia.org/w/index.php?title=Datei:Havelberg.JPG *License*: unknown *Contributors*: User:Biberbaer

**Datei:Muenchen Kleines Stadtwappen.svg** *Source*: http://de.wikipedia.org/w/index.php?title=Datei:Muenchen_Kleines_Stadtwappen.svg *License*: unknown *Contributors*: User:Nic

**Datei:Bavaria M (town).svg** *Source*: http://de.wikipedia.org/w/index.php?title=Datei:Bavaria_M_(town).svg *License*: unknown *Contributors*: Hagar66, TUBS

**Datei:München Logo.svg** *Source*: http://de.wikipedia.org/w/index.php?title=Datei:München_Logo.svg *License*: unknown *Contributors*: Benutzer:Brackenheim

**Datei:München Marienplatz Rathaus Frauenkirche Liebfrauendom.jpg** *Source*: http://de.wikipedia.org/w/index.php?title=Datei:München_Marienplatz_Rathaus_Frauenkirche_Liebfrauendom.jpg *License*: unknown *Contributors*: Wolfgang Pehlemann Wiesbaden Germany. Original uploader was Wolfgang Pehlemann at de.wikipedia

**Datei:München Panorama.JPG** *Source*: http://de.wikipedia.org/w/index.php?title=Datei:München_Panorama.JPG *License*: unknown *Contributors*: David Kostner

**Datei:Region München - Satellitenbild.jpg** *Source*: http://de.wikipedia.org/w/index.php?title=Datei:Region_München_-_Satellitenbild.jpg *License*: unknown *Contributors*: Maximilian Dörrbecker (Chumwa)

**Datei:Panorama olympiaturm.jpg** *Source*: http://de.wikipedia.org/w/index.php?title=Datei:Panorama_olympiaturm.jpg *License*: unknown *Contributors*: User:Heav84

**Bild:Stadtbezirke_Lage_in_München.png** *Source*: http://de.wikipedia.org/w/index.php?title=Datei:Stadtbezirke_Lage_in_München.png *License*: unknown *Contributors*: Tom Gensler

**Datei:Muc population.svg** *Source*: http://de.wikipedia.org/w/index.php?title=Datei:Muc_population.svg *License*: unknown *Contributors*: User:Gorgo

**Datei:St. Maximilian München, Blick vom Alten Peter, 2009.jpg** *Source*: http://de.wikipedia.org/w/index.php?title=Datei:St._Maximilian_München,_Blick_vom_Alten_Peter,_2009.jpg *License*: unknown *Contributors*: David Kostner. Original uploader was David Kostner at de.wikipedia

**Datei:München Neue Hauptsynagoge.JPG** *Source*: http://de.wikipedia.org/w/index.php?title=Datei:München_Neue_Hauptsynagoge.JPG *License*: unknown *Contributors*: AndreasPraefcke, Bibi Saint-Pol, BlackIceNRW, Boenj, Chumwa

**Datei:Alter Hof Muenchen-1.jpg** *Source*: http://de.wikipedia.org/w/index.php?title=Datei:Alter_Hof_Muenchen-1.jpg *License*: unknown *Contributors*: User:Rufus46

**Datei:Marcktzumuenchen.png** *Source*: http://de.wikipedia.org/w/index.php?title=Datei:Marcktzumuenchen.png *License*: unknown *Contributors*: 32X, AgainErick, AnRo0002, Bjs, EvaK, Joseolgon, Labant, Olivier2, Ranveig, Themedpark, Thib Phil, Threedots, Túrelio, Xenophon, 1 anonymous edits

**Datei:Munich 1858 - London, John Murray, 1858.jpg** *Source*: http://de.wikipedia.org/w/index.php?title=Datei:Munich_1858_-_London,_John_Murray,_1858.jpg *License*: unknown *Contributors*: AnRo0002, Bjs, Chumwa, Flamarande, Gildemax, Jed, Joseolgon, Juiced lemon, Kolossos, Luestling, 1 anonymous edits

**Datei:Allianz arena daylight Richard Bartz.jpg** *Source*: http://de.wikipedia.org/w/index.php?title=Datei:Allianz_arena_daylight_Richard_Bartz.jpg *License*: unknown *Contributors*: User:Makro Freak, User:Richard Bartz

**Datei:BMW Welt Night.jpg** *Source*: http://de.wikipedia.org/w/index.php?title=Datei:BMW_Welt_Night.jpg *License*: unknown *Contributors*: User:Richard Bartz

**Datei:Christian Ude-295.jpg** *Source*: http://de.wikipedia.org/w/index.php?title=Datei:Christian_Ude-295.jpg *License*: unknown *Contributors*: Cevriye Lucan

**Datei:Magnify-clip.png** *Source*: http://de.wikipedia.org/w/index.php?title=Datei:Magnify-clip.png *License*: unknown *Contributors*: User:Erasoft24

**Datei:Muenchen Grosses Stadtwappen.png** *Source*: http://de.wikipedia.org/w/index.php?title=Datei:Muenchen_Grosses_Stadtwappen.png *License*: unknown *Contributors*: Eduard Ege

**Datei:Flag of Munich (striped).svg** *Source*: http://de.wikipedia.org/w/index.php?title=Datei:Flag_of_Munich_(striped).svg *License*: unknown *Contributors*: User:Peeperman

**Datei:Flag of Munich (lozengy).svg** *Source*: http://de.wikipedia.org/w/index.php?title=Datei:Flag_of_Munich_(lozengy).svg *License*: unknown *Contributors*: User:Peeperman

**Datei:Münchens Partnerstädte.jpg** *Source*: http://de.wikipedia.org/w/index.php?title=Datei:Münchens_Partnerstädte.jpg *License*: unknown *Contributors*: User:Richard Huber

**Datei:Flag of Italy.svg** *Source*: http://de.wikipedia.org/w/index.php?title=Datei:Flag_of_Italy.svg *License*: unknown *Contributors*: see below

**Datei:Flag of Ukraine.svg** *Source*: http://de.wikipedia.org/w/index.php?title=Datei:Flag_of_Ukraine.svg *License*: unknown *Contributors*: User:Jon Harald Søby, User:Zscout370

**Datei:Flag of Zimbabwe.svg** *Source*: http://de.wikipedia.org/w/index.php?title=Datei:Flag_of_Zimbabwe.svg *License*: unknown *Contributors*: User:Madden

**Datei:Altes Rathaus in München Ostseite.jpg** *Source*: http://de.wikipedia.org/w/index.php?title=Datei:Altes_Rathaus_in_München_Ostseite.jpg *License*: unknown *Contributors*: User:Pedelecs

**Datei:Alter-peter vom-rathaus.jpg** *Source*: http://de.wikipedia.org/w/index.php?title=Datei:Alter-peter_vom-rathaus.jpg *License*: unknown *Contributors*: User:Softeis

**Datei:Alte Münze (München).jpg** *Source*: http://de.wikipedia.org/w/index.php?title=Datei:Alte_Münze_(München).jpg *License*: unknown *Contributors*: User:HinricusLeo

**Datei:Theatiner Kirche Muenchen.jpg** *Source*: http://de.wikipedia.org/w/index.php?title=Datei:Theatiner_Kirche_Muenchen.jpg *License*: unknown *Contributors*: Bjs, BlackIceNRW, Kurmis, Luidger, Olivier2

**Datei:Friedensengel München.jpg** *Source*: http://de.wikipedia.org/w/index.php?title=Datei:Friedensengel_München.jpg *License*: unknown *Contributors*: User:Rufus46

**Datei:Rathaus and Marienplatz from Peterskirche - August 2006.zugeschnitten.jpg** *Source*: http://de.wikipedia.org/w/index.php?title=Datei:Rathaus_and_Marienplatz_from_Peterskirche_-_August_2006.zugeschnitten.jpg *License*: unknown *Contributors*: Diliff. Original uploader was Hofres at de.wikipedia

**Datei:Olympiaturm in Muenchen.JPG** *Source*: http://de.wikipedia.org/w/index.php?title=Datei:Olympiaturm_in_Muenchen.JPG *License*: unknown *Contributors*: User:Sweet Chily

**Datei:Munich, Highlight Towers.jpg** *Source*: http://de.wikipedia.org/w/index.php?title=Datei:Munich,_Highlight_Towers.jpg *License*: unknown *Contributors*: BlackIceNRW, Boenj, Joseolgon, Kurmis, Labant, Ronaldino, Wiggum, 1 anonymous edits

**Datei:Museum Brandhorst außen2a.jpg** *Source*: http://de.wikipedia.org/w/index.php?title=Datei:Museum_Brandhorst_außen2a.jpg *License*: unknown *Contributors*: User:Schlaier

**Datei:Panorama2München.JPG** *Source*: http://de.wikipedia.org/w/index.php?title=Datei:Panorama2München.JPG *License*: unknown *Contributors*: Ingo Diron. Original uploader was Deirun at de.wikipedia

**Datei:Schlosspark nymphenburg1.jpg** *Source*: http://de.wikipedia.org/w/index.php?title=Datei:Schlosspark_nymphenburg1.jpg *License*: unknown *Contributors*: Original uploader was Pahu at de.wikipedia

**Datei:Deutschesmuseum2.jpg** *Source*: http://de.wikipedia.org/w/index.php?title=Datei:Deutschesmuseum2.jpg *License*: unknown *Contributors*: Users Softeis, Softeis on de.wikipedia

**Datei:München Stadtmuseum.JPG** *Source*: http://de.wikipedia.org/w/index.php?title=Datei:München_Stadtmuseum.JPG *License*: unknown *Contributors*: BlackIceNRW, Chumwa, Kurpfalzbilder.de

**Datei:Alte Pinakothek.JPG** *Source*: http://de.wikipedia.org/w/index.php?title=Datei:Alte_Pinakothek.JPG *License*: unknown *Contributors*: Bibi Saint-Pol, BlackIceNRW, EDUCA33E, Joseolgon, Mattes, Würfel, 2 anonymous edits

**Datei:Barthel Beham 001.jpg** *Source*: http://de.wikipedia.org/w/index.php?title=Datei:Barthel_Beham_001.jpg *License*: unknown *Contributors*: Bukk, EDUCA33E, Emijrp, Frank-m, Joseolgon, Mattes, Michail, PKM, Sailko, Shakko, Wst, Xenophon, 1 anonymous edits

**Datei:Carl Spitzweg - Der arme Poet (Neue Pinakothek).jpg** *Source*: http://de.wikipedia.org/w/index.php?title=Datei:Carl_Spitzweg_-_Der_arme_Poet_(Neue_Pinakothek).jpg *License*: unknown *Contributors*: User:Cybershot800i

**Datei:München Nationaltheater.jpg** *Source*: http://de.wikipedia.org/w/index.php?title=Datei:München_Nationaltheater.jpg *License*: unknown *Contributors*: Photo: Andreas Praefcke

**Datei:Muenchner Kammerspiele.jpg** *Source*: http://de.wikipedia.org/w/index.php?title=Datei:Muenchner_Kammerspiele.jpg *License*: unknown *Contributors*: Photo: Andreas Praefcke

**Datei:Münchner Philharmoniker im Gasteig.jpg** *Source*: http://de.wikipedia.org/w/index.php?title=Datei:Münchner_Philharmoniker_im_Gasteig.jpg *License*: unknown *Contributors*: Andreas Praefcke

**Datei:Oktoberfest.JPG** *Source*: http://de.wikipedia.org/w/index.php?title=Datei:Oktoberfest.JPG *License*: unknown *Contributors*: User:Dilankf

**Datei:Auer Dult Maiahilfkirche Muenchen-1.jpg** *Source*: http://de.wikipedia.org/w/index.php?title=Datei:Auer_Dult_Maiahilfkirche_Muenchen-1.jpg *License*: unknown *Contributors*: User:Rufus46

**Datei:Kaufinger Strasse Munich.jpg** *Source*: http://de.wikipedia.org/w/index.php?title=Datei:Kaufinger_Strasse_Munich.jpg *License*: unknown *Contributors*: User:Jensens

**Datei:Vorfeld Terminal 1 I.JPG** *Source*: http://de.wikipedia.org/w/index.php?title=Datei:Vorfeld_Terminal_1_I.JPG *License*: unknown *Contributors*: User:My name

**Datei:Munich Main Railway Station - aerial view.JPG** *Source*: http://de.wikipedia.org/w/index.php?title=Datei:Munich_Main_Railway_Station_-_aerial_view.JPG *License*: unknown *Contributors*: User:Mattes

**Datei:ZOB_München_2012.jpg** *Source*: http://de.wikipedia.org/w/index.php?title=Datei:ZOB_München_2012.jpg *License*: unknown *Contributors*: User:Richard Huber

**Datei:Verkehrsnetz München.png** *Source*: http://de.wikipedia.org/w/index.php?title=Datei:Verkehrsnetz_München.png *License*: unknown *Contributors*: Maximilian Dörrbecker (Chumwa)

**Datei:Münchner Mittlerer Ring.png** *Source*: http://de.wikipedia.org/w/index.php?title=Datei:Münchner_Mittlerer_Ring.png *License*: unknown *Contributors*: Original uploader was Dick Tracy at de.wikipedia Later versions were uploaded by Kaeptnblaubaer123 at de.wikipedia.

**Datei:2400 - München - Goethestraße.JPG** *Source*: http://de.wikipedia.org/w/index.php?title=Datei:2400_-_München_-_Goethestraße.JPG *License*: unknown *Contributors*: User:Thisisbossi

**Datei:BMW building munich.jpg** *Source*: http://de.wikipedia.org/w/index.php?title=Datei:BMW_building_munich.jpg *License*: unknown *Contributors*: BlackIceNRW, Boenj, Cliatop, Joseolgon, Labant, MB-one, Mattes, Thuresson

**Datei:Siemens Palais.JPG** *Source*: http://de.wikipedia.org/w/index.php?title=Datei:Siemens_Palais.JPG *License*: unknown *Contributors*: User:Florian Adler

**Datei:BR-München.jpg** *Source*: http://de.wikipedia.org/w/index.php?title=Datei:BR-München.jpg *License*: unknown *Contributors*: Photo: Andreas Praefcke

**Datei:Bayerischer Verfassungsgerichtshof.JPG** *Source*: http://de.wikipedia.org/w/index.php?title=Datei:Bayerischer_Verfassungsgerichtshof.JPG *License*: unknown *Contributors*: User:Florian Adler

**Datei:Muenchen-Justizpalast1-Bubo.JPG** *Source*: http://de.wikipedia.org/w/index.php?title=Datei:Muenchen-Justizpalast1-Bubo.JPG *License*: unknown *Contributors*: User:Bubo bubo

**Datei:Münchner Justizpalast-3.jpg** *Source*: http://de.wikipedia.org/w/index.php?title=Datei:Münchner_Justizpalast-3.jpg *License*: unknown *Contributors*: User:Joyborg, User:Richard Huber

**Datei:Stadelheim.jpg** *Source*: http://de.wikipedia.org/w/index.php?title=Datei:Stadelheim.jpg *License*: unknown *Contributors*: ich

**Datei:München - Olympiaturm 1.JPG** *Source*: http://de.wikipedia.org/w/index.php?title=Datei:München_-_Olympiaturm_1.JPG *License*: unknown *Contributors*: Bibi Saint-Pol, BlackIceNRW, Chumwa

**Datei:Hochschule Muenchen Ansicht Lothstrasse.jpg** *Source*: http://de.wikipedia.org/w/index.php?title=Datei:Hochschule_Muenchen_Ansicht_Lothstrasse.jpg *License*: unknown *Contributors*: User:John-vogel

**Datei:LMU Amalienstraße.jpg** *Source*: http://de.wikipedia.org/w/index.php?title=Datei:LMU_Amalienstraße.jpg *License*: unknown *Contributors*: User:J.-H. Janßen

**Datei:München TU Bestelmeyerbau Arcisstraße.jpg** *Source*: http://de.wikipedia.org/w/index.php?title=Datei:München_TU_Bestelmeyerbau_Arcisstraße.jpg *License*: unknown *Contributors*: Photo: Andreas Praefcke

**Datei:Bayerische Akademie der Wissenschaften.jpg** *Source*: http://de.wikipedia.org/w/index.php?title=Datei:Bayerische_Akademie_der_Wissenschaften.jpg *License*: unknown *Contributors*: ich

**Datei:MPG administration building munich may 2006.jpg** *Source*: http://de.wikipedia.org/w/index.php?title=Datei:MPG_administration_building_munich_may_2006.jpg *License*: unknown *Contributors*: User:Wiggum

**Datei:Goethe-Institut-München.JPG** *Source*: http://de.wikipedia.org/w/index.php?title=Datei:Goethe-Institut-München.JPG *License*: unknown *Contributors*: User:Zayide. Original uploader was Zayide at de.wikipedia. Later version(s) were uploaded by EvaK, Dontworry at de.wikipedia.

**Datei:Gasteig Muenchen-2.jpg** *Source*: http://de.wikipedia.org/w/index.php?title=Datei:Gasteig_Muenchen-2.jpg *License*: unknown *Contributors*: User:Rufus46

**Datei:Olympiastadion Muenchen.jpg** *Source*: http://de.wikipedia.org/w/index.php?title=Datei:Olympiastadion_Muenchen.jpg *License*: unknown *Contributors*: User:Arad

**Datei:Allianz Arena Pahu.jpg** *Source*: http://de.wikipedia.org/w/index.php?title=Datei:Allianz_Arena_Pahu.jpg *License*: unknown *Contributors*: Patrick Huebgen

MIX
Papier aus verantwortungsvollen Quellen
Paper from responsible sources
FSC® C105338

Printed by Books on Demand GmbH, Norderstedt / Germany